半导体与集成电路关键技术丛书
微电子与集成电路先进技术丛书

宽禁带功率半导体封装——材料、元件和可靠性

[日] 菅沼克昭(Katsuaki Suganuma) 主编
朱正宇 方幸泉 肖广源 译

机 械 工 业 出 版 社

本书是国外学者们对宽禁带半导体封装技术和趋势的及时总结。首先，对宽禁带功率器件的发展趋势做了总结和预演判断，讲述宽禁带功率半导体的基本原理和特性，包括其独特的物理和化学属性，以及它们在极端环境下的潜在优势。接着介绍封装材料的选择和特性，分别就互连技术和衬底展开论述，同时，介绍了磁性材料，并对不同材料结构的热性能，以及冷却技术和散热器设计进行了介绍。然后，考虑到功率器件的质量必须通过各种测试和可靠性验证方法来评估，还介绍了瞬态热测试的原理和方法，同时阐述了各种可靠性测试的机理和选择动机。最后，就计算机辅助工程模拟方法列举了许多经典案例。

通过本书的学习，读者可以建立起宽禁带功率半导体器件封装的全面概念，为进一步深入研究打下基础。本书可作为封装或微电子等专业的高年级本科生和研究生的课程教材或课外阅读材料，也可作为封装开发和设计人员的参考书。

图书在版编目（CIP）数据

宽禁带功率半导体封装：材料、元件和可靠性/（日）菅沼克昭主编；朱正宇，方幸泉，肖广源译．北京：机械工业出版社，2024. 10. -- （半导体与集成电路关键技术丛书）（微电子与集成电路先进技术丛书）.
ISBN 978 - 7 - 111 - 76317 - 8

Ⅰ. TN303

中国国家版本馆 CIP 数据核字第 2024CC5585 号

机械工业出版社（北京市百万庄大街 22 号　邮政编码 100037）
策划编辑：江婧婧　　责任编辑：江婧婧　刘星宁
责任校对：闫玥红　陈　越　　封面设计：鞠　杨
责任印制：郜　敏
北京富资园科技发展有限公司印刷
2024 年 10 月第 1 版第 1 次印刷
169mm × 239mm · 13. 25 印张 · 10 插页 · 257 千字
标准书号：ISBN 978 - 7 - 111 - 76317 - 8
定价：119. 00 元

电话服务　　网络服务
客服电话：010-88361066　机 工 官 网：www. cmpbook. com
010-88379833　机 工 官 博：weibo. com/cmp1952
010-68326294　金 书 网：www. golden-book. com
封底无防伪标均为盗版　机工教育服务网：www. cmpedu. com

译者序

第三代宽禁带功率半导体，是指以碳化硅（SiC）和氮化镓（GaN）为材料的半导体，由于其高耐压、高电子迁移率、耐高温等特性，在许多场合体现出比上一代硅（Si）基半导体器件更大的优势。国内外关于宽禁带半导体器件制造技术的文章和书籍比较多，但关于封装的书籍相对比较少，而封装其实是器件运用（商用）必不可少的一环，尤其是封装的可靠性，对于集成电路（IC）的性能几乎起到了决定性作用，新型封装技术的能力制约着器件运用。研究封装，尤其在高温、高压、高频的场合，各种新型封装技术是宽禁带功率半导体器件应用推广的关键。

本书是国外技术专家学者对第三代宽禁带功率半导体封装技术的一次总结，虽然书中的一些内容读起来并不算特别新鲜，但结合实际应用的理论分析和思路其实对于封装技术的推动和发展有着很好的借鉴作用。

通过本书内容的学习，可以快速建立起关于整个宽禁带功率半导体器件封装技术的全貌，理解封装的本质是一个多物理场耦合的结果，也是一个多学科交叉的综合体。

成书过程中，特别感谢机械工业出版社编辑江婧婧给予的专业指导，苏州悉智科技有限公司的方幸泉翻译了第二部分，上海华友金裕微电子有限公司的肖广源翻译了第三部分。此外，苏州悉智科技有限公司的支臻，中国科学院微电子研究所的王可、张宏儒、程磊、张一诺、高见头和安徽大学的胡海波、黎柏志也对本书的部分文字和插图进行了校对，在此一并表示衷心的感谢！

朱正宇

2024 年 5 月于苏州

贡献者列表

托马斯·艾辛格，英飞凌科技公司，维拉奇，奥地利
阿祖玛大一，日立金属有限公司，东京，日本
阿米尔·萨贾德·巴赫曼，奥尔堡大学能源技术部，电力电子可靠性研究中心（CORPE），奥尔堡，丹麦
托拜厄斯·埃尔巴赫，弗劳恩霍夫集成系统和元器件技术研究所（IISB），埃尔兰根，德国
加博尔·法尔卡斯，Mentor Graphics 机械分析部门，布达佩斯，匈牙利
羽池古川，昭和电工株式会社，东京，日本
托木藤崎，Mentor Graphics 日本分公司机械分析部门，东京，日本
奥利弗·希尔特，费迪南德－布劳恩研究所、莱布尼茨高频技术研究所（FBH），柏林，德国
平雄清，日本产业技术综合研究所（AIST），名古屋，日本
弗朗西斯科·伊安努佐，奥尔堡大学能源技术部，电力电子可靠性研究中心（CORPE），奥尔堡，丹麦
利奥·洛伦茨，欧洲电力电子中心（ECPE）/英飞凌科技公司，慕尼黑，德国
约瑟夫·卢茨，开姆尼茨理工大学，开姆尼茨，德国
宫崎骏，日本产业技术综合研究所（AIST），名古屋，日本
玛尔塔·伦茨，Mentor Graphics 机械分析部门，布达佩斯，匈牙利
罗兰·拉普，英飞凌科技公司，埃尔兰根，德国
菅沼克昭，大阪大学产业科学研究所，大阪，日本
山内信，昭和电工株式会社，东京，日本
周由，日本产业技术综合研究所（AIST），名古屋，日本

目 录 »

译者序
贡献者列表

第一部分 未来的前景

第 1 章 未来技术趋势 …… 3
1.1 电力电子系统的发展趋势——对下一代功率器件的影响 …… 3
1.1.1 Si 基材料的功率器件的发展趋势 …… 7
1.1.2 总结和展望 …… 11
1.2 未来的器件概念：基于 SiC 的功率器件 …… 12
1.2.1 在 4H-SiC 上的单极功率半导体器件的研究进展 …… 12
1.2.2 在 4H-SiC 上的双极功率半导体器件的研究进展 …… 21
1.3 基于 GaN 的功率器件 …… 26
1.3.1 AlGaN/GaN-HFET 作为一个 GaN 晶体管器件的概念 …… 26
1.3.2 垂直 GaN 晶体管的概念 …… 28
1.3.3 GaN-HFET 器件对电力电子开关晶体管的好处 …… 29
1.3.4 正常关断 GaN HFET …… 31
1.3.5 Si 基 GaN 的外延和垂直隔离 …… 33
1.3.6 横向电压关断 …… 35
1.3.7 色散效应和电压关断 …… 37
1.3.8 开关速度 …… 38
1.3.9 芯片集成 …… 39
1.3.10 双向晶体管 …… 40
1.3.11 快速栅极驱动 …… 41
1.3.12 在硬开关或软开关拓扑中使用 GaN …… 41
1.3.13 开关频率超过 1MHz …… 42
1.4 WBG 功率器件及其应用 …… 43
致谢 …… 44
参考文献 …… 44

进一步阅读…… 49

第二部分　基础和材料

第2章　互连技术…… 53
2.1　简介 …… 53
2.2　芯片焊接技术 …… 54
2.2.1　高温焊料 …… 54
2.2.2　TLP 键合 …… 59
2.2.3　烧结连接 …… 60
2.3　布线 …… 67
2.3.1　Al 和 Cu 线 …… 67
2.3.2　Al 和 Cu 带键合 …… 68
2.4　平面和三维互连 …… 70
参考文献…… 73
第3章　基板…… 74
3.1　简介 …… 74
3.2　功率模块的陶瓷基板 …… 75
3.2.1　陶瓷基板的种类 …… 75
3.2.2　高热导率 Si_3N_4 陶瓷的研制 …… 76
3.3　金属化陶瓷基板 …… 78
3.4　金属化陶瓷基板中存在的问题 …… 79
3.4.1　金属化陶瓷基板中的残余热应力 …… 79
3.4.2　金属化陶瓷基板的可靠性 …… 80
3.5　结论 …… 84
参考文献…… 85

第三部分　元　　件

第4章　磁性材料…… 89
4.1　简介 …… 89
4.2　磁性材料的磁性特性 …… 89
4.2.1　磁化强度和磁感应强度 …… 89
4.2.2　磁滞 …… 90
4.2.3　磁心损耗 …… 91
4.2.4　磁晶各向异性和磁致伸缩 …… 91
4.3　软磁材料的分类以及磁性特性的比较 …… 91
4.3.1　金属软磁材料和软磁铁氧体的特点 …… 92
4.3.2　结晶软磁材料 …… 93
4.3.3　软磁铁氧体 …… 94
4.3.4　非晶合金 …… 94
4.3.5　纳米晶合金 …… 95
4.4　应用示例和比较 …… 95
4.4.1　高频电抗器 …… 95
4.4.2　高频变压器 …… 96
4.5　未来趋势 …… 97
参考文献…… 98

第四部分　性能测试和可靠性评估

第5章　功率半导体器件的冷却技术 …… 101
5.1　简介…… 101
5.2　SiC/GaN 功率半导体的特性及冷却问题…… 101
5.2.1　高温运行的响应…… 102

5.2.2　对高产热密度的响应 …… 103
5.2.3　半导体冷却的三个问题 …… 104
5.3　常用设计 …… 104
5.4　功率半导体冷却的预期技术 …… 105
5.4.1　热传导路径的演进：直接冷却[3] …… 105
5.4.2　高级传热技术：用于液体冷却的高性能散热片 …… 107
5.5　冷却板和散热器的材料 …… 110
5.5.1　下一代功率半导体冷却板材料的问题 …… 110
5.5.2　热变形和应力的结构和材料方法 …… 112
5.5.3　对新材料的期望 …… 113
参考文献 …… 114
第6章　热瞬态测试 …… 115
6.1　热瞬态测试的概述和介绍 …… 115
6.2　热瞬态测试 …… 116
6.3　线性理论：Z_{th}曲线和结构函数 …… 119
6.3.1　Z_{th}曲线 …… 119
6.3.2　热时间常数 …… 120
6.3.3　结构函数 …… 122
6.4　三个终端器件的热测试 …… 125
6.5　使用结构函数进行热分析的进一步示例 …… 128
6.5.1　芯片焊接质量分析 …… 128
6.5.2　TIM 分析 …… 129
6.5.3　对流冷却分析 …… 129
6.5.4　散热器比较 …… 130
6.6　宽禁带半导体的热瞬态测试 …… 132
6.6.1　SiC 器件测试 …… 132
6.6.2　GaN 器件测试 …… 134
6.7　结论 …… 138
参考文献 …… 138
第7章　可靠性评估 …… 140
7.1　简介 …… 140
7.2　SiC MOS 结构的栅极氧化物的可靠性 …… 141
7.2.1　栅极氧化物在开关状态下的可靠性 …… 141
7.2.2　内在和外在氧化物分解 …… 143
7.2.3　威布尔统计和氧化物减薄模型 …… 145
7.2.4　临界外在物的定义和减少 …… 147
7.2.5　筛选后的失效率和失效概率 …… 149
7.2.6　R_{ON}和d_{ox}的权衡 …… 151
7.2.7　逐步增大栅极电压的测试过程和测试结果 …… 152
7.2.8　结论 …… 154
7.3　高温反向偏置测试 …… 155
7.4　高温高湿反向偏置测试 …… 157
7.5　温度循环 …… 158
7.6　功率循环 …… 159
7.6.1　测试设置和结温测定 …… 159
7.6.2　热模拟结果 …… 163

7.6.3 通过 SiC MOSFET 的电气参数进行主动加热和温度传感 …… 164
7.6.4 推荐测试方法：正向加载，反向检测 V_j …… 166
7.6.5 SiC 二极管和 MOSFET 的测试结果 …… 168
7.7 重复性双极工作测试 …… 171
7.8 进一步的可靠性方面 …… 171
7.9 GaN 可靠性评估知识状态 …… 173
7.10 宽禁带器件可靠性研究的综述 …… 176
参考文献 …… 176
进一步阅读 …… 180
第 8 章 计算机辅助模拟 …… 181
8.1 简介 …… 181
8.1.1 计算机辅助工程模拟 …… 181
8.1.2 电力电子应用中的 CAE …… 182
8.2 功率半导体的热模拟 …… 183
8.2.1 热堆 …… 183
8.2.2 电力电子学中对流体动力学的计算 …… 184
8.3 电热优化 …… 185
8.3.1 功率模块的热耦合 …… 185
8.3.2 功率模块中的寄生电感 …… 186
8.4 案例研究 …… 188
8.4.1 在 SiC 功率模块中的热应力 …… 188
8.4.2 基于任务场景的分析方法之一 …… 188
8.4.3 基于任务场景的分析方法之二 …… 190
8.4.4 统计分析模型 …… 192
8.4.5 电热分析模型 …… 192
8.4.6 热机械模型 …… 193
8.4.7 雨流计数方法 …… 197
8.4.8 减少寄生电感 …… 200
8.5 结论 …… 201
参考文献 …… 201

第一部分
未来的前景

第1章 »

未来技术趋势

利奥·洛伦茨，托拜厄斯·埃尔巴赫，奥利弗·希尔特
ECPE/英飞凌科技公司，慕尼黑，德国
弗劳恩霍夫集成系统和元器件技术研究所（IISB），埃尔兰根，德国
费迪南德－布劳恩研究所、莱布尼茨高频技术研究所（FBH），柏林，德国

1.1 电力电子系统的发展趋势——对下一代功率器件的影响

在过去的几十年里，功率器件一直是推动电力变换器发展的主要技术。从上个世纪中叶到20世纪80年代（见图1.1），整流器、晶闸管、门极可关断晶闸管（Gate－Turn－Off Thyristor，GTO）和双极性晶体管对实现控制电能从源极到负载的电力电子变换器做出了重大贡献。在随后的1980～2000年的20年里，具有优异电气特性的MOS控制的功率器件进入市场，并在许多应用中取代了上一代双极器件。它们优异的导通性能、杰出的动态性能、可控性和短路额定值在电力电子系统的发展中占主导地位。这种新一代的功率器件是基于硅（Si）材料的，就像过去几十年的双极器件一样。然而，由于这些器件的精细结构技术、特征尺寸和高单元密度，芯片（IC）兼容的生产线能力变得十分必要。这是功率器件生产技术的第一个突破，一些中小型半导体制造商无法承担新的IC兼容器件的成本。这些新型的器件，如功率MOSFET（1979年在市场上推出）和IGBT（1985年推出），为功率变换器的发展开辟了一个新的领域。在由功率MOSFET和IGBT（绝缘栅双极型晶体管）发起的第一个技术里程碑中（见图1.2）[1]，开发了几种基于多级或交错技术的新电路拓扑，以及新的控制策略，旨在实现高动态、高效运行的功率变换器。

单极型功率MOSFET凭借其非常短的开关时间将开关频率提高到100kHz，并彻底改变了整个消费类和计算类应用，以及信息和通信技术领域中的开关电源（SMPS）。然而，这些功率晶体管的导通电阻在很大程度上依赖于在负载端之间传输电子电流的漂移区域的掺杂和厚度，并将有效电压能力限制在600V的额定

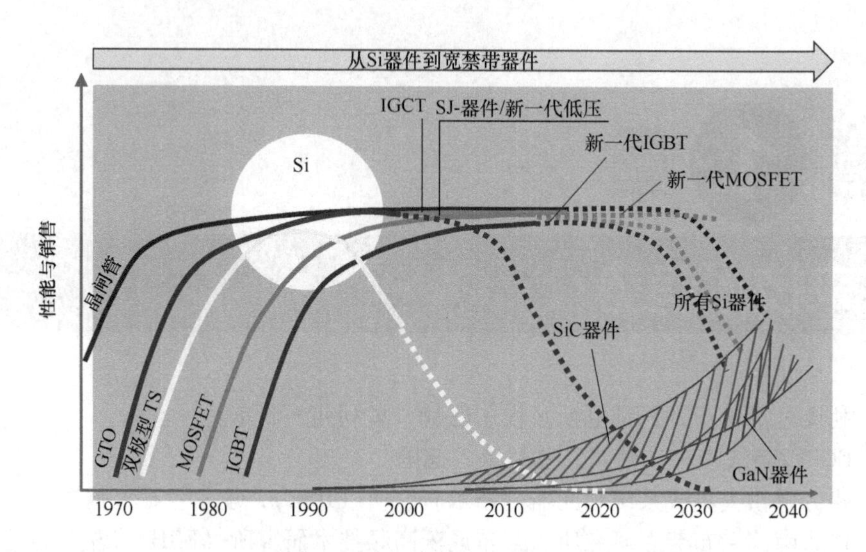

图 1.1　电力半导体技术的发展趋势：性能→市场导入→批量生产；
功率器件技术生命周期；宽禁带器件替代 Si 器件的可能性
［来源：ABB，ECPE（L. 洛伦茨）］（彩图见插页）

电压以下。与这种行为相反，MOS 控制的绝缘栅双极型晶体管（IGBT），由于其强载波调制处于导通状态，其额定电压几乎不受限制，并且已经彻底改变了所有的工业应用，如电机控制、UPS 系统和铁路、船舶、电动汽车等的牵引驱动器，以及可再生能源技术（包括能源运输和配电）。其优异的电气和热性能，以及易于控制的特性便于系统工程师使用，因此仅在 2～30 年内（见图 1.1）双极型器件的“老一代”的双极器件在大多数应用领域被取代。基于这些技术进步，未来电力电子系统发展的主要驱动因素变得可见，并在参考文献[2，3]中进行了概述。

- 能源效率→保护我们的环境。
- 功率密度→减少重量/体积。
- 产品的可靠性→以实现元件和系统的零缺陷设计。
- 无源器件→需要新的磁性和电解质材料来利用高频的优势。
- 3D 集成→可实现系统小型化的智能封装技术和 3D 系统集成（有源器件、无源器件和有效冷却系统）。

为了满足这些要求（见图 1.2），在 2000～2010 年的过去十年里，MOS 控制的器件进一步向更高的开关频率、更好的稳定性（即使在工作温度升高的情况下），以及出色的过载和短路能力发展。对于系统开发来说，这是数字化的触发期，可以在系统层面实现更高的灵活性，对负载进行精确和高效的功率控制，并显著减少系统组件。在器件层面上，实现了新一代的“沟槽门控场截止 IGBT”，

进一步降低了导通状态和动态损耗，即使在更大的功率密度和更高的开关频率下，也提高了器件的稳定性。通过发展载波补偿原理，显著改善了具有优异开关特性的单极器件[4]。在低压区域，$U_{br} \leqslant 250V$，$R_{DS(on)}A$ 急剧减小的基本原理是对漂移区域内剩余载流子的补偿。对于高压功率 MOSFET，$300V \leqslant U_{br} \leqslant 900V$，通过在整个漂移区域中实现基于载流子补偿的超结原理，可以显著减少指定的导通电阻的面积。这种结构允许在漂移区域的掺杂增加大约一个数量级，而不失去关断能力[4]。通过实施这种全新的器件技术，可以将开关频率提高到1MHz，从而提高功率密度和效率。超结 MOSFET 以高性能和高产量取代了传统的 MOSFET 技术，如图 1.1 所示。

当前十年（见图 1.2）主要是基于 WB（宽禁带）材料的超快开关器件的发展，同时具有提高工作温度的额外好处。这一代功率器件非常接近理想的开关：零导通损耗、零开关损耗、无控制功率。目前来看，有希望在器件级和系统级实现超高功率密度的前景。

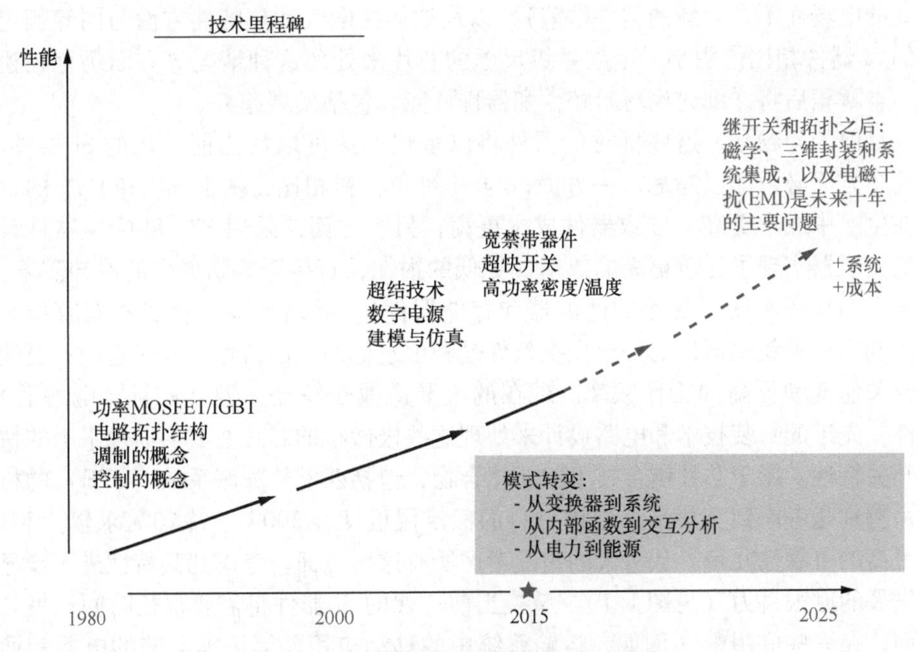

图 1.2 功率变换器的简化技术里程碑

［来源：苏黎世联邦理工学院（科拉尔教授），ECPE 工作室］

然而，我们今天所经历的开关频率的局限性在于无源器件，主要是磁损耗（包括电感器、变压器和滤波器的绕组损耗，以及电容损耗）。由开关器件触发的高$\mathrm{d}i/\mathrm{d}t$值会在器件封装级和系统布局上的所有泄漏电感中产生过电压峰值。驱动路径中常见的泄漏电感对晶体管的开关特性、氧化物层和负载端子上的过电压峰值有强烈的影响，这可能导致动态雪崩。此外，我们还必须学习如何处理由快速开关产生的电磁干扰（Electro - Magnetic Interference，EMI）问题。

更关键的是，由于开关时间短而导致的极高的 dv/dt 值，是因为我们在开关波形中涉及的所有电容（器件内部和由于电路设置而分布）中都产生了位移电流。dv/dt 对连接到负载的电缆、负载本身，以及功率器件的驱动和微电子器件之间的耦合器都有影响。为了满足功率密度、效率、可靠性和紧凑的三维集成的要求，下一个开发周期（见图 1.2）的重点将是讨论封装技术、无源器件、EMI 问题，以及如何处理器件级和系统级上极高的 di/dt 值[5]。

这种基于宽禁带材料的超快开关器件的主要原因是为了在器件级和系统级显著提高功率密度和效率，并提高工作温度，而不会造成稳定性和可靠性的缺陷。目前，SiC 和 GaN 器件是实现这一目标的最有前途的半导体材料，本章稍后将对此进行详细说明。尽管这两种类型的材料在很长一段时间内都为其他电子器件（如射频器件和 LED）所熟知，但在晶圆材料的质量、器件设计（如何管理这种极高的电场而不产生新的器件缺陷），以及如何在电气和热特性方面与同等额定值的 Si 器件相比使用小一个数量级尺寸的芯片来处理这种情况等方面仍存在挑战。本章稍后将详细讨论材料特性和器件性能，包括发展趋势。

目前的问题是，这些优秀的器件将以多快的速度取代当前一代的 Si 器件。有几个方面必须加以考虑。一方面，与 Si 衬底材料相比，基于 SiC 和 GaN 的材料在生产中成本更高，导致器件成本更高；另一方面，采用 SiC 和 GaN 器件设计的变换器实现了显著更高的效率（更低的损耗，直接影响到更少的冷却需求）和更大的功率密度（更小的滤波器和存储器件），并对整体材料成本有直接影响。利用这种新型器件的一个先决条件是利用它们的突出特性来操作它们：更快的开关速度和更高的工作频率。现在的主要挑战是缺乏无源（磁性、电解质）器件、先进的封装技术和电路设计来处理这些极微小的芯片在变换器水平上的快速开关特性。用于芯片键合技术的新化合物，包括匹配热膨胀系数（CTE）的材料，特别是考虑到宽禁带半导体材料的额定温度 $T_j > 300$℃，冷却需求较少和/或更高的可靠性冗余。从今天的角度考虑所有这些方面，考虑到其特性进一步显著发展的巨大潜力（见图 1.1），替换当前一代的 Si 器件将需要很长时间；另一方面，在一些应用中（例如，运输系统中的移动应用、笔记本电脑的电源和通信单元），由于 SiC 和/或 GaN 器件已经在这些类型的应用中使用，因此降低功率变换器的尺寸和重量并提高效率的压力很大。此外，新出现的应用也需要这些突出的特性。

在过去的几十年里，从 80 年代初 MOS 控制器件的引入开始，功率器件的市场收益有了极好的发展。与此同时，功率器件的市场份额约占整个半导体市场的 10% 左右。在许多应用中，功率器件是电力电子系统的关键组成部分，尽管它们

在许多电力电子系统中的成本相对于整体系统的成本可以忽略不计，例如，在能源运输系统、高速列车等领域的应用中。改善其特性和增加功能（例如，智能功率器件）降低了系统成本，并为新的应用领域开辟了机会，例如，交通系统包括基础设施、可再生能源技术、智能工厂（包括老化和过程相关参数的预测传感）、电力电子控制单元的节能等。主要趋势是向更高的开关频率发展，减少或消除庞大的铁氧体和电介质；模块化多电平拓扑结构，即使使用低压功率晶体管也能实现高压能力；多相拓扑结构，在电路布局上提供更高的额定功率和更小的寄生电感；软开关拓扑结构，可实现更高的效率和更低的谐波。

1.1.1　Si 基材料的功率器件的发展趋势 ★★★

尽管功率 MOSFET 超结器件和 IGBT 有着悠久的历史，但仍有进一步发展的潜力，Si 仍然是宽禁带器件的强大竞争对手，我们将详细讨论。对于所有的 Si 基器件，除了开发更小特征尺寸的晶体管单元结构外，还对先进工艺进行了大量研究，如 300mm 超薄晶圆技术及其可制造性。

对于低压功率 MOSFET，近十年初引入了利用场板单元结构的电荷补偿原理，并一代又一代地不断改进。与传统的功率 MOSFET 相比，场板 MOSFET 的 $R_{DS(on)}A$ 大幅减少（见图 1.3）背后的基本原理是对 n 漂移区施主的补偿[6]。通过厚氧化层与 n 漂移区隔开的绝缘深源电极充当场板，并提供在关断条件下平衡漂移区施主所需的移动电荷。这种几何形状表现出几乎恒定的垂直场分布，并允许增加漂移区域掺杂。该器件显著降低了导通电阻。然而，为了制造这种器件，必须克服几项技术挑战。由于场板隔离必须承受沟槽底部器件的全源漏阻电压，因此必须仔细调节微范围内的氧化物厚度。尽管有深沟槽和厚氧化层，但在生产过程中，必须考虑精确的沟槽深度和沟槽宽度均匀性，以及优良的器件参数和低参数偏差，也必须考虑超薄晶圆的处理。考虑到所有这些参数（芯片设计、新的工艺步骤和薄晶圆的可制造性），这些器件显示出极低的导通状态电阻质量，因其动态性能和易于控制而具有出色的品质因数。在这些电气特性方面，新型的场板功率 MOSFET 非常接近 GaN 器件。在稳定性（如易于驾驶、过载能力、动态雪崩等）方面，这种晶体管优于当今的 GaN 晶体管。开关频率涵盖了所有主要应用。然而，运行在 5 ~ 20MHz 下工作条件时，完全集成的系统解决方案（例如，具有横向 GaN 器件的 DC/DC 变换器）是优选的。考虑到极低的输入和输出电容器，目前没有其他解决方案。

今天，电压范围为 $500\text{V} \leqslant V_{br} \leqslant 900\text{V}$ 的高压功率 MOSFET 在超结技术中实现了 900V 和高达 1MHz 的开关频率[7,8]。具有垂直电流流动的超结器件（见图 1.4）采用几乎一直向下穿过电压关断区的额外的 p 柱。这种结构允许在不失去关断能力的情况下，使掺杂量增加大约一个数量级；n 柱中的额外电荷完全被 p

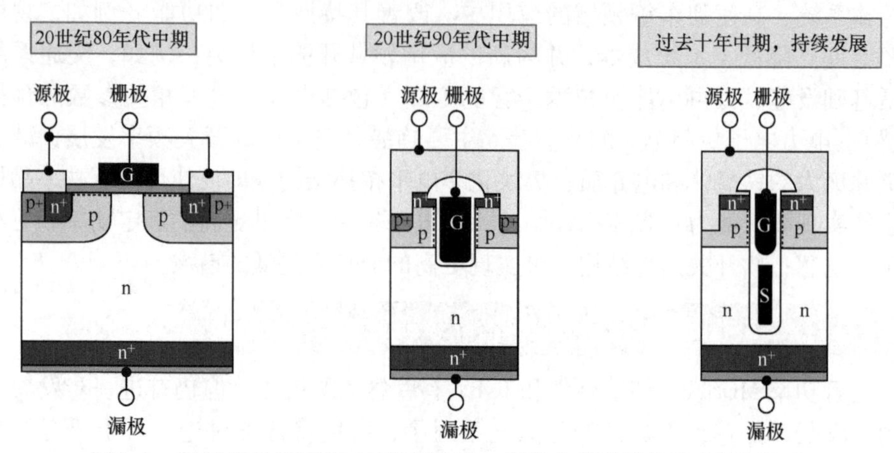

图 1.3　低压功率 MOSFET 的发展趋势：从横向晶胞结构转向场板概念

（来源：英飞凌科技公司）

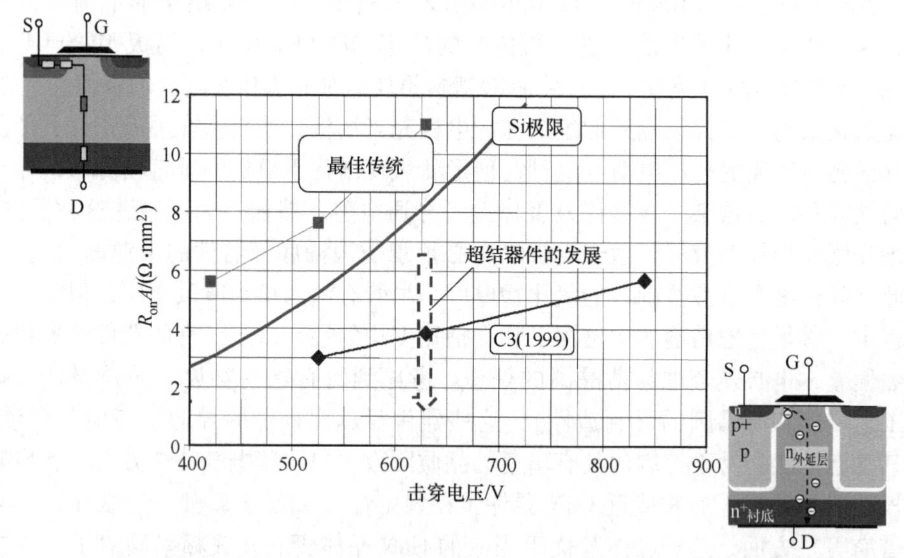

图 1.4　高压功率 MOSFET 从传统晶胞结构（图片左上角）到超结器件结构（图片右下角）的发展趋势。降低特定区域“超结器件的发展”的导通电阻

［来源：英飞凌科技公司（G. 德博伊）］（彩图见插页）

柱中的反向电荷所补偿。因此，特定区域的导通电阻仅取决于补偿这些电荷的能力足够精确，并制造出具有更小的柱间距的超结结构。除了这些具有挑战性的要求之外，该应用还有进一步的需求，如雪崩能力和开关速度的控制，这导致了许多新的解决方案，如 p 柱设计和垂直结构。超结 MOSFET 需要更复杂的工艺过

程。只有在导通电阻、开关性能和器件稳定性方面取得显著改善，才能实现经济上的成功。除了降低导通电阻外，另一个优点是更小的输入和输出电容，从而实现更快的开关速度和更低的动态损耗。

在过去的几年中，持续的进一步改进旨在降低特定区域的导通电阻（见图 1.4 中心部分）。这些积极的结果是通过使用先进的半导体技术来实现在每个芯片区域内更高的 n 柱数量以及更小的晶胞间距。当然，通过增加沿 n 柱的电流幅度，建立了空间电荷区，该空间电荷区影响电流挤压效应，从而导致 n 柱中较高的电压降。然而，这里我们讨论的不是“硬”物理极限，这只是芯片设计和技术发展的问题。参考文献[9]中给出的物理极限并不是超结器件进一步发展的最终极限。这更多的是一个半导体生产能力如何被精确控制的问题。

最后，对于超结技术，仍有很大的进一步创新的空间和潜力[10]。考虑到超结器件的新发展，导通电阻仍可进一步明显降低，开关性能也会有所改善，并具有出色的雪崩能力。因此，这些技术显示了在相同额定电压下与宽禁带器件竞争的潜力。

1.1.1.1 MOS 控制的载波调制器件——例如，IGBT

除了单极器件（例如，场板功率 MOSFET、超结晶体管），在许多大功率应用中，MOS 控制的双极模式器件是有优势的，因为有可能在导通状态下建立电子空穴等离子体，从而导致极低的导通状态损耗。目前，IGBT 覆盖的电压范围为 $600\text{V} \leqslant V_{\text{br}} \leqslant 6.5\text{kV}$，额定功率高达 10MW，开关频率高达 100kHz。IGBT 具有垂直电流流动，但具有双极导电性，如图 1.5 所示。这些器件具有垂直 pn 结和下方的厚 n 掺杂层。如果对该 pn 结施加反向偏置，则会形成耗尽层和高电场。可实现的阻断电压能力取决于 n 掺杂层的厚度和掺杂浓度。为了避免 Si 衬底上这种厚而昂贵但决定性能的 60 ~ 120μm 的 n 层外延，在 20 世纪 80 年代中期，引入了一种合适的掺杂 Si 基晶圆作为所需的 n 层。在对器件进行完全处理后，最后仅通过实施低温退火即可形成所需的背面发射极。这是对非常稳定（没有任何寿命损失过程）和高短路电流能力器件的突破[11-13]。

新型 IGBT 面临的主要挑战是超薄晶圆的处理和加工。对于低压 IGBT（$V_{\text{br}} \leqslant 400\text{V}$），晶圆厚度降低至近 50μm。这些措施会导致极低的导通状态和开关损耗。这种器件开发成功的重要障碍是开关损耗和振铃现象。

改进的掺杂轮廓和优化的封装解决方案有助于克服这些障碍。随着先进加工技术的发展，晶胞密度不断增加，如图 1.6 所示。较小的台面特征允许实现非常高的沟槽单元密度。这种高沟槽单元密度的主要好处是在沟槽单元下方积累高载流子浓度，从而导致 IGBT 的低导通电压。通过这种精细结构的沟槽单元设计，也可以优化反馈电容器，以及影响集电极栅极与集电极发射极电容之比，这是动态性能的关键。小平台面积的实现是有益的，因为电子/空穴等离子体已经在较小

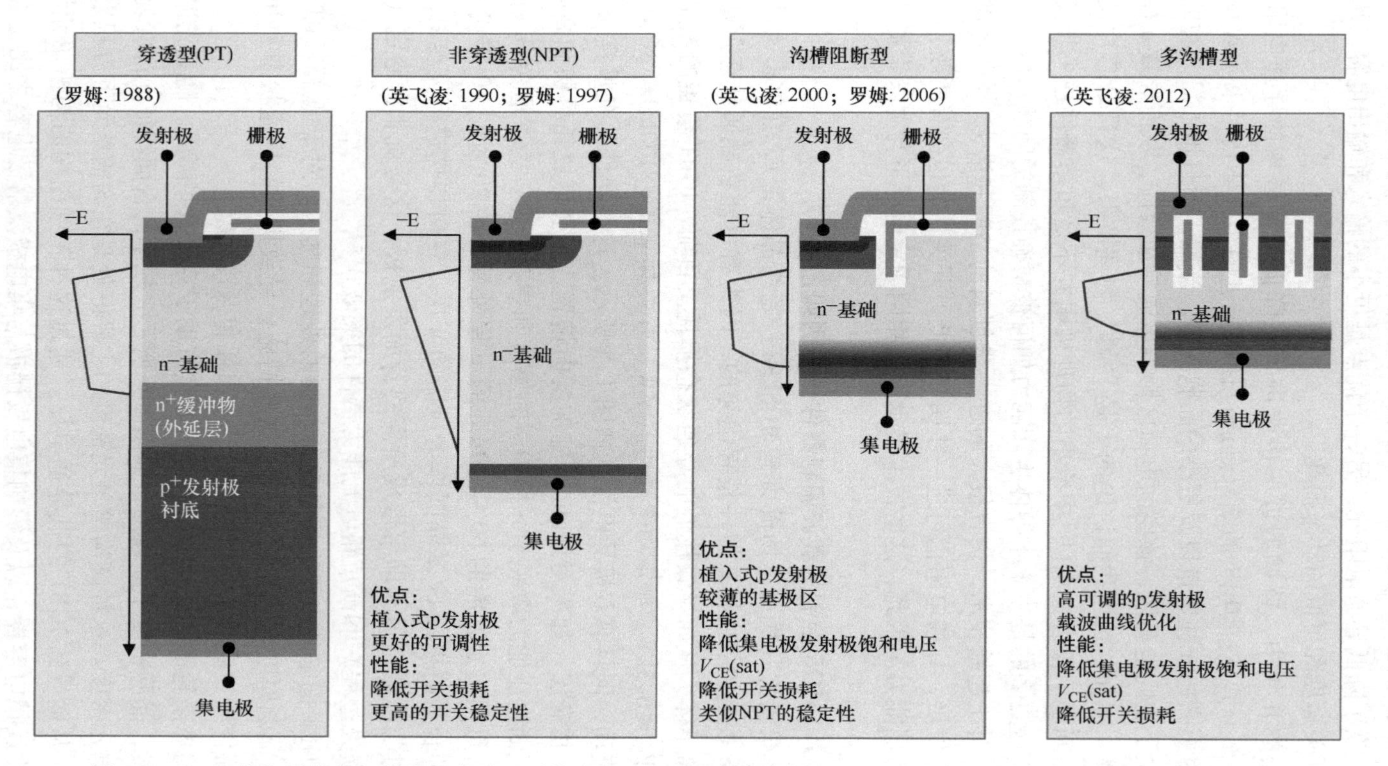

图 1.5　IGBT 的发展趋势，从常规穿透型到非穿透型，从非穿透型到沟槽阻断型和多沟槽型（右侧三个晶胞结构）（来源：英飞凌科技公司）（彩图见插页）

的反向额定电压下被抑制，这对降低开关损耗非常重要。其他 IGBT 的发展趋势正在转向反向传导器件，这种器件目前用于谐振应用。对于反向传导和开关应用，开发工作仍在进行中。另一个研究领域的目标是反向阻断 IGBT 在多级技术中的优势。

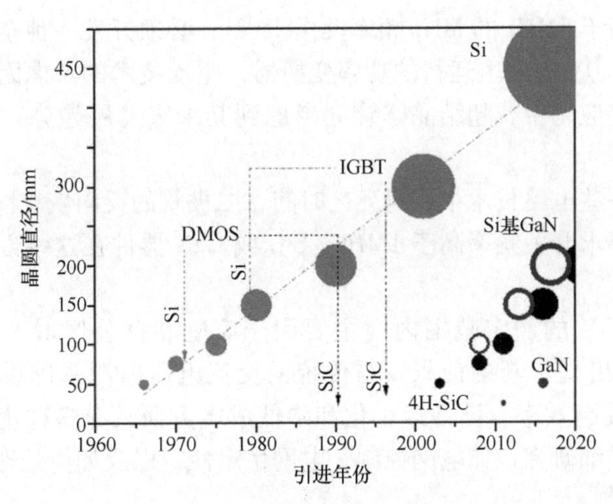

图 1.6　用于 Si、SiC 和 GaN 器件制造的半导体晶圆直径的可用性

如今，IGBT 覆盖了广泛的应用领域，如电机控制的电力电子变换器、UPS 系统、柔性交流输电系统（Flexible Alternative Current Transmission Systems，FACTS）、运输系统、可再生能源技术等。

1.1.2　总结和展望 ★★★

关于 Si 基材料的功率半导体器件（如场板功率 MOSFET、超结晶体管、IGBT、快速整流器等），目前仍有进一步发展的巨大潜力。将不同研发团队的所有想法转化为许多应用中的真实产品，Si 器件将成为宽禁带器件市场上的强大竞争对手，并将在很长一段时间内保持不变。一个共同的发展趋势是缩小芯片尺寸以降低导通状态和开关损耗，提高工作温度，集成传感功能以实现优异的自保护功能并生成有关老化相关参数的信息，提高冷却效率，并保持或提高这些器件的稳定性和可靠性。未来的一个特殊挑战是开发先进的芯片键合技术、用于隔热和散热性能优异的新型陶瓷、合适的芯片覆盖材料，以及引线框架塑料和材料，以匹配热膨胀系数。特别是对于大功率封装，为了将工作温度提高到 200℃ 以上，迫切需要一种先进的封装设计来消除寄生电感（例如，泄漏电感和分布电容），以允许较高的 di/dt 和 dv/dt 值，同时提高特定功率和温度循环次数下的额定可靠性。为了成功引入宽禁带器件，在高工作温度、高可靠性和低寄生率方面进行大量的开创性工作是先决条件。

为了利用这些达到高 MHz 范围的超高速开关器件，采用极小的芯片尺寸和先进的冷却概念、用于无源器件的新材料以及用于整体系统集成（3D 集成）的智能概念，我们需要考虑有源器件、无源器件、冷却系统和适当的电路技术。

对于低功耗应用（DC/DC 变换器），趋势是使用 GaN 器件的场板功率 MOSFET 进行频率高于 5MHz 的 MHz 频率操作[14,15]，必须开发一种全新的系统设计方法。对于在 220V 电网上运行的功率变换器，驱动技术的考虑因素是功率密度和效率。在这些应用中，超结晶体管（考虑到其未来发展趋势）仍将是一种有吸引力的器件。

然而，在一些电路技术中，对死区时间、二极管的反向恢复性能、驱动功率有要求，或者要求开关频率高于 1MHz，SiC 或 GaN 器件在这些方面表现出显著的优势。

在 110 ~ 440V 的额定范围内（主要用于家庭和办公区域，以及工厂自动化），直流电网出现了新的前景。与传统的交流电压电源基础设施相比，基于 ADC 的电源在提高效率、设备最小化和降低成本方面具有多种优势。然而，有几个方面需要详细研究，如电网控制、电网稳定性，以及如何处理由于同一个问题引起的故障[16]。

功率变换器未来发展的一个重要领域是模块化多级和多相/交错拓扑。优先考虑交错拓扑以扩展额定功率，结合模块化多级拓扑的优势，扩展到具有可开关功率器件的中/高压应用中。模块化多级拓扑在大功率系统工程中具有许多优点，如可以不选用大型无源滤波器和大型变压器，易于进行故障管理等。对功率半导体发展趋势的分析表明，Si 和 SiC 器件的结合为未来十年的本质改进提供了潜力[17-19]。

在中大功率领域，许多新的和非常有吸引力的应用正在出现（例如，可再生能源技术，包括整个基础设施、铁路运输、飞机、电动汽车、医疗设备等）。在这些应用领域中，需要进一步发展 IGBT 和基于 SiC 的器件作为关键技术。

1.2 未来的器件概念：基于 SiC 的功率器件

1.2.1 在 4H-SiC 上的单极功率半导体器件的研究进展 ★★★

为了不断提高电力电子系统的性能，SiC 材料和器件在过去二十年里不断发展，从研发活动发展到商业应用中的全面使用。从图 1.6 中可以预见 SiC 制造技术的成熟和快速发展。

在这种程度上，使用 SiC（2017 年为 150mm 晶圆）的电力电子器件材料的成熟度与 20 世纪 80 年代的 Si 相似。值得注意的是，Si 技术的绝大多数发展都

是由摩尔定律和CMOS技术的发展驱动的。从那里开始，使用这种基准CMOS技术制造了Si功率器件。对于SiC，市场上还没有SiC CMOS（目前）。因此，所有基于SiC的功率器件的开发都必须通过其自身的器件和模块市场来驱动，这需要更低的预算。尽管资金来源很少，但SiC功率器件快速商业化的主要原因之一是Si器件制造作为基准技术的可用性。因此，Si的大多数制造步骤可以重复用于SiC器件。此外，如图1.6所示，SiC VDMOS和SiC IGBT的概念在更小的晶圆直径上得到了证明，即采用不太成熟的SiC加工技术。这是可以实现的，因为这些SiC器件的基本器件设计也可以从Si技术中继承过来[1]。此外，高氮（N）掺杂的4H－SiC衬底在LED行业中也有很大的吸引力，因为大功率密度的LED需要SiC衬底。

除了单极SiC器件颠覆性的器件性能（特别是与Si IGBT相比的快速开关）外，还必须考虑其可制造性和制造成本。如前所述，SiC器件技术是基于Si加工步骤的，这使得SiC生产线可以直接集成到现有的100mm和150mm Si晶圆厂中。能够说明这种方法的例子包括“美国电力”联盟在得克萨斯州卢伯克的X－FABS 150mm SiC晶圆厂，或英飞凌在奥地利维拉奇的150mm晶圆厂[20,21]。类似地，NEDO的“未来电力电子技术（FUPET）”和跨部门的“战略创新促进计划（SIP）：下一代电力电子”包括大力鼓励罗姆或三菱等日本公司扩大SiC功率器件的开发和制造。

基于这些有益因素，在过去的10年里，有多家公司（从上游集成衬底制造商到下游集成汽车供应商和面向终端用户的公司，遍布美国、欧洲和亚洲）开发了SiC功率开关，如图1.7所示。

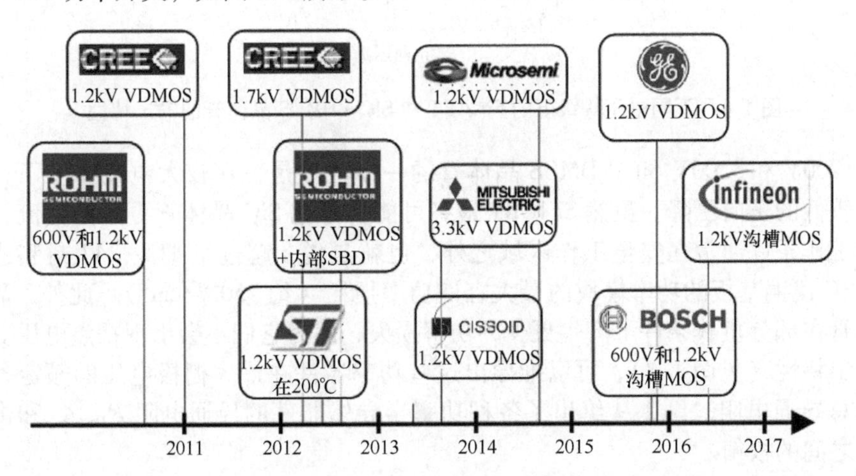

图1.7 由世界各地的多家公司演示或引进的功率半导体器件

最后，与Si类似或兼容的可制造性和器件概念都能够快速渗透市场，因为一般的可靠性已经被很好地理解，稳定性设计可以利用 Si 技术的所有长期经验。

下面，我们将介绍基于平面技术的功率开关的最新进展。然后再讨论集成沟槽结构的优点。最后讨论这些结果在结势垒肖特基二极管中的适用性。

1.2.1.1 平面 SiC VDMOS 晶体管

如上所述，600V 和 1200V 模块的功率半导体市场由 Si IGBT 主导。然而，这些器件中的双极调制限制了截止速度，造成了显著的动态开关损耗。虽然这些损耗在 10kHz 范围内的开关频率下是可以接受的，但它阻碍了高效、小型、开关模式电源的发展。与 Si IGBT 类似的具有导通功率损耗（来自导通电阻）的单极功率器件具有较低的动态开关损耗，并且在较高的开关频率下表现出色。由于 600V 和 1200V 工作电压下的低电阻漂移区，SiC VDMOS 晶体管在这个市场上处于具有挑战性的 Si IGBT 的前沿。功率半导体器件的导通特性可以通过其输出特性来预测。图 1.8 给出了在最大允许栅极电压下不同 Si IGBT 和 SiC VDMOS 输出曲线的比较。

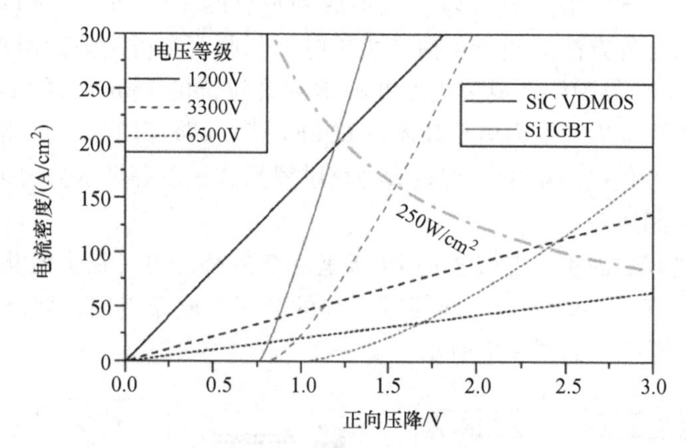

图 1.8 不同电压等级下的 Si IGBT 和 SiC VDMOS 晶体管的输出特性

1200V 和 3300V SiC VDMOS 晶体管的一个优点是，在较大电流密度下，可获得较低的正向压降。虽然 Si IGBT 最终可能传导比 SiC 晶体管更大的电流，但这种工作条件通常在安全工作区域之外，也就是说，超过了 TO－247 封装或基于 DBC 覆铜基板的功率模块的最大容许功率损耗（约 $250\mathrm{W/cm^2}$）。此外，MOS 晶体管在部分负载条件下产生更少的功率损失，因为它们不会出现拐点电压。根据输出特性（见图 1.8），可以推导出这些功率器件在最大栅极电压的额定条件下的总导通电阻。图 1.9 给出了各种功率半导体器件的导通电阻 $R_{\mathrm{DS(on)}}$ 和击穿电压之间的权衡。

与 Si 相反，在关断工作期间也必须保护栅极氧化物。在 4H－SiC 中，临界电场高达 2.5MV/cm 时，$\mathrm{SiC/SiO_2}$ 界面处的电场可能过高，无法确保栅极氧化物的长期完整性（例如，超过 15 年）。因此，半导体界面必须屏蔽这种高电场。

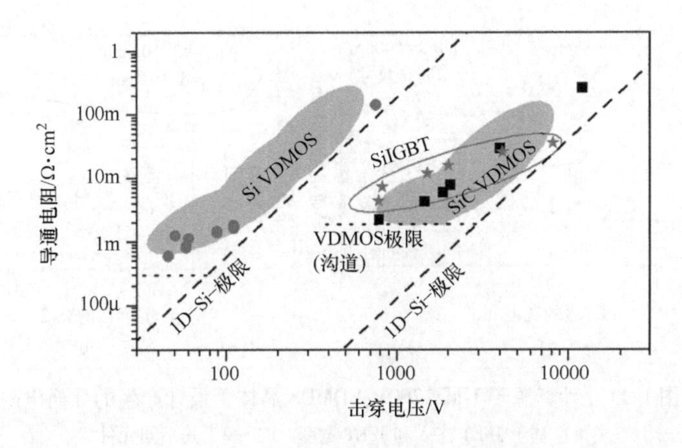

图 1.9　Si VDMOS、Si IGBT 和 SiC VDMOS 晶体管之间的功率半导体器件的品质因数

在传统的 SiC VDMOS 晶体管设计中，这是通过在 p 阱区域下方埋设 p^+ 屏蔽来实现的，如图 1.10 所示。

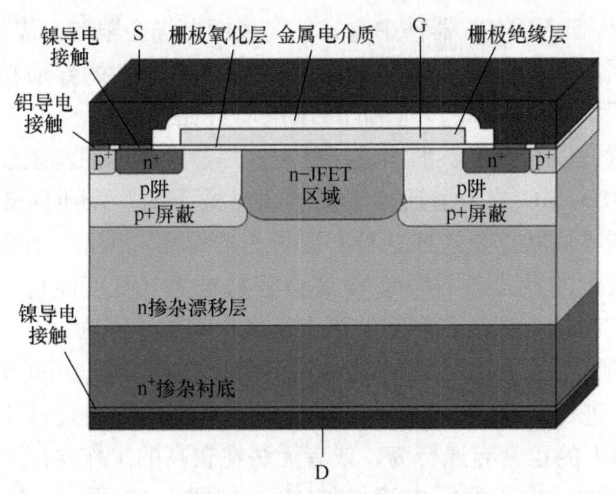

图 1.10　带有 p^+ 屏蔽和注入 n - JFET 区域的 SiC VDMOS 晶体管全晶胞的横截面示意图

来自漂移区的空间电荷区中的电离施主原子的电场线终止于这个 p + 屏蔽中的电离受主离子，而不是靠近 SiO_2/SiC 界面。为了在高击穿电压下获得较小的器件电阻，需要谨慎设计 VDMOS 晶体管的 JFET 区域。狭窄的 JFET 区域将使氧化物界面上的电场最小化，但会导致较大的 JFET 电阻。基于界面上允许的最高的氧化物电场，可以设计 JFET 区域来最小化其对整体器件电阻的贡献[22]。对于不同的 VDMOS 晶体管，使用 JFET 注入，可以进一步降低 JFET 电阻，如图 1.11所示。

除了降低器件电阻外，还可以利用 JFET 区域中较高的掺杂来将关断电压所

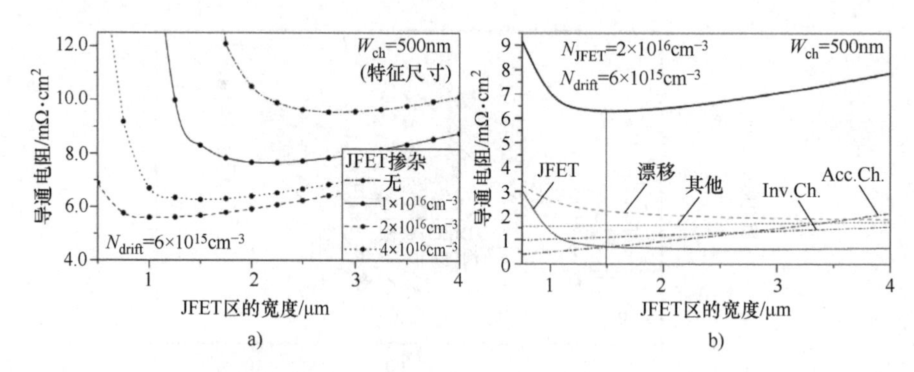

图 1.11　计算源于不同 1200V VDMOS 晶体管设计产生的导通电阻

a）基于 JFET 注入和 JFET 宽度　b）基于其不同元件

需的漂移区掺杂与 JFET 区的宽度耦合，否则与漂移区掺杂有关。换句话说，一个通用的 JFET 区和掺杂（VDMOS 的控制区域）可以用于不同的电压等级。

然而，即使界面处的电场可以保持在 1MV/cm 以下（在 SiO_2 中约等于 3MV/cm 层），从 Si VDMOS 器件中得知，高表面电场会限制可靠性和良率[23]。

此外，很明显的是，与 1200V 器件相比，600V 器件的导通功率损耗较低的优势会有所减弱，因为 MOS 沟道和 JFET 电阻开始主导 $R_{DS(on)}$。因此，栅极模块需要特别注意，以获得足够的沟道迁移率。尽管在 SiC 的沟道迁移率方面做了许多工作，但 4H－SiC 的沟道迁移率仍然明显低于 Si。众所周知，在沟道区的 SiO_2/SiC 界面的界面状态是造成这种有害行为的原因。因此，SiC 的宽带隙是有代价的，因为大量的界面态不能像 Si 那样容易被氢（H）钝化。相反，已经引入了对高可靠性和较小界面态密度的热生长氧化物的不同尝试。到目前为止，在 4H－SiC 的（0001）表面获得足够的沟道迁移率的唯一成功的方法包括在界面处加入氮（N）进行钝化[24]。虽然已经证明了更高的沟道迁移率，但这种努力导致 SiC MOSFET 的正常导通行为，或者无法在较高的工作温度下证明高栅极氧化物可靠性，例如，由于泄漏电流增加[25]。如图 1.12 所示，15～25cm^2/V·s 场效应迁移率代表了最大栅极电压下的最新技术。

4H－SiC MOS 晶体管的沟道迁移率受两种物理效应的控制。声子散射导致晶格的散射，因此沟道迁移率随温度的升高而降低。在半导体－氧化物界面附近或界面处存在的电荷的库仑散射主要取决于界面态密度。因此，库仑散射随着温度的升高而减小，这是因为界面态的发射速率增加。通过调整沟道区的掺杂浓度可以实现类似的沟道迁移率的增加；减少沟道掺杂需要更少的能带弯曲，从而减少界面上界面态的充电。然而，这并不会导致在使用条件（最大额定栅极电压）下的场效应迁移率的增加，这主要是由声子散射主导的，并导致阈值电压降低。事实上，在 SiC 中的沟道迁移率和 MOSFET 的阈值电压之间的权衡已经得到了

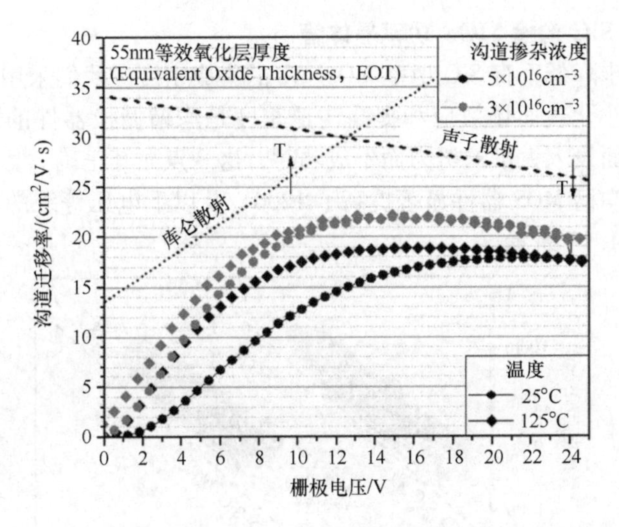

图 1.12　不同沟道掺杂浓度对沟道迁移率和阈值电压的影响

证明[26]。

为了在 600V 器件类别中获得导通电阻低于 $6\mathrm{m\Omega \cdot cm^2}$ 的 VDMOS 晶体管，必须将小特征尺寸与先进的器件设计相结合，以实现较高的可制造性。这通过增大沟道密度，规避了低沟道迁移率的影响。但这种方法仅限于特征尺寸足够低的制造场所，即 350nm 及以下。

通过使用六角形器件设计而不是图 1.10 中所示的条纹设计，也可以进一步降低导通电阻。从图 1.13 中可以明显看出，六角形布局的沟道宽度比条形设计高 1.4 倍，沟道电阻及 JEFT 电阻总和减少高达 25%[27]。这同样适用于 VDMOS 和沟槽 MOS 器件。

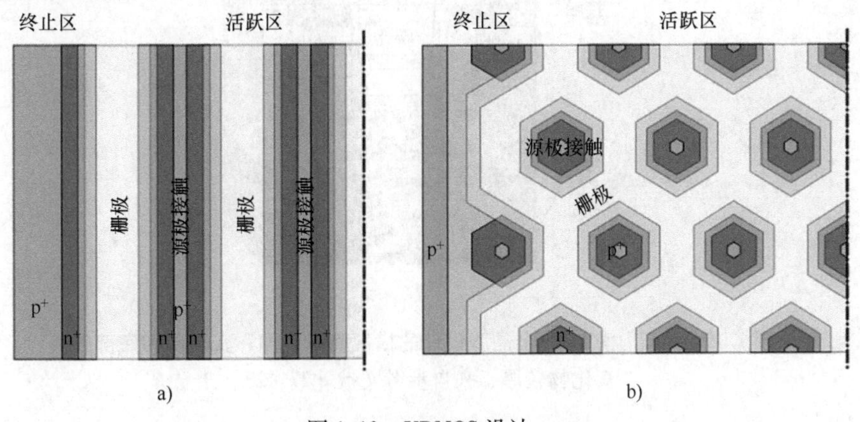

图 1.13　VDMOS 设计
a）基于条纹　b）基于六角形单元

1.2.1.2 SiC 沟槽 MOS 功率晶体管

为了进一步降低垂直 SiC 功率 MOSFET 的集成密度，我们采用了一种类似于 Si 的方法。最小化表面场效应和提高沟道密度是沟槽栅极器件的发展趋势。当在沟道工艺方面投入大量的努力而不成功时，这一点尤其正确。

基本上，沟槽 MOS 器件显著提高了 1200V 及以下电压等级的功率器件的品质因数，如图 1.14 所示。

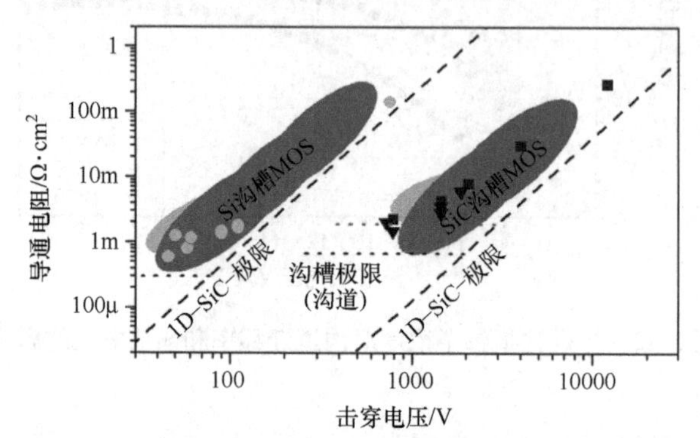

图 1.14 功率半导体器件在 Si 器件和 SiC 功率晶体管（包括 VDMOS 和垂直沟槽栅极器件）上的品质因数

如前所述，通过实现更大的栅极区密度来降低导通电阻。此外，基本的沟槽 MOS 器件并没有显示出如图 1.15 所示的明显的 JFET 区。

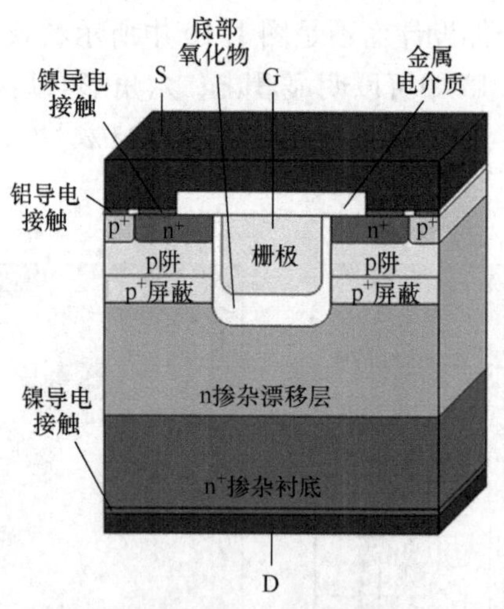

图 1.15 SiC 沟槽 MOS 全晶胞设计的横截面示意图，其顶部和底部的氧化物较厚，来自参考文献［27，28］

与 VDMOS 晶体管类似，在沟槽区底部的 SiO_2/SiC 界面处可能会发生高电场。然而，这部分沟槽氧化物不用作 MOSFET 的反型沟道。因此，可以采用较

厚的底部氧化物，从而降低氧化电场，提高可靠性。

此外，还可以引入一个 p 屏蔽区，如图 1.16 所示。

采用双沟槽方法，通过离子注入实现了一个深 p 屏蔽区，保护沟槽中的栅极氧化物免受高电场的影响。这里产生了 JFET 区域，需要谨慎设计和掺杂来防止器件性能下降。事实证明，TCAD 建模在这个复杂的设计空间中检索合适的器件设计是有效的。

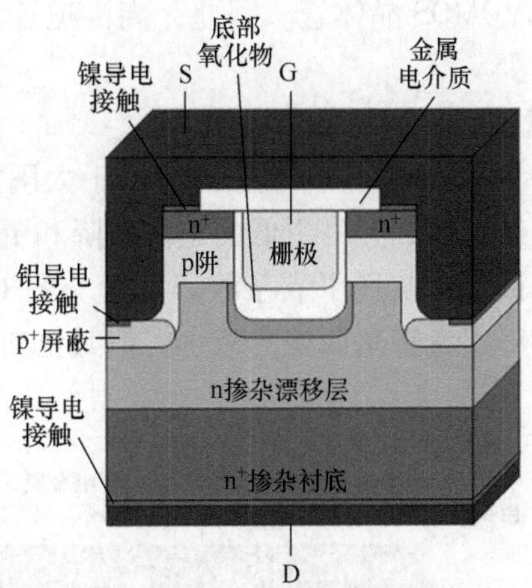

图 1.16　SiC 双沟槽结构全晶胞设计的横截面示意图，来自参考文献［29］

由于对栅极氧化物可靠性的高要求，沟槽栅极氧化成为近年来研究的热点。同样值得注意的是，沟道迁移率取决于晶格的晶体取向。因此，正确对齐器件模式是有益的，如图 1.17 所示。

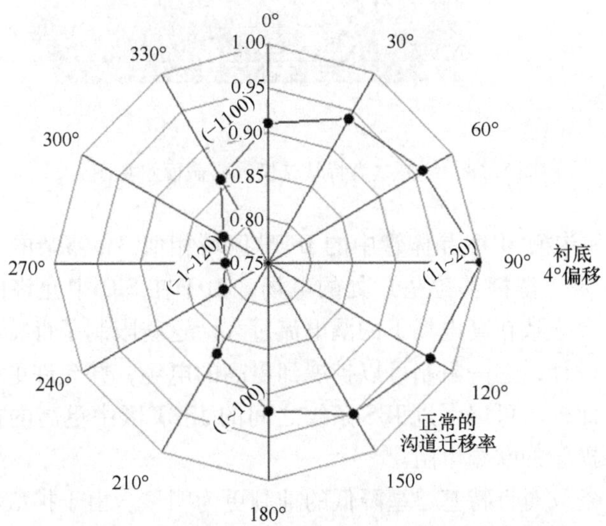

图 1.17　不同晶体取向的沟槽 MOS 器件的沟道迁移率，来自参考文献［27］

此外，由于4H-SiC晶体的故意错位（4°偏移），栅极沟槽两侧的沟道迁移率可能会有显著差异。通过比较不同的后沟槽和后氧化退火，可以确定4H-SiC晶格的（11 - 20）平面具有较高的沟道迁移率和良好的栅极氧化物可靠性，使其成为采用条纹设计的器件的首选沟槽栅极方向[27,30]。

在参考文献［33-80］情况介绍中表现出了良好的沟道迁移率[31]。然而，这种情况并不垂直于晶圆表面，而是需要一个60°的角，类似于通过氢氧化钾（KOH）蚀刻制造的Si VDMOS晶体管。因此，高沟道迁移率的好处由于对沟槽区的额外面积需求而减少。

1.2.1.3 SiC沟槽结势垒肖特基二极管

第一个商用肖特基二极管于2001年推出，用于太阳能逆变器。经过几代的发展，肖特基二极管已经发展到允许更低的正向压降和更小的尺寸。一个关键的创新是在这些肖特基二极管中实现了p条纹。尽管从图1.18所示的结势垒肖特基二极管的横截面可以得出肖特基面积的减小。但其正向压降低于相同面积的纯肖特基二极管。

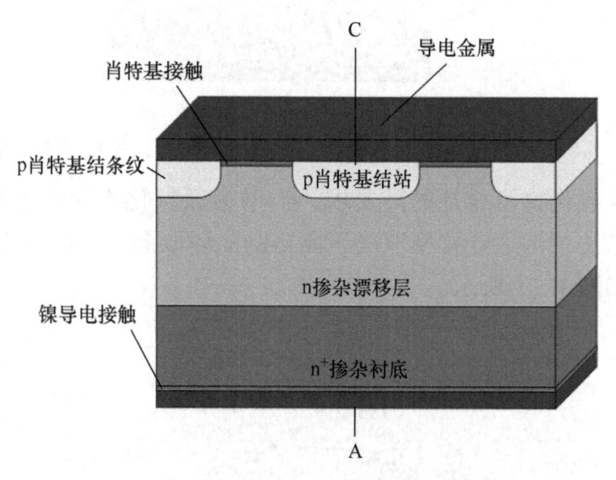

图1.18 结势垒肖特基二极管横截面示意图

与VDMOS和沟槽MOS晶体管中的JFET区域相似，p掺杂的JBS条纹限制了金属-半导体结（肖特基势垒）处的电场。由于在SiC中允许的高电场，肖特基势垒的降低会导致在高电场下的漏电流过大。这就限制了肖特基势垒的关断能力。通过JBS设计，这一限制可以扩展到更高的电场，并允许更好地利用漂移区掺杂和宽度。此外，可以促进JBS条纹之间的JFET区中更高的掺杂浓度，进一步降低这些二极管的欧姆电阻。

较深的JBS条纹对肖特基势垒降低的抑制更为明显。由于扩散在SiC功率器件中可以忽略不计，这需要高注入能量或有利于实现与沟槽MOS考虑因素类似

的沟槽结构，并导致了 SiC 沟槽 JBS 二极管的发展[29,32]。沟槽蚀刻可以制造具有深 JBS 条纹的 JBS 二极管。这类器件的横截面如图 1.19 所示。

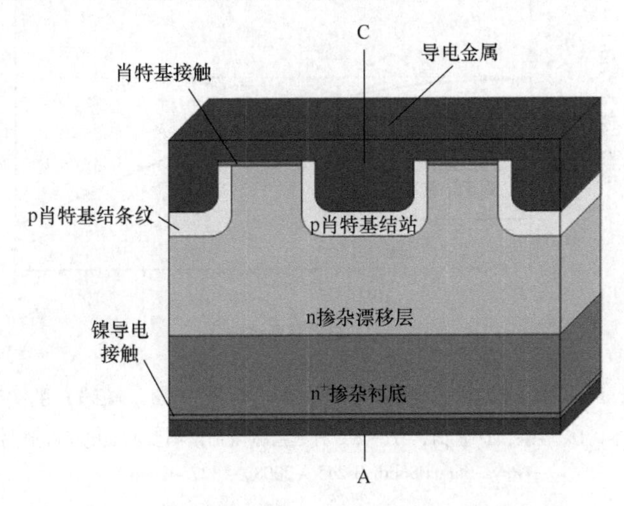

图 1.19　沟槽结势垒肖特基二极管的横截面示意图

这些器件的设计可以根据界面处的最大电场进行优化。沟槽几何形状和掺杂可以通过数值模拟或解析模型推导[33]。

1.2.2　在 4H - SiC 上的双极功率半导体器件的研究进展 ★★★

与单极 4H - SiC 功率器件相比，双极器件仍处于发展的早期阶段。造成这种发展速度缓慢的主要原因有三个。

第一，IGBT 和 pin 二极管等 SiC 双极器件的正向压降约为 3.0V；第二（这增加了功率损耗），SiC 器件中的电导率调制受到少数载流子寿命低的严重影响；第三，这类器件的市场目前仅限于具有直接竞争的多级拓扑（级联多个低压器件）的能量转换应用。

因此，即使对于 6.5kV 的 IGBT（这是 Si 器件可覆盖的最高电压等级），尽管 Si 器件的漂移区较短，但 Si 器件也会比 SiC 器件的导通功率损耗更小。因此，SiC 双极器件可以解决 Si 器件无法达到的超过的电压水平。但在这种情况下，电导率调制是一项关键要求，少数载流子寿命变得至关重要，这是由肖克利 - 里德 - 霍尔复合控制的[34]。图 1.20 说明了电导率调制与 $Z_{1/2}$ 缺陷密度（碳空位）之间的直接关系。

在过去，通过氧化退火或碳注入后的退火，碳空位从大约 $10^{12}cm^{-3}$ 降低到 $10^{10}cm^{-3}$。同时，碳空位的密度受到化学平衡反应的控制。因此，碳空位的密度随着退火温度的升高而增加，例如，离子注入后掺杂剂的活化。虽然离子注入对于

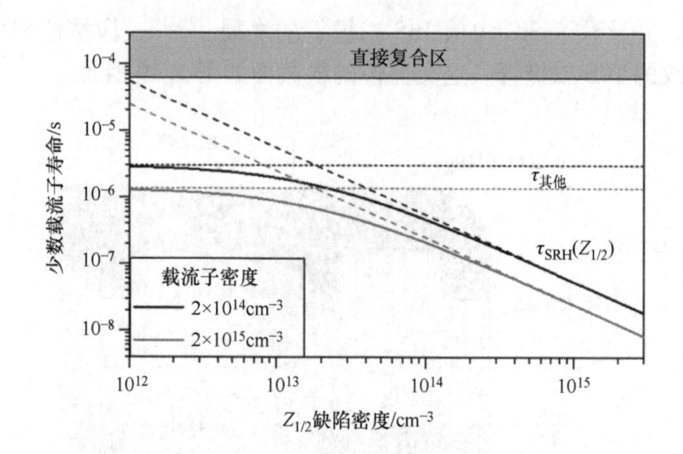

图 1.20　4H - SiC 中少数载流子寿命与碳空位（$Z_{1/2}$缺陷）的关系
［引用 T. 木本，D. 胜森，J. 菅田，4H - SiC 外延层的寿命缺陷及低能电子辐照的寿命控制，Phys. Status Solidi B 245（2008）1327 - 1336］

pin 二极管可能不是必需的，但它也阻碍了利用低缺陷密度的外延层来进行更复杂的器件结构。此外，从图 1.20 可以清楚地看出，在 4H - SiC 中，除了碳空位外，还有其他复合位点阻碍了少数载体寿命的延长。因此，高压双极 SiC 器件的成功将取决于能否实现具有较长寿命的少数载流子的漂移层，以促进电导率调制。然后，一个不断增长的市场可能会得到发展，使这些活动超越“学术练习”[21]。

1.2.2.1　提高浪涌电流的 pin 二极管和 JBS 二极管能力

具有较大正向电流密度的高电压阻断能力的前景引起了人们对不需要离子注入的整流二极管的关注。利用外延层生长的 p^+ 发射极和随后的高温处理，漂移区实现了令人鼓舞的载流子寿命，如图 1.21 所示，其中包括与 Si IGBT 的比较（见图 1.8）。

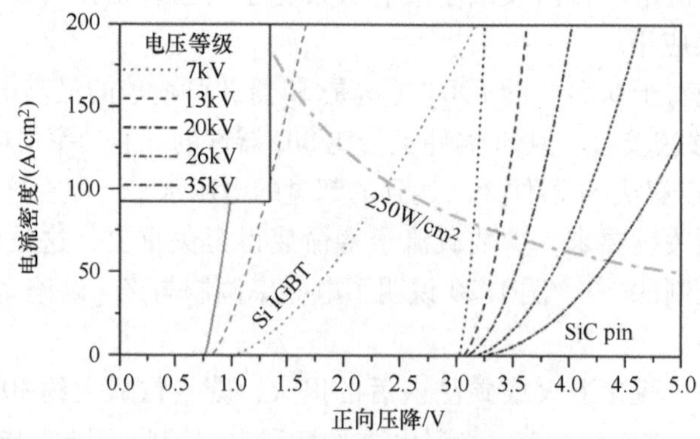

图 1.21　外延 4H - SiC pin 二极管的正向导电特性，由电学表征建模[35]

关断电压为 7kV 的器件表现出接近理想的正向特性和非常高的电导率调制水平。在这里，少数载流子的寿命足够长，以最小化在漂移区的复合。但这种行为改变了能够产生更高的关断电压的器件，从图 1.21 中可以明显看出，在 4H－SiC 中实现超低缺陷密度还需要进一步的努力。

但是，即使对于非常低的缺陷密度，在避免 SRH 复合的情况下，另一个限制来自于在高水平少数载流子注入下的双极功率器件中的辐射和俄歇复合。尽管 4H－SiC 具有“间接”的半导体特性，但在载流子密度为 $10^{16}cm^{-3}$ 的高水平注入下，其最长双极性寿命约为 66μs。为了避免过度复合和电导率调制损失，双极器件中的漂移区长度不应超过扩散区长度。因此，在 4H－SiC 中，在宽度超过约 300μm 的理想漂移区中会发生显著的复合。反过来，由于漂移区的这种物理约束，适用于高达 50～60kV 的高压 SiC 双极器件，因此存在足够的电导率调制。虽然更高的击穿电压是可能的，但这种双极器件的正向特性将导致 100kV 范围的收益递减。

除了在正向工作中需要高电导率调制外，在如此高的电压下的关断能力还需要额外注意。在临界电场为 2MV/cm 的情况下，50kV 的工作电压可以很容易地在 250μm 范围内的 SiC 中被横向关断。相比之下，在连接区需要 5cm 的距离，以防止在空气中产生电弧。这么大的隔离距离在晶圆尺寸器件的芯片级上是不可行的。相反，应该注意的是，器件封装也必须加强以实现适当的电压隔离，进一步扩展用于 Si 晶闸管和二极管的陶瓷高压封装[36]。

除了作为纯 pin 二极管使用外，还可以将 pin 结构集成到 JBS 二极管中。这样做提供了具有良好浪涌电流能力的高效、快速开关的单极二极管——由于漂移区的电导率较低，单极二极管缺乏这种特性[37]。图 1.22 所示的合并 pin 肖特基二极管的浪涌电流机制在容易发生过电流的应用中具有显著的性能优势。

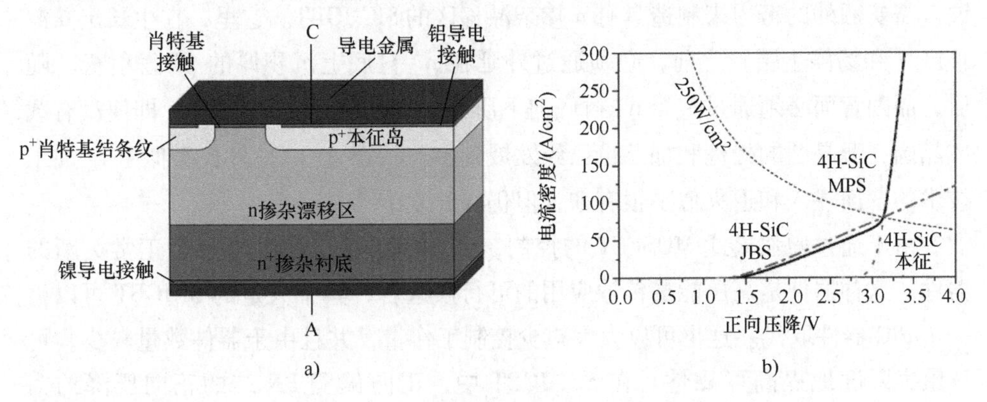

图 1.22　a）pin 肖特基二极管横截面示意图，以及 b）电流处理能力

尽管 SiC pin 二极管和任何基于它的功率开关尚未上市，但在单极 SiC 二极管中电导率调制的应用已经开始。这一发展也将促进未来双极功率器件的引入。

1.2.2.2　SiC、IGBT 和 BiFET（包括正向压降高导致的权衡，见第 4 页）

随着 SiC 双极器件中高电导率调制的出现，基于这种技术的 IGBT 已经在等待曙光。从图 1.23 中 SiC IGBT 的半单元设计中可以得出，p^+ 发射极上的轻掺杂 n 漂移区有利于延长少数载流子寿命。

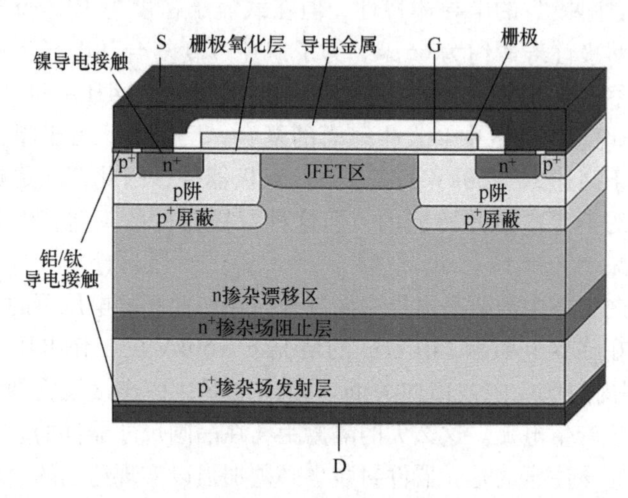

图 1.23　SiC IGBT 的横截面示意图，晶体管全晶胞（穿孔）和典型输出特性

类似于 Si IGBT 和 VDMOS 晶体管，图 1.10 中与 VDMOS 晶体管的主要区别在于晶体管背面的 p^+ 发射极。虽然高 p 掺杂的 Si 衬底在商业上是可用的，并且已经建立了在晶圆背面向轻掺杂 Si 衬底注入 p^+ 的方法，但是对于 SiC IGBT 来说，需要额外的努力来制造具有 n 掺杂漂移区的 SiC IGBT。这里，在生长出 n 漂移区（和场停止层）之前，必须通过外延在 n^+ 衬底上沉积厚的 p^+ 发射极。随后，晶圆背面必须通过整个 n^+ 衬底向下研磨一直延伸到 p^+ 发射极。即使没有载体晶圆，薄晶圆的处理和加工也已经发展到多产状态[37]。另外，类似于 Si 加工技术的背面注入和退火似乎很有趣，但仍在开发中[38]。

由于通过增强模式 MOSFET 的控制，SiC IGBT 可以实现为一个正常关断的器件。这种器件是高压能量传输应用的可行候选者，其中大量的 Si IGBT 可以被一个 SiC 器件取代。这也可以大大减少控制工作量，并且由于器件数量较少，可以最大限度地提高可靠性。在 SiC IGBT 中，正向偏置 PN 结的正向压降约为 2.7V，这类似于 3 个 Si IGBT。由于 SiC IGBT 的漂移区较短，其电导率调制漂移区的电阻贡献可以低于 Si IGBT（此时可以获得高电导率调制）。因此，1 个关断

电压为 20kV 的 SiC IGBT 可以取代 3 个 6.5kV 的 Si IGBT，并提供更低的导通状态损耗。

由于这种高压 SiC 器件中的掺杂浓度较高（与 Si 器件相比），该器件对浪涌电流、电离辐射和二阶击穿现象的稳定性将较低。这也可以显著缓解 Si IGBT 在高关断电压下的器件限制。

然而，需要注意的是，在大多数应用中，SiC IGBT 还需要一个续流二极管。在这一点上，唯一可行的器件是双极 pin 二极管。当然，这为 SiC 以外的材料（如 AlN 或金钢石）利用单极续流二极管增强 SiC IGBT 留下了空间。

在某些应用中，例如，对于断路器，一个正常开启的器件被认为是特别有吸引力的。考虑到这一要求，在 4H - SiC 上的另一个有前途的双极器件结构是双极注入场效应晶体管（BiFET）。该装置的结构如图 1.24 所示。

SiC BiFET 和 SiC IGBT 之间的主要区别是使用了 JFET 而不是 VDMOS 晶体管。这有助于器件的正常开启行为。SiC BiFET 的基本器件特性在过去已经被报道过了，但与 SiC IGBT 类似，在高关断电压所需的这种器件的厚漂移区还不能获得较长的少数载流子寿命[39]。

尽管 SiC MOS 器件的沟道迁移率有限，但器件的各种概念和匹配器件技术使得 1.2kV VDMOS 和沟槽 MOS 晶体管既可用于大规模应用，也可用于关断电压超过 25kV 的 SiC IGBT 等双极功率器件。因此，即使在超出 Si 能力的电压下，也可以解决大范围的潜在大电流/大功率应用问题。

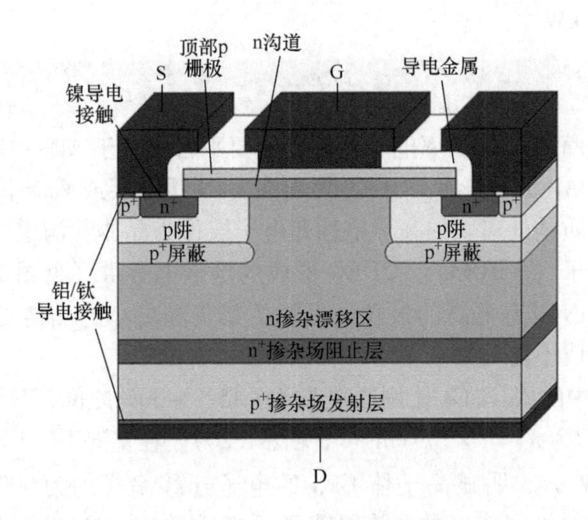

图 1.24　SiC 双极注入场效应晶体管全晶胞（穿孔穿过）的横截面示意图

1.3 基于 GaN 的功率器件

近年来，额定电压高达 650V 的 GaN 横向开关晶体管的设计和相关技术已经相当成熟，这些晶体管在开关速度、栅极电荷、输出电容和特定面积的导通电阻方面表现出令人印象深刻的性能优势，并且在这些参数上可能优于 Si 基晶体管，如超结 MOSFET 或 IGBT[40]。

但与 Si 基 MOSFET 相比，由于半导体堆叠性质的不同和器件结构的不同，在电力电子特定器件操作方面也出现了新的问题。器件转换为常关特性会损害一些原始的 GaN－HFET 的性能。器件内部电荷分布的特殊性导致了器件动态运行时的附加损耗机制。由于传输电流的半导体体积小、不存在雪崩传导，以及不存在本征体二极管，与开关器件相关的寄生电流和电压尖峰的过剩能量更难处理。

充分利用新设备带来的机遇并应对其带来的挑战，将引发设备本身之外的技术变革。任何封装电感都会限制 GaN 器件的速度，栅极驱动器必须尽可能接近电源开关，并且必须减少电源侧的整流回路。在这里，横向器件的概念为栅极驱动器或半桥的混合甚至单片集成提供了很好的机会。此外，新的谐振变换器拓扑利用了 GaN 开关内部的低电荷，并允许在非常高的频率下实现非常有效的零电压开关，同时在开关器件中具有低电压应力。

如今，在变换器中使用基于 GaN 的开关器件已经证明可以显著缩小变换器系统的大小和重量，从而将 GaN 晶体管在减少开关损耗和提高开关速度方面的优势转化为系统用户和客户的明显利益。这些变换器系统覆盖的电压高达 450V，功率水平高达几 kW[41,42]。

1.3.1 AlGaN/GaN－HFET 作为一个 GaN 晶体管器件的概念 ★★★

目前，开发商用 GaN 功率电子器件的主要平台是基于 AlN－GaN 材料系统中的异质结。横向 AlGaN/ GaN－HFET 使用在 GaN 缓冲层或 GaN 沟道层与 AlGaN 势垒层之间的异质结处建立的高导电性薄电子层作为晶体管沟道（见图 1.25a），这被称为二维电子气（2DEG）。2DEG 形成的导带电势阱（见图 1.25b）是由于 AlGaN 相对于 GaN 具有更高的极化、更宽的禁带和更小的晶格常数[43]。因此，晶体管沟道的形成不需要掺杂。

AlGaN 势垒中的 Al 和 Ga 比例通常选择在 15%～30%之间，其厚度接近 20nm。2DEG 电子密度约为 $n_e = 1 \times 10^{13} \mathrm{cm}^{-2}$（见图 1.26）。在室温下，2DEG 的迁移率为 $1600 \sim 2000 \mathrm{cm}^2/\mathrm{V \cdot s}$，明显高于体 GaN 的电子迁移率（约为 $900 \mathrm{cm}^2/\mathrm{V \cdot s}$，见表 1.1）。高 2DEG 电子密度的电势屏蔽了晶格诱导的电势变化，从而减少了电子散射。2DEG 层的典型薄片电阻为 300～500Ω/sqr。

表 1.1 Si、SiC 和不同 GaN 基器件的相关材料参数

	Si	4H - SiC	体 GaN	SiC 上的 GaN - HFET	Si 上的 GaN - HFET
带隙	1.1	3.26	3.42	3.42	3.42
能量/eV	间接的	间接的	直接的	直接的	直接的
E_{crit}/(MV/cm)	0.3	2.2	3.3	2	2
ε_r	11.9	10.1	9	9	9
μ_e/(cm^2/V·s)	1350	900	1150	2000	2000
BFM_{Si}，$\varepsilon_r \mu_e E_{crit}^3$	1	223	850	330	330
λ/[W/(K·cm)]	1.5	4	2.3	4	1.5

注：Baliga 的品质因数（BFM）与功率器件有关。

AlGaN 垫垒表面钝化层对器件的极化电荷平衡有很大影响。PECVD 沉积 SiN_x 在许多情况下用于固定这些电荷。对于晶体管制造，接触电阻为 $1 \times 10^{-5} \Omega \cdot cm^2$ 的 2DEG 的欧姆接触是通过合金化含 Ti 和 Al 的金属叠层形成的，通常温度为 800～900℃。器件隔离是通过 AlGaN 势垒的热蚀刻或通过注入来实现的。在用于射频应用（1～70GHz）的 AlGaN/GaN 高电子迁移率晶体管（HEMT）中，肖特基型金属栅极是沉积型金属垫垒。使用 Ni、Pt 或 Ir 等金属，形成了具有 2DEG 且势垒高度为 0.8～1.2eV 的栅极肖特基二极管。AlGaN/GaN - HEMT 具有通常为 -5～-2V 阈值电压的固有导通特性。最大漏极电流密度接近于 1A/mm（见图 1.27）。由于栅极二极管开路，栅极驱动器被限制在大约 +2V。

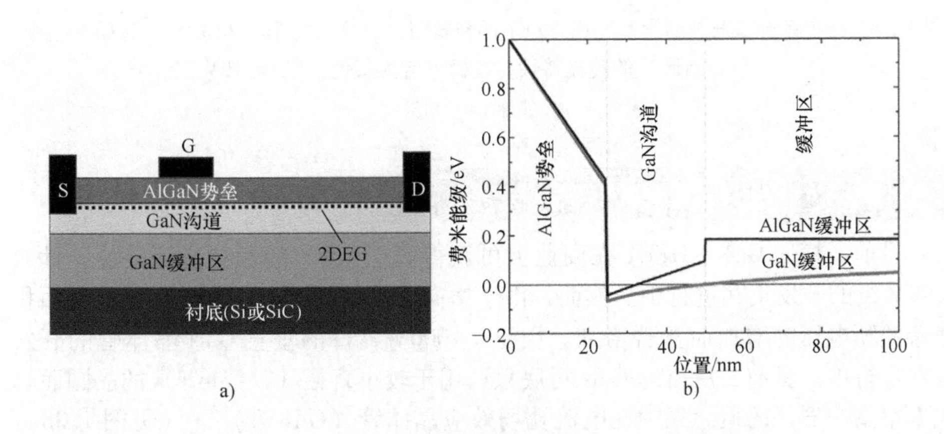

图 1.25 AlGaN/GaN - HEMT 作为 GaN 晶体管器件

a) 正常导通的肖特基栅极 AlGaN/GaN - HFET 的横截面示意图。源极（S）和漏极（D）通过二维电子气（2DEG，虚线）电连接 b) 栅极位置的模拟导带能量。导带穿过 GaN 通道中的费米能级（E = 0eV）并靠近势垒以产生 2DEG

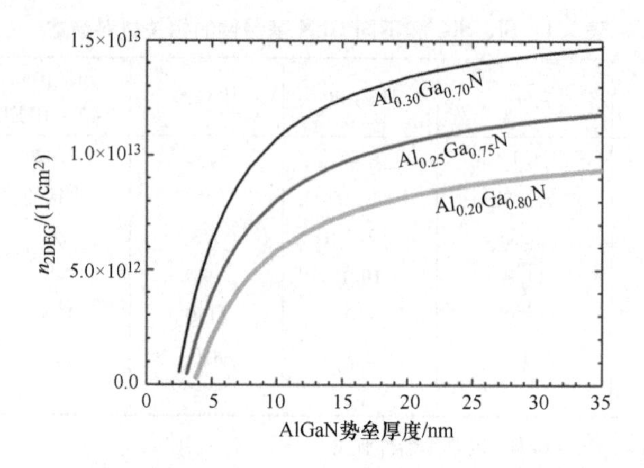

图 1.26　2DEG 的电子表面电荷密度与 AlGaN 势垒厚度和 AlGaN 势垒中 Al 浓度的函数关系

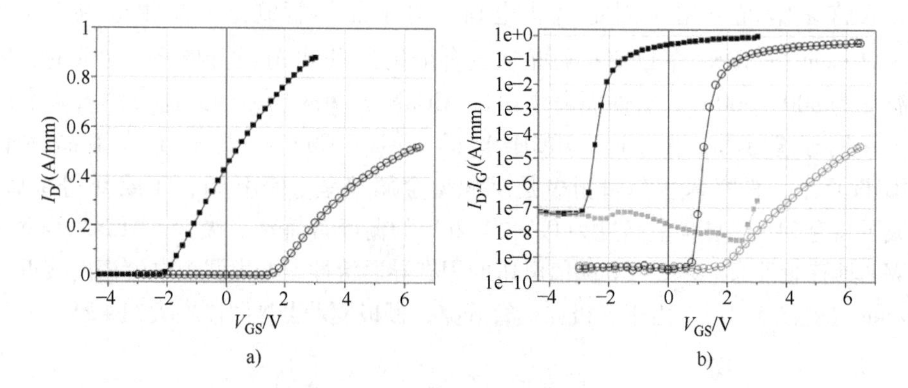

图 1.27　具有肖特基栅极的常开 GaN HFET 的传输特性（实心方形）和常关 p 型 GaN 栅极（空心圆形）的传输特性，栅极电流为灰色，V_{DS} = 10V

a）线性　b）对数

1.3.2　垂直 GaN 晶体管的概念 ★★★

目前，横向 GaN - HFET 在商业上可获得高达 650V 的标称击穿电压。针对 1200V 级的开发正在进行中。然而，由于横向器件的概念，所需的有源器件面积随着关断电压的增加而显著增加。用于 >1000V 器件的垂直 GaN 晶体管的开发也在进行中。目前，所需的 GaN 衬底只适用于较小直径（2 ~4in㊀）的晶圆而且成本很高。器件的概念集中在电流孔场效应晶体管（CAFET）[44]（见图 1.28a）或在增强型晶体管（沟槽 MOSFET）[45] 上（见图 1.28b），两者都需要外延生长的 p 型 GaN 层，因为注入的 p 型掺杂剂（如 Mg）的活性非常差。这通常使得实

㊀　1in = 2.54cm = 25.4mm。

现垂直 GaN 晶体管比 Si 或 SiC 技术中的同类材料更具挑战性。一些垂直器件概念将访问区的横向 GaN-HFET 的高迁移率 2DEG 和 GaN 漂移区的垂直关断相结合（见图 1.28c）[46,47]。在 1500V 击穿电压下，电流水平 >1000A/cm²。

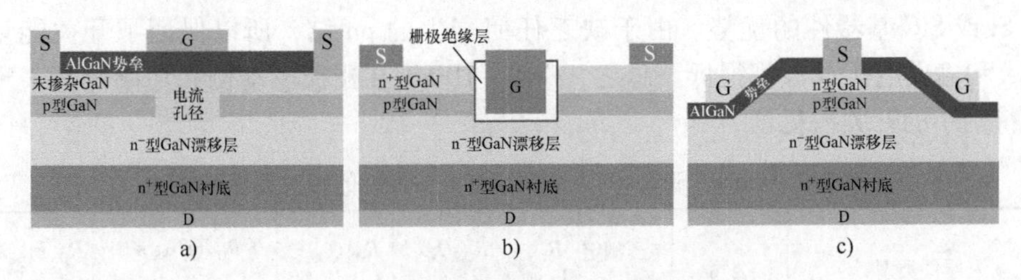

图 1.28 垂直 GaN 晶体管的三种相关器件类型

a）电流孔场效应晶体管（CAFET） b）沟槽 MOSFET、带有倾斜台面的 c）具有倾斜台面的晶体管，覆盖 AlGaN，以形成用于访问区的 2DEG，漂移区是完全垂直的

1.3.3 GaN-HFET 器件对电力电子开关晶体管的好处 ★★★

GaN 的宽禁带特性（$E_G = 3.4\text{eV}$）导致材料击穿强度高达 3.3MV/cm（见表 1.1）。对于横向 AlGaN/GaN HFET，器件的击穿强度通常与栅极-漏极分离成正比，击穿强度可达 100~150V/μm。

高电场以及高值的 2DEG 电子密度 n_e 和迁移率 μ_e，导致器件具有特别低的特定面积导通电阻 $R_{ON}A$，这几乎比 Si 基器件高一个数量级（见图 1.29）。

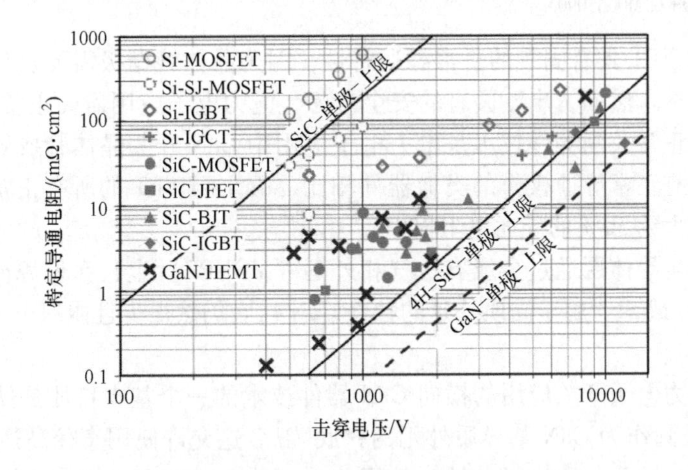

图 1.29 针对不同功率器件技术的特定面积导通电阻 $R_{ON}A$ 与器件额定电压的基准测试。直线代表单极器件的理论极限

（摘自 N. 卡明斯基，O. 希尔特，电气工程师用 GaN 器件物理学，载于：ECPE GaN 和 SiC 用户论坛，英国伯明翰会议录，2011 年）

由于GaN HFET的单极性质和在2DEG势阱中的强垂直电子限制，GaN HFET具有极低的栅极电荷Q_G。低栅极电荷Q_G有利于器件的快速开关，同时保证较小的开关损耗。非常低的$R_{ON}Q_N$品质因数（见表1.2）显示了相对于竞争的Si或SiC基器件的优势。由于缺乏任何寄生的pn结，所以保证了开关能量E_{OSS}和输出电荷Q_{OSS}都很低。总之，GaN－HFET在栅极驱动侧和功率侧都表现出特别小的开关损耗。

表1.2　GaN、SiC、Si中商用功率开关器件的相关品质因数

器件类型	公司	电压额定值/V	R_{ON}/mΩ	$R_{ON}Q_G$/mΩ·nC	$R_{ON}Q_{OSS}$/mΩ·μC	$R_{ON}(Q_{OSS}+Q_{RR})$/mΩ·μC	$R_{ON}E_{OSS}$/mΩ·μJ
p型GaN栅极GaN HFET①	GaN系统	650	50	290	2.8	2.8	350
p型GaN栅极GaN HFET②	松下	600	56	280	2.5	2.5	410
共源共栅GaN③	Transphorm	650	52	1460	5	7.0	730
Si SJ MOSFET④	英飞凌	600	56	3800	23.5	336	450
SiC MOSFET⑤	Wolfspeed	900	65	1950	4.5	8.5	570

注：数据是从数据表中提取的。

① GaN系统GS66508P。

② 松下PGA26E07BA。

③ Transphorm TPH3205WSB。

④ 英飞凌CoolMOS IPL60R065C7。

⑤ Wolfspeed C3M0065090J。

GaN－HFET具有固有的正常导通特性，因为晶体管栅极需要负偏置以使晶体管沟道耗尽。然而，出于固有的安全考虑，电力电子应用需要正常关断特性。实现稳定的正常关断器件技术是电力电子应用中GaN开关晶体管成熟度的主要挑战。与具有正常导通操作的类似器件相比，GaN－HFET的所有正常关断操作方法都需要大约30%的导通电阻损失。

GaN基半导体层通过金属有机气相外延（MOVPE）生长在外源衬底上，如蓝宝石、SiC或Si。用于同质外延的独立GaN衬底仍然很少且体积小，因此价格昂贵。

用于电力电子开关应用的横向GaN器件技术的一个基本特征是使用（111）取向的Si晶圆作为GaN基异质外延的衬底[48]。这允许使用直径高达200mm的大尺寸晶圆，并且（至少部分地）使用Si技术中已经存在的加工设备[49]。这为GaN基器件提供了一个成本视角，可能接近于Si基器件之一，这是基于更昂贵的衬底（如SiC或Ga_2O_3）的电力电子应用中其他宽禁带晶体管技术的基本优势[50]。

1.3.4　正常关断 GaN HFET ★★★

早期尝试将 AlGaN/GaN HFET 转换为正常关断的器件而使用了栅极凹槽[51]，其中 AlGaN 势垒在栅极下方变薄以去除 2DEG，或者将氟掺入栅极下方的 AlGaN 势垒以耗尽 2DEG[52]。由于这些方法的低阈值电压为 $V_{th} < +1V$，关断态和导通态（栅极摆幅）之间的低栅极偏置间隔约为 2V，以及导通态栅极电流较高，因此它们对电力电子学的适用性有限。栅极绝缘子的引入抑制了栅极电流，并可能延长栅极摆幅[53-55]（见图 1.30a）。外绝缘体层通常是原子层沉积的氧化物，如 Al_2O_3 或 HfO_2，沉积温度 <300℃。在绝缘体本体或 AlGaN 势垒界面处观察到的陷阱导通往往会降低器件的开关性能，导致阈值电压不稳定，并限制器件的可靠性[55]。一些 MISFET 概念使用栅极下 AlGaN 势垒的完全刻蚀来获得正常关断的特性，而其他方法只使用部分 AlGaN 刻蚀。

正常关断行为也可以通过将针对低压运行而优化的标准 Si 常断晶体管的漏极连接到高压 GaN 常开晶体管的源极，并在一个封装内设置接地栅极（共源共栅配置）（见图 1.30b）[56]。从封装外部看，器件表现为一个高压常断晶体管，结合了较大栅极阈值电压和栅极电压摆幅（Si 常断晶体管的特点）与高击穿电压的优势，以及常开 GaN HFET 带来的相对较低的导通电阻。缺点是 GaN HFET 不能被驱动到其完全导通状态。如果 Si MOSFET 完全导通，则正常导通的 GaN 晶体管的源极基本接地，这意味着它仅在约 0V 的栅极电压下导通（见图 1.27）。此外，Si MOSFET 增加了输入电容（见表 1.2），额外布线的寄生电感增加了开关损耗[56]。在共源共栅配置中，GaN 功率开关的压摆率控制非常困难。两个共源共栅晶体管的无源网络已被证明可以更好地控制栅极，但代价是封装老化的复杂性。

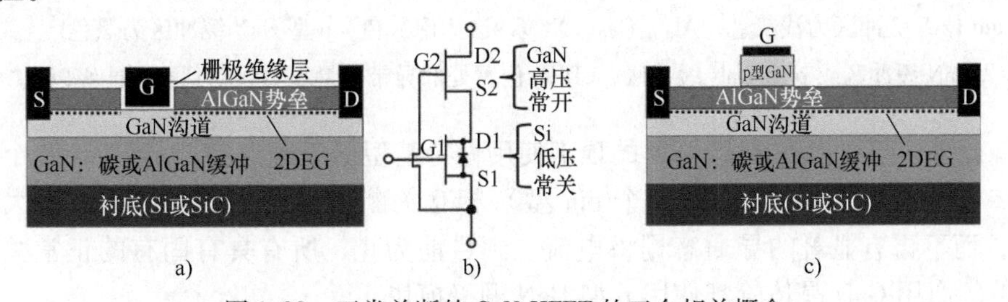

图 1.30　正常关断的 GaN HFET 的三个相关概念

a）带全部或部分栅极凹槽的 MISFET　b）低压常关 Si MOSFET 与高压常开 GaN HFET

c）p 型 GaN 栅极 GaN HFET

正常关断操作的另一种本征方法是 p 型 GaN 栅极晶体管。栅极由原位生长的掺杂 Mg 的 p 型 GaN 层组成，该层带有足够的负电荷来耗尽栅极位置下的 2DEG（见图 1.30c）[58,59]。如果使用带有掺杂唯一身份识别的 GaN 缓冲层的半导体堆叠，则导带的2DEG势阱正好脱离非偏置栅极的费米能级，如图1.31所示。通过引入p型缓冲补偿掺杂或使用AlGaN缓冲器，在GaN沟道下插入背势垒，有助于进一步提高导带电势，并获得更高的阈值电压[58]。p型GaN栅极顶部的欧姆接触用于栅极偏置。阈值电压通常为1~2V，栅极可以被驱动到大约5V，并受到pin型栅极二极管正向电流的限制。图1.32比较了常开肖特基栅极HFET与常断p型GaN栅极HFET的传输特性和栅极电流。需要降低常断器件的2DEG电子密度，以确保在0V栅极偏置下的安全关断状态。p型GaN栅极HFET具有比肖特基栅极HFET更小的关断态泄漏电流，并允许更宽的栅极摆幅。

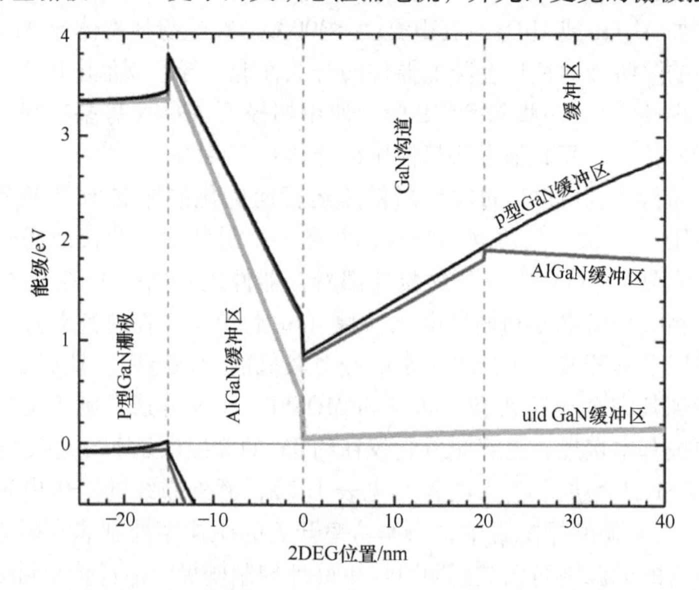

图1.31　不同缓冲成分的p型GaN栅极$Al_{0.23}Ga_{0.77}N$/GaN HFET栅极位置的模拟能带图：uid GaN缓冲区为浅灰色，$Al_{0.05}Ga_{0.95}N$缓冲区为深灰色，p型GaN缓冲区为黑色[57]。AlGaN缓冲区或p型GaN缓冲区，2DEG位置处的导带能量显著移动到费米能级以上

此外，还可以在p型GaN的顶部使用肖特基型栅极触点[60]。然后，两个栅极二极管（1个肖特基型和1个pin型）相互关断，栅极驱动可以扩展到大约7V，而不再有显著的导通态栅极电流。到目前为止，所有具有固有的正常关断特性的商用GaN晶体管都使用p型GaN栅极模块。

与带肖特基型栅极的常开GaN HFET相比，p型GaN栅极GaN HFET（以及GaN MISFET）也可以在第三象限工作（见图1.38）。在反向工作中，肖特基栅极模块的栅极二极管会承载过多的电流。这不是p型GaN栅极模块的情况，因为栅极二极管pn结的势垒高度约为3eV，而且栅极电流很小。第三象限晶体管工作可用于承载续流电流，即，在半桥式变换器配置中，单独的二极管可以省

略。在开关期间的智能栅极控制是很重要的，因为在关断态（$V_{GS}=0V$），反向导通电压（等于V_{th}）将产生反向导通损耗（见图1.32）。然而，在反向导通开始后的短时间内将栅极切换至导通态（$V_{GS}=5V$）可以使这些损耗最小化。

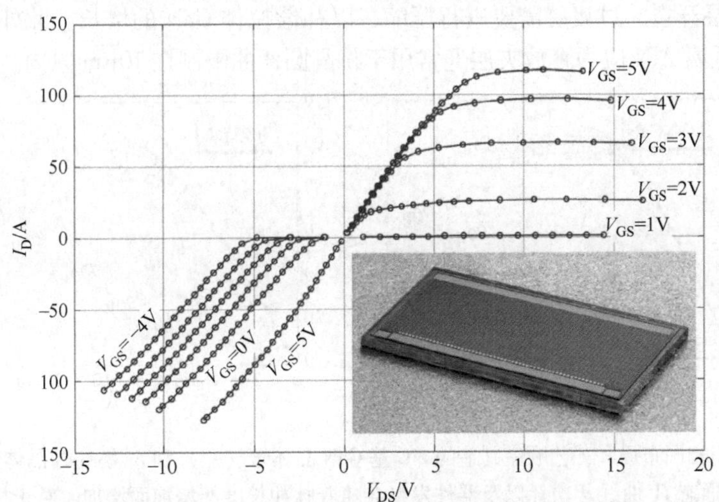

图1.32　60mΩ/600V p型GaN栅极GaN HFET的脉冲输出特性（第一和第三象限）。插图显示了（4.4×2.3）mm^2 横向尺寸的芯片

1.3.5 Si基GaN的外延和垂直隔离 ★★★

用于射频放大的GaN HFET使用SiC基GaN材料堆叠以获得低电流衬底导电性、高热衬底导电性（见表1.1）和低GaN缺陷密度，而用于电力电子应用的GaN开关由于器件成本和市场容量的原因而专注于Si基GaN外延。与SiC基GaN外延相比，Si晶圆上的Si基GaN异质外延面临着略高的晶格失配和明显更高的热膨胀系数失配。这反映在一个数量级更高的GaN层缺陷密度上，通常为10^9cm^{-2}。

图1.33给出了使用相同器件布局和（几乎）相同处理顺序的Si基GaN晶体管与SiC基GaN晶体管的比较。随着脉冲长度的增加，脉冲导通态IV曲线导致内部功耗和（取决于热阻）有源器件组的加热。由于温度对电子迁移率的影响，晶体管电流随温度的升高而减小。比较0.5μs和20μs脉冲，在400W功耗下SiC基GaN晶体管产生的漏极电流减少率与Si基GaN晶体管在250W功耗下的相同[61]。然而，具有100A最大漏极电流的70mΩ GaN晶体管将在20～30A下进行开关应用，对于这种电流水平，没有观察到相关的电流减少。

Si基GaN生长的外延堆叠通常从一个AlN播种层开始，然后是一个大约2～3μm厚的过渡层，以适应GaN晶格常数，约3μm厚的GaN缓冲区、GaN沟道和AlGaN势垒形成2DEG作为晶体管沟道。过渡层的典型方法是使用分级的AlGaN层

或 AlN/GaN 超级晶格（见图 1. 34）。GaN 缓冲区和过渡层必须垂直阻挡额定器件电压，因为所使用的 Si 衬底是有导电性的。足够厚的 GaN 缓冲区的生长受到 MOCVD 基 GaN 在 Si 衬底上生长的拉伸性质的阻碍，这通常会导致弯曲的晶圆，甚至 GaN 层开裂。过渡层需要进行压缩，以补偿拉伸 GaN 的增长。此外，GaN 缓冲区内的低温 AlN 应力释放夹层通常用于将晶圆弯曲限制在 10μm 以内。

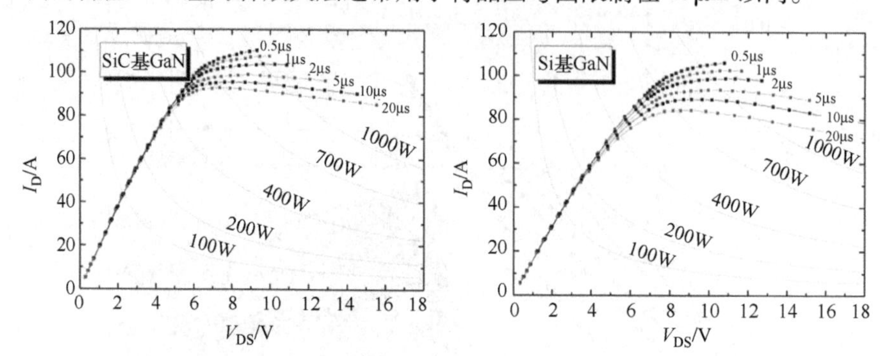

图 1. 33　采用相同布局和工艺顺序制造的 SiC 基 GaN 晶体管（左）和 Si 基 GaN 晶体管（右）的脉冲导通态 *IV* 曲线。功耗以及器件发热会随着脉冲长度的增加而增加。对于相同的功率，Si 基 GaN 晶体管显示出更多的内部发热

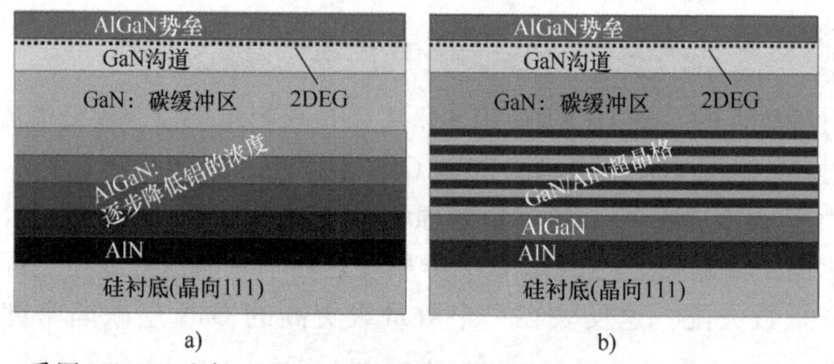

图 1. 34　采用 MOVPE 生长 Si 基 GaN 晶圆的两种流行生长方案，以适应 Si 和 GaN 的不同晶格常数

a）采用逐步降低 Al 浓度的 AlGaN 适应层　b）采用超薄 GaN 和 AlN 层的超晶格

对于总层厚度为 5 ~ 7μm 的可再生外延应变补偿是最先进的[62]。当考虑到标称 GaN 击穿强度为 3. 3MV/cm 时，2kV 器件应该是可行的。然而，由于在生长过程中背景杂质掺杂了氧或硅，MOCVD 生长的 GaN 层本身具有轻微的 n 型，这些结构的垂直击穿强度受到了很大的影响。为了仍然能够实现 650V 器件所需的垂直隔离，引入了掺杂 Fe 或 C 的 GaN 缓冲补偿[63]。通过碳补偿掺杂[62]，获得了垂直隔离高达 1800V 的 Si 基 GaN 晶圆[62]。在为 650V 器件设计的两种不同的商用 Si 基 GaN 晶圆上测量的垂直泄漏电流（见图 1. 35），证明了垂直隔离仍然是一项挑战。

GaN 缓冲补偿掺杂引入的电子阱态可能在高漏极偏置器件条件下充电，并在从关断态切换到导通态后的短时间内阻碍晶体管的导电特性。由此产生的色散现象将在 1.3.7 节中讨论，但高关断态的关断电压和良好的导通态传导之间的冲突显然与所讨论的厚 GaN 层在 Si 衬底上的异外延生长的局限性有关。

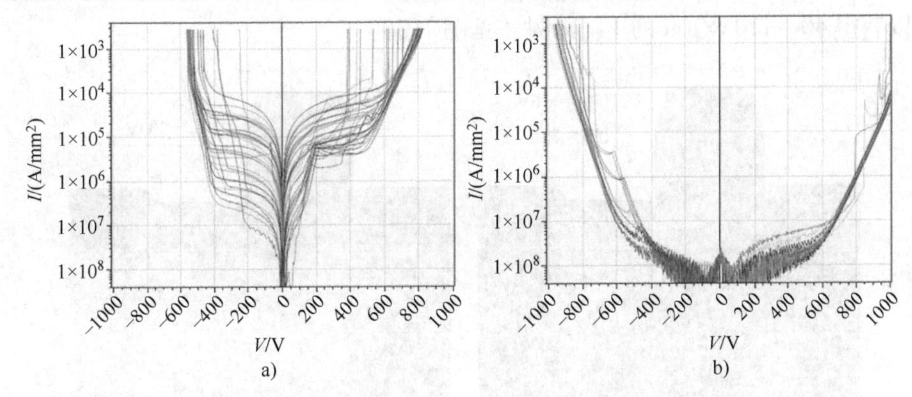

图 1.35　作为 650V 器件的两种不同商用 Si 基 GaN 晶圆的漏极的垂直漏电流偏置的函数

a）晶圆不适合 600V 器件　b）晶圆显示出足够的垂直隔离

1.3.6　横向电压关断 ★★★

根据图 1.36c 所示的泄漏路径，GaN HFET 的击穿电压应理想地随着栅极 - 源极间距 d_{GD} 的增加而增大。当栅极泄漏变得明显（见图 1.36a）或来自晶体管沟道的电子通过缓冲区中的深层绕过栅极控制区域（见图 1.36b）时，这种击穿电压缩放会降低或消失。后一种情况的主要原因是晶体管沟道下的 GaN 缓冲区的背势垒高度有限[64]。如前所述，有限的垂直隔离提供了通过衬底的泄漏路径（见图 1.36d）。

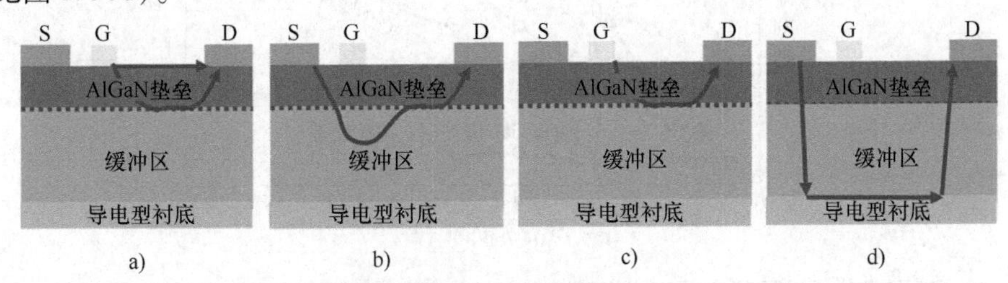

图 1.36　限制 GaN HFET 高压能力的四种机制的集合。原理图显示了电子电流通过该器件的主要路径

a）来自栅极结构的漏电流　b）穿透效应　c）伴随着沟道区的击穿　d）垂直穿透缓冲区的击穿

图 1.37b 表明，当在 GaN 沟道中没有足够的电子约束时，在 300V 漏极偏置电压下，封闭的晶体管栅极在缓冲层深处具有较大的泄漏电流密度。这种情况对

应于图 1.25b 中 GaN 缓冲区的导带能量分布。通过 AlGaN 背势垒或 GaN 沟道下的缓冲区的 p 型补偿掺杂，可以实现更好的沟道电子约束以抑制这种泄漏路径，如图 1.25b 和图 1.31 中缓冲区导带上升所示[61]。虽然对于非故意（uid）掺杂的 GaN 缓冲区，不存在 d_{GD} 的 V_{BR} 比例，但是对于产生背势垒特性的缓冲成分，可以获得 40~110V/μm 的 V_{BR} 比例（见图 1.38）。

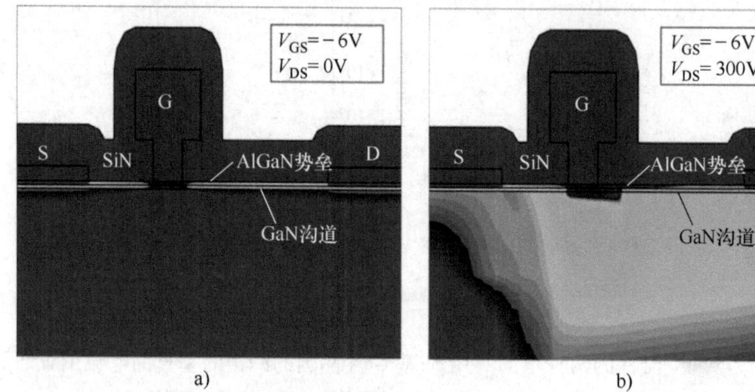

图 1.37 关断栅极 AlGaN/GaN HFET 中电子浓度的模拟结果颜色越亮表示电子密度越高

a）没有电流可以流动，因为栅极耗尽区域将漏极与源极分开

b）用 V_{DS}=300V，电子通过栅极耗尽区域下方，并在源极和漏极之间产生泄漏路径

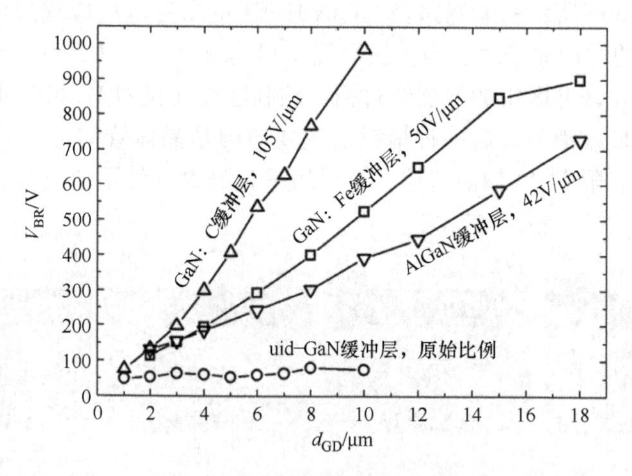

图 1.38 不同成分缓冲层下晶体管击穿强度与栅极－漏极间距的函数关系。用 V_{BR} 比例表示。1000V 是该设置的 V_{DS} 上限。四种缓冲类型形成背势垒的效率不同。非故意掺杂的 GaN 缓冲区具有极弱的背势垒，并且由于强穿孔，没有观察到 V_{BR} 比例

引入 AlGaN 缓冲区显著增加了半导体堆叠的热阻抗。铁或碳的补偿掺杂引入了几个受体陷阱水平，可能在高压开关过程中产生色散效应[65]。

1.3.7　色散效应和电压关断 ★★★

如 1.3.5 节所述，由于 GaN 缓冲层的厚度受到晶圆弯曲问题的限制，因此需要 GaN 缓冲区补偿掺杂（通常是碳）才能实现足够的垂直关断。补偿掺杂也有利于充分的横向关断，因为 GaN 沟道需要有效的背势垒。

当 GaN 晶体管从高压漏极偏置（关断态）切换到导通态时，相关的带间态可能在很大程度上促进色散效应，表现为“电流崩溃”或“增加动态导通电阻”（见图 1.39）[63,66]。

在 GaN 材料内部的高电场强度下，缓冲阱被电子充电，这些电子在切换到导通态后将保持一段时间，并耗尽一些晶体管沟道电子。这些色散效应导致额外的传导损耗和开关损耗，它们的贡献随着开关电压和开关速度的增加而增加。但最重要的是，碳掺杂谱必须适当地进行设计[67]。横向关断强度和色散之间的权衡可以通过缓冲补偿掺杂到 2DEG 晶体管沟道的距离来控制，并给出了如图 1.40中晶圆 B、A 和 D 所示的典型模式。晶圆 D 非常成功地结合了高横向击穿强度和中等分散，并显示出高压开关的低动态导通电阻 R_{ON} 增大，如图 1.41 所示。

对于 Si 基 GaN 晶圆，经常观察到图 1.41 中晶圆 B 在非常高电压下的动态导通电阻 R_{ON} 的减小。在足够高的漏极偏置下，由于高垂直场而从衬底注入的捕获电子被栅极和漏极之间的竞争横向场部分解除捕获[68]。

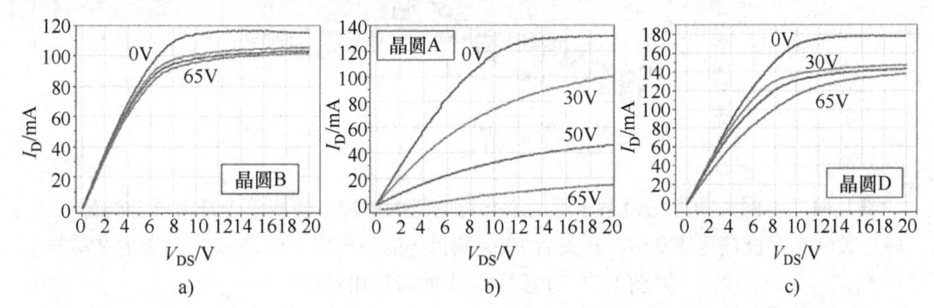

图 1.39　导通态 IV 曲线（V_{GS} = 5V），在 0 ~ 65V 的不同关断态漏极偏置电压下脉冲的导通态的脉冲长度为 0.2μs。比较了不同商用 Si 基 GaN 晶圆上具有 0.25mm 栅极宽度的 p 型 GaN 栅极 GaN – HFET 测试晶体管。晶圆名称与图 1.40 和图 1.41 中的这些名称相对应
a）晶圆 B　b）晶圆 A　c）晶圆 D

硅衬底的背势垒对缓冲区的充电有很大的影响。虽然对于源极偏置的衬底，色散通常是中等的，但对于源极偏置的衬底，已经观察到过度的色散效应。

公开的动态 R_{ON} 增长数据往往很难对其进行比较。由于缓冲陷阱状态的充电和放电是高度色散的过程，因此动态 R_{ON} 上数字的差异可以超过一个数量级，这

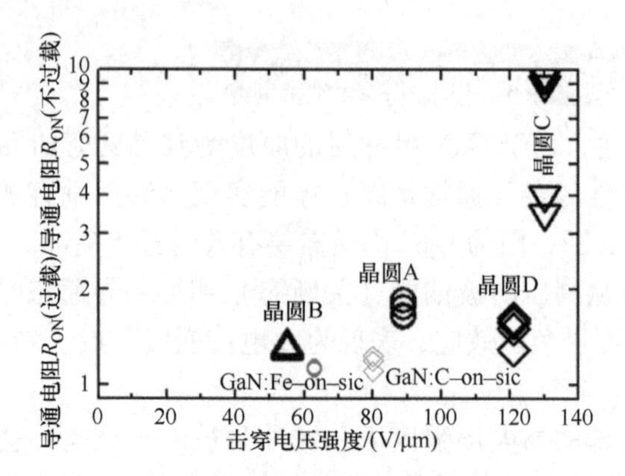

图 1.40　0.2μs 长脉冲从 65V 关断态偏置进入导通态时动态导通电阻的增加（见图 1.39）与器件击穿强度比例的关系。Si 基 GaN 晶圆的名称与图 1.39 和图 1.41 中的名称相对应。为了比较，添加了两种不同缓冲补偿掺杂的 SiC 基 GaN 晶圆的结果（灰色）

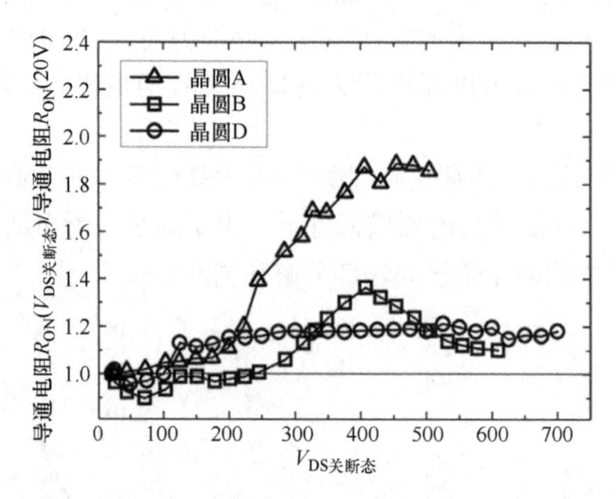

图 1.41　不同关断态漏极电压下动态导通电阻的增加，使用单个开关脉冲测量。施加关断态漏极偏置 300ms，开关后 10μs 测得导通态压降。Si 基 GaN 晶圆的名称与图 1.39 和图 1.40 中的名称相对应

取决于所研究的漏极电压、开关前的关断时间、探测的导通态时间和温度（见图 1.42）[69]。器件顶部的场板可以重新分配电场，并将电场峰从（Al）GaN 层向 SiN 钝化层方向移动，以降低色散效应[70]。

1.3.8　开关速度 ★★★

由于其单极性质和低输入输出电容，GaN 晶体管基本上可以非常快地切换开关状态（见表 1.2）。压摆率为 200～300V/ns 的 400V 开关瞬态已经得到验证[71,72]。实现这种高速开关的关键是实现了栅极回路和功率回路的低电感环

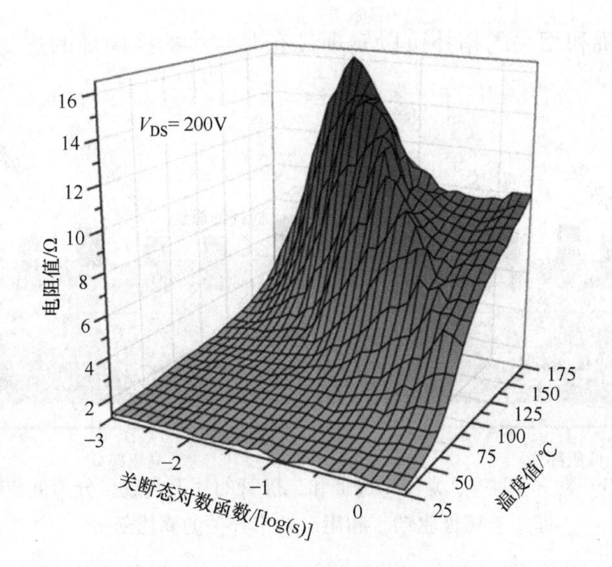

图 1.42　在 Si 衬底上的 p 型 GaN 栅极 GaN HFET 的动态导通电阻，在 200V 后测量 10μs 关断态应力。动态 R_{ON} 值很大程度上取决于开关前的器件温度和关断态时间

（来自 E. 巴哈特・特雷德尔，O. 希尔特，O. 巴哈特・特雷德尔，J. 伍尔夫尔，温度依赖动态导通电阻基于 Si 基 GaN 的正常关断 HFET，微电子。可信赖 64（2016）556－559）

境。然而，来自 nH 范围内的封装老化和封装互连产生的典型寄生电感已经产生了 ns 级时间的开关瞬态的振铃，其结果是开关损耗和器件过电压应力的增加。

电路板的布局需要低电感设计，从电路板正面到背面会产生特别小的电流回路，晶体管封装也需要低电感设计。大多数 GaN 器件制造商放弃了经典的 TO 外壳，转而采用标准化的低电感封装进行表面安装，或者采用芯片布局和封装相结合的方法，而不使用内部引线键合。另一种不使用引线键合的低电感方法是直接在芯片表面倒装安装芯片的碰撞球组装。进一步减少电感回路需要混合集成多个用于桥式配置的开关或集成栅极驱动器与开关。最后，在一个芯片上的单片集成将是充分利用 GaN HFET 的高开关速度优势的最佳方法。

1.3.9　芯片集成 ★★★

与 650V 级的 Si 基 MOSFET 不同，高压 GaN 晶体管具有本质上的横向器件设计，其源极、栅极和漏极可从芯片顶部获得。这提供了在一个芯片上横向集成不同器件功能的机会，并实现基于 GaN 的集成电路（见图 1.43）[42,73]。为了电力电子应用，正常关断和正常导通的高压 HFET 可以与二极管结合，即，用于反向传导和正常关断和正常导通的低压 HFET。

栅极驱动器可以集成在功率开关芯片上，以实现非常快速和精确的栅极控

制[72]。单片半桥和相关的拓扑可以实现具有非常小的换向环的逆变器单元[74]。

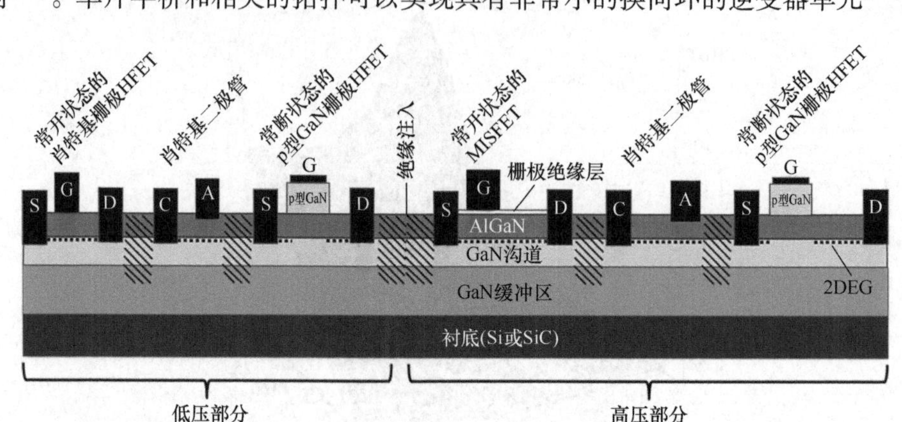

图 1.43　常开 HFET、常闭 HFET 和二极管的片上集成，分为低压段，即用于栅极驱动，和用于功率开关的高压部分

不同的已经开发的器件模块，如肖特基二极管、肖特基栅极 HFET、MISFET 和p - GaN 栅极 HFET，必须应用于一个外延的 AlGaN/GaN 平台上。外延技术中的选择性刻蚀和过度生长是 GaN HFET 的最新发展，也可用于优化集成器件[75]。

1.3.10　双向晶体管 ★★★

通过在源极和漏极之间引入两个独立的栅极，利用横向 GaN HFET 概念可以很容易地实现双向工作的对称高压开关（见图 1.44）[76]。目前，用于高压工作

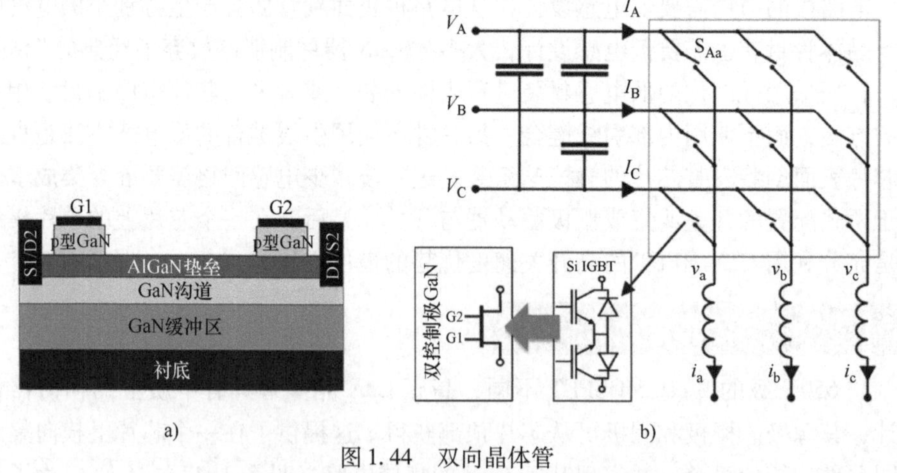

图 1.44　双向晶体管

a）在 p 型 GaN 栅极技术中，双向 GaN HFET 的横截面示意图。晶体管可以从左到右工作（S1、G1、D1），G2 必须处于导通态，反之亦然

b）需要双向开关的矩阵变换器原理图。使用双向 GaN HFET 可以取代垂直结构中的两个经典开关，并降低了导通损耗

的双向开关分别是两种最先进的 Si 晶体管和二极管的组合，因此会遇到传导损耗增加的问题。单器件高压双向开关的可用性提高了效率，并降低了创新型变换器概念的成本，如矩阵变换器和 T 型变换器[77]。具有挑战性的是第二个栅极的驱动，需要对漏极电势进行控制。

1.3.11 快速栅极驱动 ★★★

当功率器件固有开关时间仅为几 ns 时，小至 2nH 的栅极回路电感就可以产生栅极电压峰值，从而触发非预期的导通或关断。漏极电流和电压振铃是可能的后果。使用栅极电阻是降低开关速度以提高可控性的常用方法，但开关损耗被人为地保持在较高水平，工作频率低。栅极驱动器和功率开关的片上集成是一种将栅极回路电感显著降低到亚 nH 范围，并在没有严重振铃的情况下获得 ns 极漏极电流和漏极电压开关瞬态的方法[72,78]。

1.3.12 在硬开关或软开关拓扑中使用 GaN ★★★

存储在器件的输出电容中的能量 E_{OSS} 反映了在硬开关应用中可以实现的最小开关损耗的极限，如传统的降压或升压拓扑[79]。在这些拓扑结构中，半导体损耗的（外部）二极管反向恢复电荷 Q_{rr} 还必须另外加以考虑。现代 Si 超结器件的 E_{OSS} 已经类似于 GaN 和 SiC 晶体管（见表 1.2），并且（除了低栅极电荷）WBG 开关在降压或升压拓扑中没有明显的优势（见图 1.45a）。相比之下，晶体管 Q_{rr} 将导致硬开关半桥拓扑的损耗，这对带有接近于零的 Q_{rr} 的 GaN HFET 来说有着明显的好处。

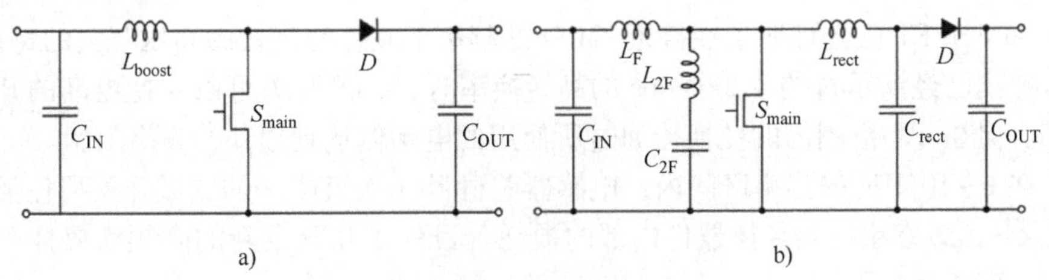

图 1.45 在硬开关或软开关拓扑中使用 GaN

a）传统的硬开关升压拓扑结构 b）谐振变换器拓扑的例子

（引用自 D. 波瑞尔特，J. 胡，J. 里瓦斯，Y. 韩，O. Leitermann，R. 波德尔斯基，A. Sagneri，和 C. 沙利文，在非常高频功率转换中的机遇和挑战，在：IEEE 第 24 届年度应用电力电子会议博览会，2009 年 2 月，1－14 页）

晶体管特别适用于零电压开关（ZVS）的谐振变换器拓扑结构（见图 1.45b），因为它们有一个较低的输出电容 C_{OSS} 和一个很小的 Q_{OSS}，$Q_{OSS}R_{ON}$ 和 $Q_G R_{ON}$（见表 1.2）是谐振开关的相关品质因数，它们表现出了对 GaN HFET

的显著好处[80]，特别是在低压下，GaN HFET 的 Q_{OSS} 比 Si 超结器件小 10 倍（见图 1.46）[79,81]。因此，当切换到接近 0V 时，相应的 Q_{OSS} 损耗（以及变换时间）对于 GaN HFET 来说特别低。采用 GaN 晶体管工作的 400V/300W/1MHz LLC 谐振变换器，与采用 Si 器件工作的变换器相比，降低了约 50% 的器件损耗[82]。

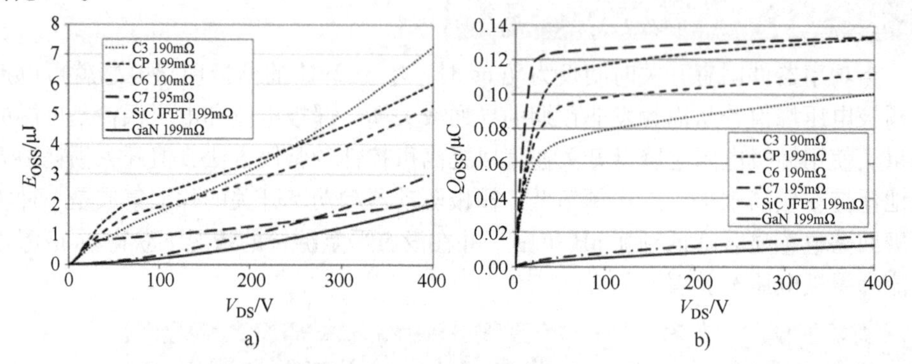

图 1.46　不同代 Si 超结 MOSFET（英飞凌 CoolMOS C3、CP、C6、C7）的特性与 SiC 和 GaN 器件数量的对比。最新一代的 Si 超结（C7）可以在 E_{OSS} 方面与宽禁带器件竞争，但 Q_{OSS} 几乎比 GaN 高出 10 倍

（来自 M. 特鲁，E. 维奇诺，M. Pippan，O. Häberlen，G. 古拉托拉，G. Deboy，M. Kutschak）U. 基什内尔，S、SiC 和 GaN 在电力电子学中的作用，在：IEDM 技术文摘，2012，147－150 页）

a）输出能量，E_{OSS}　b）输出电荷，Q_{OSS}

1.3.13　开关频率超过 1MHz ★★★

GaN HFET 已经证明了在接近 1MHz 的频率下其作为高效的高压开关的特性。当考虑到已经演示过的 >200V/ns 的高转换率时，GaN 开关可以支持更高的开关频率。但在 kW 范围内的变换器通过所使用的电感器达到额外的频率限制。

在 1～10MHz 的频率区间内，电感器芯材料（铁氧体）的磁域开关损耗强烈上升[83]，最终超过半导体器件内部的损耗。目前正在开发新的高频铁氧体，以逐步改变频率上限。

高度集成的 20W GaN 基负载点变换器（1.2～12V），功率密度为 $70W/cm^{-3}$，工作频率高达 5MHz[84]。用于移动设备充电的电感或谐振能量传输成为工作在 6.78MHz 功率变换的重要应用。一个 16W 谐振 ZVS 放大器，驱动感应发射器，在使用 GaN 晶体管工作时，损耗减少了 20%～40%[85]。同样，GaN 晶体管也受益于它们的低 Q_{OSS}。

工作在 >10MHz 下的有效变换器需要使用无芯电感器，以避免铁氧体损失。使用足够小的空芯电感器的 10～100W VHF 变换器的窗口在 >20MHz 时打开，因为存储的能量（和所需的电感）随着频率的增加而减少[83]。开关和栅极驱动

器的单片集成是保持寄生电感显著低于1nH的必要条件。基于商用X波段微波GaN-MMIC工艺，采用带栅极驱动器的集成半桥模块，并在100MHz下运行于脉宽调制的20V/7W降压变换器，显示出90%的工作效率[86]。GaN芯片尺寸为(2.4×2.3)mm^2，所使用的电感器为50nH。类似的集成GaN芯片被用于演示在一个100MHz隔离的DC-DC变换器中的谐振功率变换[87]。

用于通信的高效微波放大器的功率调制（包络跟踪）是这种甚高频变换器的主要驱动器[88]。根据微波信号的包络线，放大器的功率电压（通常为20~50V）必须由变换器以亚微秒的时间分辨率设置，并且内部变换器的开关频率需要>>10MHz。

在这里，电力电子学与微波技术相遇。在未来，电力电子工程师必须考虑射频世界的设计概念，如阻抗匹配和波传播，以建立采用更小和更高效的快速GaN开关的功率变换器。

1.4 WBG功率器件及其应用

根据前面关于SiC和GaN功率器件的介绍，可以将四种不同电压水平的适用性与Si器件进行比较。在过去，SiC和GaN器件在不同电压水平下的适用性的比较已经被引入。然而，大多数这些比较不能确定Si功率器件能否成为这两种宽禁带技术的真正对手。

正是SiC和GaN器件的低导通电阻和快速开关能力阻碍了它们进入市场。如前所述，应对如此高的开关频率和相关的短上升和下降时间的封装需求和无源器件的可用性，仍然需要更多的努力，才能在引入宽禁带器件的任何电压水平下为破坏性功率模块设计提供令人满意的结果。目前，市售的SiC和GaN功率器件正在小批量的细分市场进行评估。此外，对栅极驱动器的要求非常高。

对于SiC功率开关，沟槽MOS器件将为实现低至650V级的紧凑型、低损耗的功率变换器铺平道路。这些器件的额外成本必须通过在成本、效率或可能的可靠性方面的系统级效益来解决。从那时开始，将提供高达20kV中压水平的全范围工作电压。在这里，Si IGBT作为直接竞争对手还在不断改进，应该被认为远未完成。因此，SiC功率器件必须具有类似的（如果不是更高的）电流处理能力。

对于GaN功率开关，与Si超结MOSFET相比，极低的反向恢复电荷为电路设计者提供了一个真正的优势因素。在这里，Si超结MOSFET代表了在类似电压范围内（高达900V）的GaN功率器件的强大对手，因为它已经实现了较低的输出损耗。鉴于大众市场对采用常开JFET的SiC共源共栅配置缺乏兴趣，纯常断GaN器件设计似乎更有前途。利用GaN HFET可获得的高开关频率仍然需要大量努力，以实现栅极驱动器和低感应封装概念。在这种程度上，单片集成或芯片堆叠与低压Si技术（栅极驱动器、集成电容器）可以提供真正的颠覆性功率模块。

致　谢

作者要感谢费迪南德－布劳恩研究所的巴哈德－特雷德尔和约阿希姆研究基金会分享他们的工作成果，并感谢柏林工业大学的扬·布克尔提供了一些高电流特性。

参 考 文 献

[1] J.W. Kolar, F. Krismer, H.P. Nee, What are the big challenges in power electronics, in: Keynote Presentation at the 8th International Conference on Integrated Power Electronic Systems (CIPS), 2014, pp. 1–20.

[2] J.W. Kolar, D. Bortis, D. Neumayr, The ideal switch is not enough, 2016 28th International Symposium on Power Semiconductor Devices and ICs (ISPSD), IEEE, 2016.

[3] H. Ohashi, in: Now and future of wide bandgap semiconductor devices, Invited Paper 3rd IEEE Workshop on Wide Bandgap Power Devices and Applications, November, 2015.

[4] L. Lorenz, in: Electrical characteristics of the CoolMOS, Key Note Presentation IPEC-Tokyo, July, 2000.

[5] E. Hoene, A. Ostermann, B.T. Lai, C. Marczok, A. Müsing, J.W. Kolar, in: Ultra-low-inductance power module for fast switching semiconductors, Proc. PCIM, Nuremberg, Germany, 2013.

[6] R. Williams, M. Darwish, R. Blanchard, R. Siemieniec, P. Rutter, Y. Kawaguchi, The trench power MOSFET: Part I—History, technology, and prospects. And Part 2: Application specific VDMOS, LDMOS, packaging and reliability, IEEE Trans. Electron Devices 64 (3) (2017) 674–691.

[7] G. Deboy, M. März, J. Stengl, H. Strack, J. Tihanyi, H. Weber, A new generation of high voltage MOSFETs breaks the limit line of silicon, Electron Devices Meeting, IEDM'98, 1998.

[8] G. Deboy, W. Kaindl, U. Kirchner, M. Kutschak, E. Persson, M. Treu, in: Advanced silicon devices—applications and technology trends, Proceedings of IEEE Applied Power Electronics Conference (APEC), March, 2015, 2015, pp. 1–28.

[9] W. Saito, in: Theoretical limits of superjunction considering with charge imbalance margin, 2015 IEEE 27th International Symposium on Power Semiconductor Devices & IC's (ISPSD), IEEE, 2015.

[10] A. Mauder, Current Progress at MOS Controlled Si Power Semiconductors in the Voltage Range up to 1200 V, Bauelemente der Leistungselektonik, Konferenz, 2017.

[11] L. Lorenz, A. Mauder, T. Laska, in: Dynamic behaviour and ruggedness of advanced fast switching IGBTs and diodes, 38th IAS Annual Meeting. Conference Record of the Industry Applications Conference, 2003, vol. 2, IEEE, 2003.

[12] T. Kimmer, E. Griebl, Trenchstop 5: a new application specific IGBT series, Proceedings PCIM Europe 2012, Nürnberg, 2012, pp. S.120–S.127.

[13] M. Rahimo, M. Andenna, L. Storasta, C. Corvasce, A. Kopta, in: Demonstration of an enhanced trench bimode insulated gate transistor ET-BIGT, 2016 28th International Symposium on Power Semiconductor Devices and ICs (ISPSD), IEEE, 2016.

[14] Q. Li, in: High density high efficiency GaN converter for future data center, Key Note Presentation ECPE SiC&GaN User Forum, 2017.

[15] F.E. Lee, in: Is GaN game changing device, Key Note: International Forum on Wide Bandgap Semiconductors, Beijing, November, 2016.

[16] M. März, B. Wunder, L. Ott, LVDC-Grid Challenges and Perspective, Bauelemente der Leistungselektrinik, Konferenz, 2017.

[17] R. Weiss, L. Ott, U. Boeke, in: Energy efficient low-voltage DC-grids for commercial buildings, 2015 IEEE First International Conference on DC Microgrids (ICDCM), June, IEEE, 2015, , pp. 154–158.

[18] R. Marquardt, Modular Multilevel Converter, Bauelemente der Leistungselektrinik, Konferenz, 2017.

[19] S. Rohner, S. Bernet, M. Hiller, R. Sommer, Modulation, losses, and semiconductor requirements of modular multilevel converters, IEEE Trans. Ind. Electron. 57 (8) (2010) 2633–2642.

[20] https://www.xfab.com/about-x-fab/news/newsdetail/browse/1/article/x-fab-drives-semiconductor-industrys-transition-into-6-inch-sic-production//?tx_ttnews[backPid]=99&cHash=8c35db441dc8a0d6f1b2c6b1551410aa.

[21] https://www.compoundsemiconductor.net/article/101633-Infineon-SiC-modules-and-more.html.

[22] L. Di Benedetto, G.D. Licciardo, T. Erlbacher, A.J. Bauer, A. Rubino, Optimized design for 4H-SiC power DMOSFET, IEEE Electron Device Lett. 37 (2016) 1454–1457, https://doi.org/10.1109/LED.2016.2613821.

[23] J.A. Appels, H.M.J. Vaes, in: High voltage thin layer devices (RESURF devices), Electron Devices Meeting, 3–5 December 1979, Washington, DC, 1979, pp. 238–241, https://doi.org/10.1109/IEDM.1979.189589.

[24] G.Y. Chung, et al., Improved inversion channel mobility for 4H-SiC MOSFETs following high temperature anneals in nitric oxide, IEEE Electron Device Lett. 22 (2001) 176–178, https://doi.org/10.1109/55.915604.

[25] T. Gutt, H.M. Przewlocki, K. Piskorski, A. Mikhaylov, M. Bakowski, PECVD and thermal gate oxides on 3C vs. 4H SiC: impact on leakage, traps and energy offsets, ECS J. Solid State Sci. Technol. 4 (2015) M60–M63, https://doi.org/10.1149/2.0101509jss.

[26] C. Strenger, et al., Correlation of interface characteristics to electron mobility in channel-implanted 4H-siC MOSFETs, Mater. Sci. Forum 740–742 (2013) 537–540, https://doi.org/10.4028/www.scientific.net/MSF.740-742.537.

[27] C.T. Banzhaf, S. Schwaiger, D. Scholten, S. Noll, M. Grieb, Trench-MOSFETs on 4H-SiC, Mater. Sci. Forum 858 (2016) 848–851, https://doi.org/10.4028/www.scientific.net/MSF.858.848.

[28] C.T. Banzhaf, M. Grieb, M. Rambach, A.J. Bauer, L. Frey, Impact of post-trench processing on the electrical characteristics of 4H-SiC trench-MOS structures with thick top and bottom oxides, Mater. Sci. Forum 821–823 (2015) 753–756, https://doi.org/10.4028/www.scientific.net/MSF.821-823.753.

[29] T. Nakamura, et al., in: High performance SiC trench devices with ultra-low ron, IEEE Electron Devices Meeting, 5–7 December 2011, Washington, DC, 2011. https://doi.org/10.1109/IEDM.2011.6131619.

[30] T. Kojima, et al., Reliability improvement and optimization of trench orientation of 4H-SiC trench-gate oxide, Mater. Sci. Forum 778–780 (2014) 537–540, https://doi.org/10.4028/www.scientific.net/MSF.778-780.537.

[31] Y. Saitoh, et al., 4H-SiC V-groove trench MOSFETs with the buried p+ regions, SEI Tech. Rev. 80 (2015) 75–80.

[32] Q. Zhang, et al., 4H-SiC trench Schottky diodes for next generation products, Mater. Sci. Forum 740–742 (2013) 781–784.

[33] L. Di Benedetto, G.D. Licciardo, T. Erlbacher, A.J. Bauer, S. Bellone, Analytical model and design of 4H-SiC planar and trenched JBS diodes, IEEE Trans. Electron Devices 63 (2016) 2474–2481, https://doi.org/10.1109/TED.2016.2549599.

[34] W. Shockley, W.T. Read, Statistics of the recombinations of holes and electrons, Phys. Rev. 87 (1952) 835–842, https://doi.org/10.1103/PhysRev.87.835.

[35] N. Kaji, et al., Ultrahigh-voltage SiC p-i-n diodes with improved forward characteristics, IEEE Trans. Electron Devices 62 (2015) 374–381, https://doi.org/10.1109/TED.2014.2352279.

[36] S. Bernet, Recent developments of high power converters for industry and traction applications, IEEE Trans. Power Electron. 15 (2000) 1102–1117, https://doi.org/10.1109/63.892825.

[37] Y. Kobayashi, M. Plankensteiner, M. Honda, Thin wafer handling and processing without carrier substrates, in: J. Burghartz (Ed.), Ultra-Thin Chip Technology and Applications, Springer, New York, NY, 2011.

[38] K. Huet, I. Toque-Tresonne, F. Mazzamuto, T. Emeraud, H. Besaucele, in: Laser thermal annealing: a low thermal budget solution for advanced structures and new materials, Workshop on Junction Technology, 18–20 May 2014, Shanghai, China, 2014. https://doi.org/10.1109/IWJT.2014.6842020.

[39] A. Huerner, H. Mitlehner, T. Erlbacher, A.J. Bauer, L. Frey, Conduction loss reduction for bipolar injection field-effect-transistors (BIFET), Mater. Sci. Forum 858 (2016) 917–920, https://doi.org/10.4028/www.scientific.net/MSF.858.917.

[40] E. Gurpinar, A. Castellazzi, Single-phase T-type inverter performance benchmark using Si IGBTs, SiC MOSFETs, and GaN HEMTs, IEEE Trans. Power Electron. 31 (10) (2016) 7148–7160.

[41] K. Shirabe, M.M. Swamy, J.-K. Kang, M. Hisatsune, Y. Wu, D. Kebort, J. Honea, Efficiency comparison between Si-IGBT-based drive and GaN-based drive, IEEE Trans. Ind. Appl. 50 (1) (2014) 566–572.

[42] K.J. Chen, O. Häberlen, A. Lidow, C.l. Tsai, T. Ueda, Y. Uemoto, Y. Wu, GaN-on-Si power technology: devices and applications, IEEE Trans. Electron Devices 64 (3) (2017) 779–795.

[43] O. Ambacher, J. Smart, J.R. Shealy, N.G. Weimann, K. Chu, M. Murphy, W.J. Schaff, L. F. Eastman, R. Dimitrov, L. Wittmer, M. Stutzmann, W. Rieger, J. Hilsenbeck, Two-dimensional electron gases induced by spontaneous and piezoelectric polarization charges in N- and Ga-face AlGaN/GaN heterostructures, J. Appl. Phys. 85 (6) (1999) 3222–3233.

[44] H. Nie, Q. Diduck, B. Alvarez, A.P. Edwards, B.M. Kayes, M. Zhang, G. Ye, T. Prunty, D. Bour, I.C. Kizilyalli, 1.5-kV and 2.2-mΩ-cm^2 vertical GaN transistors on Bulk-GaN substrates, IEEE Electron Device Lett. 35 (9) (2014) 939–941.

[45] T. Oka, T. Ina, Y. Ueno, J. Nishi, 1.8 mΩ cm^2 vertical GaN-based trench metal-oxide-semiconductor field-effect transistors on a free-standing GaN substrate for 1.2-kV-class operation, Appl. Phys. Express 8 (2015) 054101.

[46] M. Okada, Y. Saitoh, M. Yokoyama, K. Nakata, S. Yaegassi, K. Katayama, M. Ueno, M. Kiyama, T. Katsuyama, T. Nakamur, Novel vertical heterojunction field-effect transistors with re-grown AlGaN/GaN two-dimensional electron gas channels on GaN substrates, Appl. Phys. Express 3 (2010) 05420.

[47] D. Shibata, R. Kajitani, M. Ogawa, K. Tanaka, S. Tamura, T. Hatsuda, M. Ishida, T. Ueda, in: 1.7 kV/1.0 mΩ cm^2 normally-off vertical GaN transistor on GaN substrate with regrown p-GaN/AlGaN/GaN semipolar gate structure, 2016 IEEE International Electron Devices Meeting (IEDM), 2016, , pp. 248–251.

[48] N. Ikeda, Y. Niiyama, H. Kambayashi, Y. Sato, T. Nomura, S. Kato, S. Yoshida, GaN power transistors on Si substrates for switching applications, Proc. IEEE 98 (7) (2010) 1151–1161.

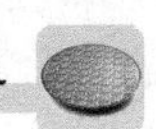

[49] B. De Jaeger, M. Van Hove, D. Wellekens, X. Kang, H. Liang, G. Mannaert, K. Geens, S. Decoutere, in: Au-free CMOS-compatible AlGaN/GaN HEMT processing on 200 mm Si substrates, Proceedings of ISPSD 2012, Bruges, Belgium, 2012, , pp. 49–52.

[50] H. Lin, Market and Technology Trends in WBG Materials for Power Electronics Applications, CS-MANTECH, Scottsdale, 2015, pp. 33–36.

[51] W. Saito, Y. Takada, M. Kuraguchi, K. Tsuda, I. Omura, Recessed-gate structure approach toward normally off high-voltage AlGaN/GaN HEMT for power electronics application, IEEE Trans. Elektr. Devices 53 (2) (2006) 356–362.

[52] Y. Cai, Y. Zhou, K.J. Chen, K.M. Lau, High-performance enhancement-mode AlGaN/GaN HEMTs using fluoride-based plasma treatment, IEEE Electron Device Lett. 26 (7) (2005) 435–437.

[53] M. Kanamura, T. Ohki, T. Kikkawa, K. Imanishi, T. Imada, A. Yamada, N. Hara, Enhancement-mode GaN MIS-HEMTs Withn-GaN/i-AlN/n-GaN triple cap layer and high-k gate dielectrics, IEEE Electron Device Lett. 31 (3) (2010) 189–191.

[54] S. Yang, S. Liu, C. Liu, M. Hua, K.J. Chen, Gate stack engineering for GaN lateral power transistors, Semicond. Sci. Technol. 31 (2) (2016) 024001. https://doi.org/10.1088/0268-1242/31/2/024001.

[55] P. Lagger, P. Steinschifter, M. Reiner, M. Stadtmüller, G. Denifl, A. Naumann, J. Müller, L. Wilde, J. Sundqvist, D. Pogany, C. Ostermaier, Role of the dielectric for the charging dynamics of the dielectric/barrier interface in AlGaN/GaN based metal-insulator-semiconductor structures under forward gate bias stress, Appl. Phys. Lett. 105 (2014) 033512. https://doi.org/10.1063/1.4891532.

[56] Z. Liu, X. Huang, F.C. Lee, Q. Li, Package parasitic inductance extraction and simulation model development for the high-voltage cascode GaN HEMT, IEEE Trans. Power Electron. 29 (4) (2014) 1977–1985.

[57] O. Hilt, E. Bahat-Treidel, A. Knauer, F. Brunner, R. Zhytnytska, J. Würfl, High-voltage normally OFF GaN power transistors on SiC and Si substrates, MRS Bull. 40 (5) (2015) 418–424.

[58] O. Hilt, A. Knauer, F. Brunner, E. Bahat-Treidel, J. Würfl, in: Normally-off AlGaN/GaN HFET with p-type GaN gate and AlGaN buffer, Proceedings of the 22nd International Symposium on Power Semiconductor Devices (ISPSD), Hiroshima, June, 2010, 2010, pp. 347–350.

[59] Y. Uemoto, M. Hikita, H. Ueno, H. Matsuo, H. Ishida, M. Yanagihara, T. Ueda, T. Tanaka, D. Ueda, Gate injection transistor (GIT)—a normally-off AlGaN/GaN power transistor using conductivity modulation, IEEE Trans. Electron Devices 54 (12) (2007) 3393–3399.

[60] I. Hwang, J. Kim, H.S. Choi, H. Choi, J. Lee, K.Y. Kim, J. Park, J.C. Lee, J. Ha, J. Oh, J. Shin, U. Chung, p-GaN gate HEMTs with tungsten gate metal for high threshold voltage and low gate current, IEEE Electron Device Lett. 34 (2) (2013) 202–204.

[61] O. Hilt, R. Zhytnytska, J. Böcker, E. Bahat-Treidel, F. Brunner, A. Knauer, S. Dieckerhoff, J. Würfl, in: 70 mΩ/600 V normally-off GaN transistors on SiC and Si substrates, 27th International Symposium on Power Semiconductor Devices and ICs (ISPSD), Hong Kong, China, May 10–14, 2015, pp. 237–240.

[62] N. Ikeda, Y. Niiyama, H. Kambayashi, Y. Sato, T. Nomura, S. Kato, S. Yoshida, GaN power transistors on Si substrates for switching applications, Proc. IEEE 98 (7) (2010) 1151–1161.

[63] G. Meneghesso, M. Meneghini, A. Chini, G. Verzellesi, E. Zanoni, in: Trapping and high field related issues in GaN power HEMTs, 2014 IEEE International Electron Devices Meeting (IEDM), 2014. pp. 17.5.1–17.5.4.

[64] E. Bahat-Treidel, O. Hilt, F. Brunner, J. Würfl, G. Tränkle, Punchthrough-voltage enhancement of AlGaN/GaN HEMTs using AlGaN double-heterojunction confinement, IEEE Trans. Electron Devices 55 (12) (2008) 3354–3359.

[65] M.J. Uren, J. Möreke, M. Kuball, Buffer design to minimize current collapse in GaN/AlGaN HFETs, IEEE Trans. Electron Devices 59 (12) (2012) 3327–3333.
[66] O. Hilt, E. Bahat-Treidel, E. Cho, S. Singwald, J. Würfl, in: Impact of buffer composition on the dynamic on-state resistance of high-voltage AlGaN/GaN HFETs, 24th International Symposium on Power Semiconductor Devices and ICs (ISPSD), Bruges, Belgium, June 3–7, 2012, pp. 345–348.
[67] M.J. Uren, S. Karboyan, I. Chatterjee, A. Pooth, P. Moens, A. Banerjee, M. Kuball, Leaky dielectric model for the suppression of dynamic R_{ON} in carbon-doped AlGaN/GaN HEMTs, IEEE Trans. Electron Devices 64 (7) (2017) 2826–2834.
[68] P. Moens, C. Liu, A. Banerjee, P. Vanmeerbeek, P. Coppens, H. Ziad, A. Constant, Z. Li, H. De Vleeschouwer, J. RoigGuitart, P. Gassot, F. Bauwens, E. De Backer, B. Padmanabhan, A. Salih, J. Parsey, M. Tack, An industrial process for 650 V rated GaN-on-Si power devices using in-situ SiN as a gate dielectric, Proceedings of International Symposium on Power Semiconductor Devices and ICs, 2014, pp. 374–377.
[69] K. Tanaka, M. Ishida, T. Ueda, T. Tanaka, Effects of deep trapping states at high temperatures on transient performance of AlGaN/GaN heterostructure field-effect transistors, Jpn. J. Appl. Phys. 52 (2013) 04CF07.
[70] W. Saito, M. Kuraguchi, Y. Takada, K. Tsuda, I. Omura, T. Ogura, Design optimization of high breakdown voltage AlGaN-GaN power HEMT on an insulating substrate for $R_{ON}A$-V_B tradeoff characteristics, IEEE Trans. Electron Devices 52 (1) (2005) 106–111.
[71] B. Hughes, R. Chu, J. Lazar, S. Hulsey, A. Garrido, D. Zehnder, M. Musni, K. Boutros, Normally-off GaN switching 400 V in 14 ns using an ultra-low resistance and inductance gate drive, 2013 IEEE International Electron Devices Meeting (IEDM), 2013, pp. 76–79.
[72] S. Moench, M. Costa, A. Barner, I. Kallfass, R. Reiner, B. Weiss, P. Waltereit, R. Quay, O. Ambacher, in: Monolithic integrated quasi-normally-off gate driver and 600 V GaN-on-Si HEMT, IEEE 3rd Workshop on Wide Bandgap Power Devices and Applications (WiPDA), 2015, pp. 92–97.
[73] K.Y. Wong, W. Chen, K.J. Chen, in: Integrated voltage reference and comparator circuits for GaN smart power chip technology, Proceedings of 21st International Symposium on Power Semiconductor Devices IC's, 2009, pp. 57–60.
[74] Y. Uemoto, T. Morita, A. Ikoshi, H. Umeda, H. Matsuo, J. Shimizu, M. Hikita, M. Yanagihara, T. Ueda, T. Tanaka, D. Ueda, in: GaN monolithic inverter IC using normally-off gate injection transistors with planar isolation on Si substrate, 2009 IEEE International Electron Devices Meeting (IEDM), 2009, , pp. 7.6.1–7.6.4.
[75] H. Okita, M. Hikita, A. Nishio, T. Sato, K. Matsunaga, H. Matsuo, M. Mannoh, Y. Uemoto, in: Through recessed and regrowth gate technology for realizing process stability of GaN-GITs, Proceedings of the 28th International Symposium on Power Semiconductor Devices and ICs (ISPSD), Prague, Czech Republic, 2016, , pp. 23–26.
[76] T. Morita, M. Yanagihara, H. Ishida, M. Hikita, K. Kaibara, H. Matsuo, Y. Uemoto, T. Ueda, T. Tanaka, D. Ueda, in: 650V 3.1 $m\Omega\ cm^2$ GaN-based monolithic bidirectional switch using normally-off gate injection transistor, IEDM Technical Digest, 2007, pp. 865–868.
[77] S. Nagai, Y. Yamada, N. Negoro, H. Handa, M. Hiraiwa, N. Otsuka, D. Ueda, A 3-phase AC/AC matrix converter GaN chipset with drive-by-microwave technology, J. IEEE Electron Devices Soc. 3 (1) (2015) 7–14.
[78] G. Sheridan, in: Speed drives performance, 4th IEEE Workshop on Wide Bandgap Power Devices and Applications (WiPDA), Fayetteville, NC, USA, 9 November, 2016.

[79] M. Treu, E. Vecino, M. Pippan, O. Häberlen, G. Curatola, G. Deboy, M. Kutschak, U. Kirchner, in: The role of silicon, silicon carbide and gallium nitride in power electronics, IEDM Technical Digest, 2012, , pp. 147–150.

[80] D. Reusch, J. Strydom, Evaluation of gallium nitride transistors in high frequency resonant and soft-switching DC-DC converters, IEEE Trans. Power Electron. 30 (9) (2015) 5151–5158.

[81] R. Rupp, T. Laska, O. Häberlen, M. Treu, in: Application specific trade-offs for WBG SiC, GaN and high end Si power switch technologies, IEDM Technical Digest, 2014, pp. 28–31.

[82] W. Zhang, F. Wang, D.J. Costinett, L.M. Tolbert, B.J. Blalock, Investigation of gallium nitride devices in high-frequency LLC resonant converters, IEEE Trans. Power Electron. 32 (1) (2017) 571–583.

[83] D. Perreault, J. Hu, J. Rivas, Y. Han, O. Leitermann, R. Pilawa-Podgurski, A. Sagneri, C. Sullivan, in: Opportunities and challenges in very high frequency power conversion, Proceedings of IEEE 24th Annual Applied Power Electronics Conference Exposition, February, 2009, pp. 1–14.

[84] S. Ji, D. Reusch, F.C. Lee, High-frequency high power density 3-D integrated gallium-nitride-based point of load module design, IEEE Trans. Power Electron. 28 (9) (2013) 4216–4225.

[85] M. de Rooij, in: Performance comparison for A4WP class-3 wireless power compliance between eGaN FET and MOSFET in a ZVS class D amplifier, PCIM Europe, Nuremberg, Germany, 2015.

[86] Y. Zhang, M. Rodrıguez, D. Maksimovic, Very high frequency PWM buck converters using monolithic GaN half-bridge power stages with integrated gate drivers, IEEE Trans. Power Electron. 31 (11) (2016) 7926–7942.

[87] A. Sepahvand, Y. Zhang, D. Maksimovic, in: 100 MHz isolated DC-DC resonant converter using spiral planar PCB transformer, IEEE 16th Workshop on Control and Modeling for Power Electronics (COMPEL), 2015.

[88] Y.-P. Hong 1, K. Mukai, H. Gheidi, S. Shinjo, P.M. Asbeck, in: High efficiency GaN switching converter IC with bootstrap driver for envelope tracking applications, IEEE Radio Frequency Integrated Circuits Symposium, 2013, pp. 353–356.

进一步阅读

[1] T. Kimoto, D. Katsunori, J. Suda, Lifetime-killing defects in 4H-SiC epilayers and lifetime control by low-energy electron irradiation, Phys. Status Solidi B 245 (2008) 1327–1336, https://doi.org/10.1002/pssb.200844076.

[2] R. Rupp, et al., in: Avalanche behaviour and its temperature dependence of commercial SiC MPS diodes: influence of design and voltage class, Proceedings of International Symposium on Power Semicondor and Devices & ICs, 15–19 June 2014, Waikolon, Hawaii, 2014, pp. 67–70, https://doi.org/10.1109/ISPSD.2014.6855977.

[3] N. Kaminski, O. Hilt, in: GaN device physics for electrical engineers, ECPE GaN and SiC User Forum, Proceedings, Birmingham, United Kingdom, 2011.

[4] E. Bahat Treidel, O. Hilt, O. Bahat Treidel, J. Würfl, Temperature dependent dynamic on-state resistance in GaN-on-Si based normally-off HFETs, Microelectron. Reliab. 64 (2016) 556–559.

第二部分
基础和材料

第2章 互连技术

菅沼克昭
大阪大学产业科学研究所，大阪，日本

2.1 简　介

功率器件中的金属互连有几个关键作用。作为电子器件，它们主要用于导电，以及热传递和结构互连。后两个因素对于下一代功率器件比其他数字和逻辑器件更重要，因为下一代功率半导体（如，SiC 和 GaN）将应用于大功率和紧凑的逆变器/变换器，从半导体的结联处释放大量热量。电动/混合动力汽车的结温预计将超过200℃，在太空和地壳勘探等某些应用中还将超过300℃。由于这种强烈的结发热，严重的热应力是由组件材料之间的热膨胀不匹配、氧化和静态热暴露效应引起的。

功率器件中有两类金属互连，如图 2.1 所示。芯片焊接工艺是实现下一代大功率器件的最重要的互连技术。芯片焊接应具有良好的热稳定性、疲劳可靠性、散热能力、导电性，以及足够的强度。另一种类型的金属互连是信号和电源的布线。在高频下，布线也会受到高温和热疲劳的影响。两种互连都需要在器件表面进行适当的金属化处理。

沿着这些技术路线，目前有两种基本的器件结构。一种是如图 2.1 所示的垂直电流型，它已被用作 Si 的非典型性功率半导体结构，已经利用这种结构开发了 SiC 器件；另一种是水平型，是当前 GaN HEMT 器件的典型结构。电流在 Si、蓝宝石或 SiC 等绝缘衬底上形成的 GaN 薄膜中流动。对于垂直型器件，在芯片背面形成的芯片焊接层应具有低电阻率和良好的导热性，但 HEMT 型器件只需要良好的导热性。当然，所有界面都应在高温下保持结构完整性。在焊接过程中，必须消除芯片焊接层中的缺陷（如空隙），以获得良好的性能和可靠性，因为空隙往往严重阻碍散热并引起裂纹的产生。图 2.2 显示了焊接过程中典型的空隙分布。需要对温度分布/压力、表面光洁度/清洁和大气等领域进行严格的过程控制，以避免形成空隙。

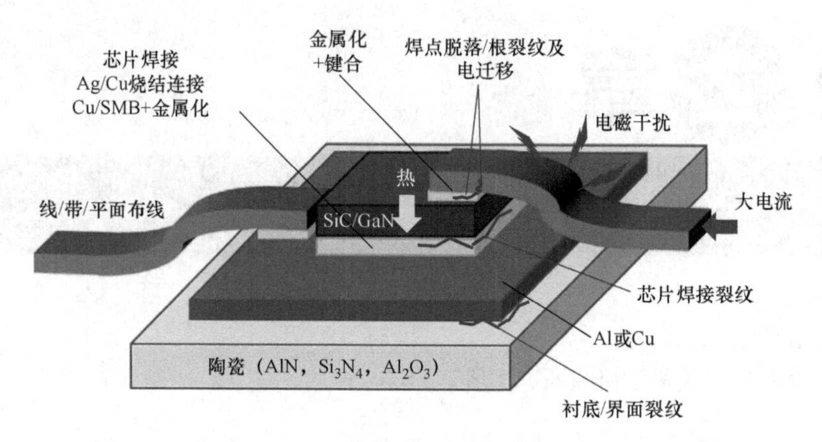

图 2.1　功率装置的金属互连和可能的失效原因示意图（彩图见插页）

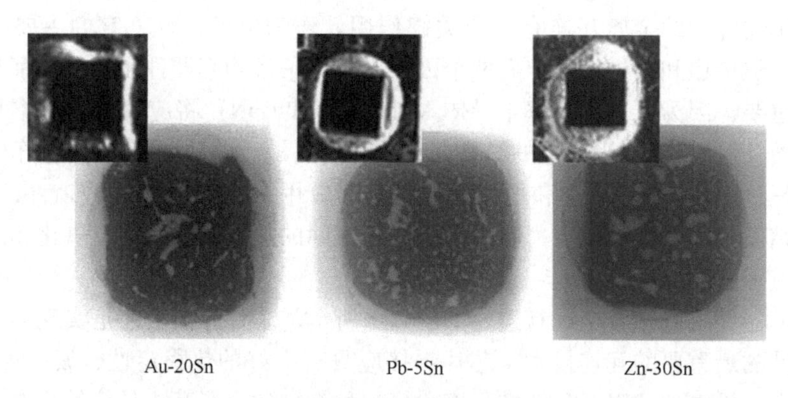

图 2.2　钎焊焊接芯片的典型 X 射线透射图像

由于功率和频率的增加，下一代 MOSFET 芯片的电流额定值已经很难仅用传统的铝线键合来覆盖，因此市场上出现了其他新技术，例如，带状物、带引线框或铜夹的平面触点，以及 3D 封装。

2.2　芯片焊接技术

2.2.1　高温焊料 ★★★

高温焊料已广泛应用于各种应用领域，不仅作为芯片焊接的焊料，还用于组装光学器件、汽车电路板，以及用于电路模块的步进焊接等。表 2.1 列出了芯片

焊接应用的当前选择，包括高 Pb 焊料[1]。

表2.1 高温焊料的选择[1]

合金		成分/(wt%)	固态温度/℃	液态温度/℃
高 Pb	Pb - Sn	Sn - 65Pb	183	248
		Sn - 70Pb	183	258
		Sn - 80Pb	183	279
		Sn - 90Pb	268	301
		Sn - 95Pb	300	314
		Sn - 98Pb	316	322
	Pb - Ag	Pb - 2.5Ag	304	304
		Pb - 1.5Ag - 1Sn	309	309
Sn - Sb		Sn - 5Sb	235	240
		Sn - 25Ag - 10Sb（J 合金）	228	395
Au 系	Au - Sn	Au - 20Sn	280（共晶）	
	Au - Si	Au - 3.15Si	363（共晶）	
	Au - Ge	Au - 12Ge	356（共晶）	
Bi - Ag 系		Bi - 2.5Ag	263（共晶）	
		Bi - 11Ag	263	360
Cu - Sn		Sn - (1 - 4) Cu	227	约为 400
		Sn - Cu 合成物	约为 230	
Zn 系	Zn	Zn - 0.1Cr	430	
	Zn - Al	Zn - (4 - 6) Al (- Ga、Ge、Mg)	300 ~ 340	
	Zn - Sn	Zn - (10 - 30) Sn	199	360

焊接无源/有源器件，如芯片附件、倒装芯片接头、高铅焊料和电阻/电容器，使用 90 ~ 95wt% Pb。光学用途需要无焊剂残留的焊料，所以 Au 基合金是首选。

对于高温焊料，典型要求如下：

- 熔化温度在 260 ~ 400℃；
- 足够柔软，可通过热应力松弛来维持接合结构；
- 回流时体积膨胀小；
- 不破坏封装的工艺；

- 有足够的可加工性，可以成为细线或薄片；
- 良好的导电性；
- 良好的导热性；
- 特别好的机械性能；
- 耐疲劳性；
- 气密性，不会破坏真空封装；
- 无焊剂残留；
- 无阿尔法射线发射。

目前对高温焊料的选择有 Pb - Sn、Pb - Ag、Sn - Sb、Au - Sn、Au - Si 和其他一些合金体系。表 2.2 总结了所选合金的典型物理和机械性能。不幸的是，只有有限数量的合金体系可用于无铅焊料，它们是 Sn - Sb、Au 合金、Bi 合金、Sn - Cu 合金或复合材料以及纯 Zn/Zn 合金。

表 2.2 高温焊料的选择性能比较[1]

合金	热导率/(W/m·K)	热扩大系数/ppm	0.2% 验证应力/MPa		
			23℃	100℃	150℃
Au - 20Sn	57	16	275	217	165
Au - 12Ge	44	13	185	177	170
Au - 3Si	27	12	220	207	195
Sn - 5Sb	48	23	约为 40	—	—
Pb - 5Sn	23	30	14	10	5
Zn - (10 - 30) Sn	100 ~ 110	30	43	—	—
Bi - 11Ag	约为 9	—	约为 33	—	—

2.2.1.1 Sn 基合金

Sn - Sb 合金（其 Sb 含量应低于 5wt%，以保持良好的机械性能）在没有任何金属间化合物的情况下具有优异的机械性能，但液相线温度过低，在 240℃左右。过多的 Sb 通过形成金属间化合物使合金变硬变脆。Sn - 25Ag - 10Sb 合金被设计为无铅高温焊料。然而，过量的 Ag 和 Sb 形成大量的金属间化合物，导致机械性能下降。相比之下，如果加入 Cu、Ni、Co 等过渡金属，Sn 基合金可以达到所需的液相线温度，超过 260℃。例如，Sn - 4wt% Cu 二元合金的液相线温度约为 300℃。这种合金形成许多金属间化合物，但在回流温度下液体分数过高。大量金属间化合物的形成降低了接头的机械性能。此外，在回流时，过多的液体会通过大体积膨胀破坏封装。

2.2.1.2 Au 基合金

Au 基合金，如 Au - Sn、Au - Ge 和 Au - Si，已经使用多年。由于其贵金属

的特性，它们对于光学器件等无焊剂残留的应用是必不可少的，尽管成本相当高。Au-Sn体系的共晶组成Au-20wt% Sn，熔化温度为280℃。该共晶合金由δ-AuSn和ζ-Au_5Sn组成。图2.3所示为该合金的典型焊接结构，具有精细的片状结构。由于金属间的性质，它们都是硬质的。

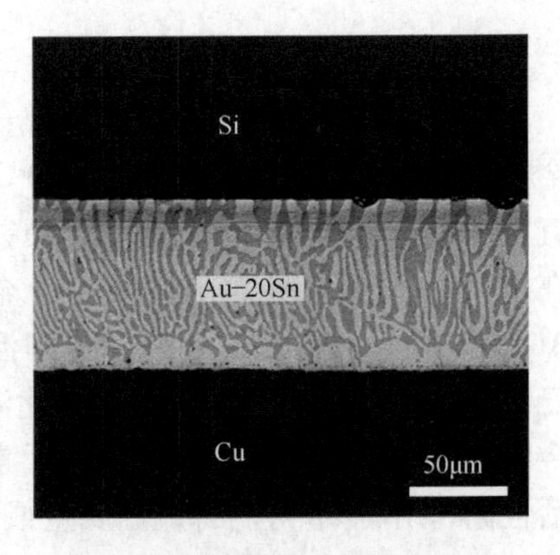

图2.3 典型的Au-20Sn焊接微观结构（SEM）

Au合金的优点是理想的熔化温度、与Au金属化的兼容性、良好的抗氧化性，以及无焊剂残留。光学应用通常需要没有任何残留或污染的无焊剂残留工艺。导电性和导热性与高铅焊料相当或略好。Au焊接是使用焊料片和焊膏以及溅射薄膜进行的。在Si芯片上，Au可以在高温下与Si发生反应形成Au-Si共晶液体。

尽管Au-Sn焊料在200℃以上的芯片附件中具有良好的抗疲劳性，但其金属间性质导致了成本高和应力松弛能力差的缺点。

2.2.1.3 Bi基合金

Bi本身的熔化温度为271℃，适合用于稍低温度的高温焊料。然而，由于其各向同性的晶体结构，Bi非常脆弱。此外，它的导电性和导热性比其他焊料要差一些。

为了改进这些特性，通常需要添加Ag。在Bi-2.5wt% Ag，Bi-Ag共晶合金的熔化温度为263℃。由于这个温度对于高温使用来说太低了，所以将Ag含量提高到12wt%，此时液相线温度变为360℃。

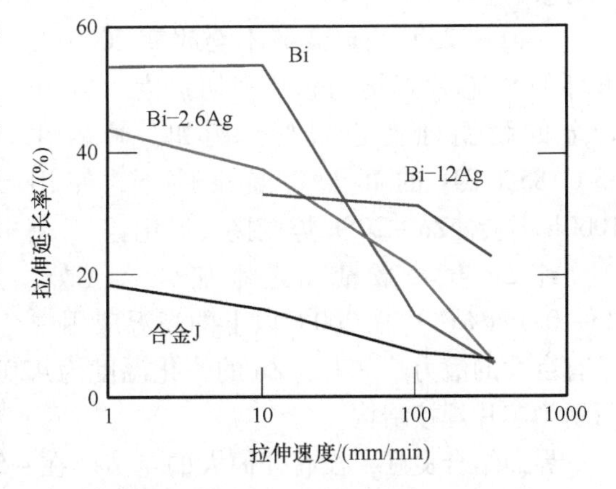

图2.4 纯Bi与Bi-Ag合金的拉伸延长率与应变率的函数关系[2]

Ag的加入也提高了Bi的脆性。图2.4表示纯Bi与Bi-Ag合金的拉伸延长率与应变率的函数关系[2]。在低应变率区域，Bi表现出良好的延长率，高达50%，在高应变率下延长率显著下降。相比之下，Bi-12Ag即使在高应变率区域也能保持良好的延长率。

在Bi中加入Sn或Ge可以提高Cu基底的润湿性，但需要注意Cu的脆化。

2.2.1.4 Zn 基合金和纯 Zn

Zn－Al 长期以来被用作 Al 合金或结构用途的高温焊料[3]。Zn－Al 二元合金在6wt% Al 时的共晶温度为380℃，该合金不形成金属间化合物。这种合金具有精细的枝晶结构，使其非常坚硬并具有脆性。有趣的是，该合金的有些脆性，在以 Zn－22wt% Al 组成的特定合金微观结构中变成了超塑性。Zn－Al、Zn－Al－Cu 或Zn－Al－Mg 合金作为高温焊料具有理想的熔化温度[4]。通过加入第三种元素，如 Cu、Mg 或 Ge，熔化温度降低到350℃以下。硬度和脆性是这些合金的共同问题，因为添加第三种元素会增加大量金属间化合物的形成。由于 Zn 活性高，所有 Zn 焊料都应在真空或还原焊接中使用。

Zn－Sn 合金是众所周知的 Zn－9wt% Zn 共晶成分的低温焊料，可用作高 Zn 范围内的高温焊料。用 Sn 含量可以适当地控制液体体积分数[5,6]。一个典型的合金微观结构如图 2.5所示。

Zn－Sn 合金的最大优点之一是，与其他无铅高温焊料相比，其具有优异的延展性，而且价格低廉。Zn－Sn 不含任何金属间化合物。在用 Zn－Sn 焊接时，唯一需要注意的是它的高反应性，应避免在焊接界面发生氧化和剧烈反应。为了避免焊接过程中严重的界面反应，在电极上涂保护涂层（如，TiN）是有效的[7]。

－40～125℃的热疲劳不会改变 2000 次循环的 Si 芯片焊接的芯片剪切强度。高 Zn 合金的耐腐蚀性也很好。例如，暴露在85℃/85% RH 的高温高湿条件下，使用1000h 不会使Zn－20Sn 焊接接头退化。

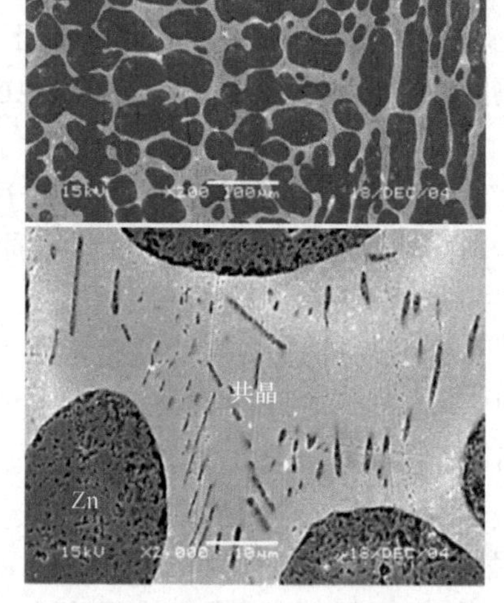

图 2.5 Zn－Sn 合金（SEM）的典型微观结构[6]

纯 Zn 及其微量元素添加合金（如，Zn－0.1wt% Cr）在 200℃以上的高温应用中具有巨大的潜力[8,9]。纯 Zn 的熔化温度为 420℃，焊接温度约为 450℃。图 2.6所示为芯片焊接结构。

界面结合良好，没有任何大的空隙。在－50～300℃的热疲劳试验不会导致 DBC 上的 SiC 芯片焊接退化，而高 Pb 焊料失去了其芯片剪切强度，如图 2.5所示。Zn 焊料在高温/高湿度气氛中也很稳定[9,10]。

在 Zn 焊接时，必须避免真空中 Zn 蒸气的高压而对设备造成 Zn 污染是十分重要的。

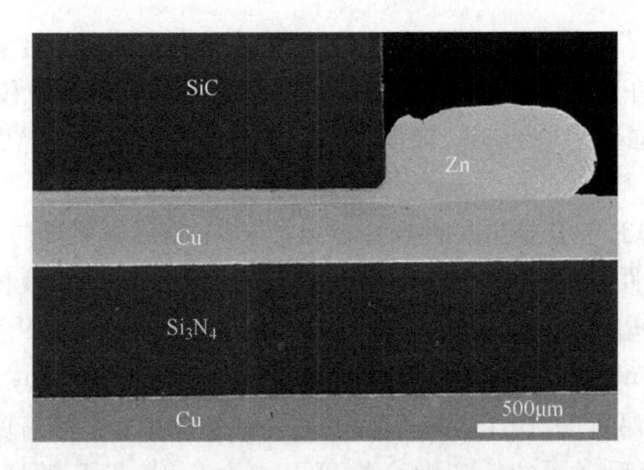

图2.6　在－50～300℃的热冲击疲劳中，Zn的典型焊接微观结构（SEM）和芯片剪切强度变化[9]

2.2.2　TLP键合 ★★★

瞬态液相键合（TLP键合）在Ni基高温合金的键合中有着悠久的发展历史[11,12]。TLP键合也被称为固液间扩散键合（SLID键合）。低温熔融金属和对应金属的复合材料对应金属与低温熔融金属/合金反应形成液体合金，然后凝固，通过键合界面的扩散改变合金的组成。结合层的合成熔化温度会高到足以供高温使用。初始复合材料可以是金属板或金属粉末混合物形式的层压板。

图2.7显示了具有Au/In层结构的TLP键合的示例[13]。它是一种低温熔化金属，在156℃下熔化，而Au的熔化温度为1064℃。当温度上升200℃时，只有金属In熔化。在液体中立即与Au反应形成Au－In金属间化合物（IMC）。由于相互扩散，所有液体消失，产生高熔化温度的金属间化合物组成。本例中的反

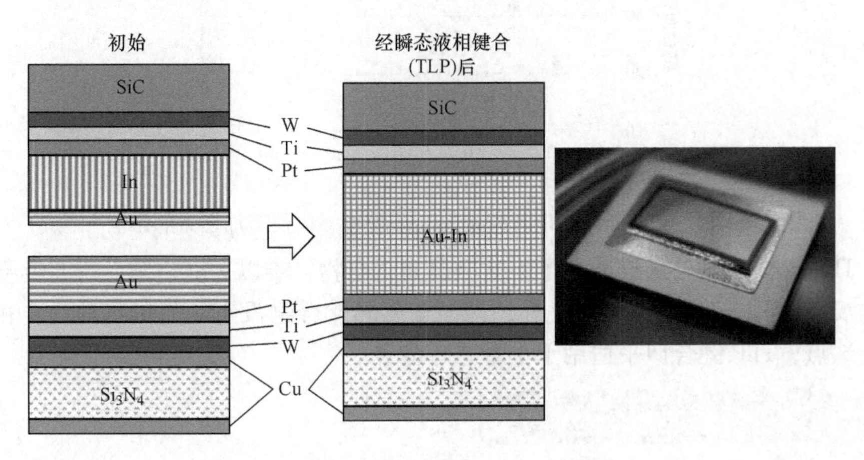

图2.7　Au/In在层压膜层结构的TLP键合概念及其芯片焊接样品[13]（彩图见插页）

应可以在200℃下30min内完成。很难在有限时间内去除界面上的所有液相。此外，也很难去除许多空隙。优化Au/In合金的组成、反应时间和压力是必要的。图2.8显示了施加压力的影响。即使在高达3MPa的高压下，界面处仍有40%的未键合区域。

基于Sn的TLP键合是另一种选择。目前，Sn－Cu体系反应已被用于硅通孔（TSV）的超细间距区域阵列键合。Cu柱与最初镀在其上的液体Sn发生反应，形成高熔点的金属间结构化合物（Cu_3Sn和Cu_6Sn_5）。这种TLP反应可以用于芯片焊接。例如，Sn在250℃下的Cu上的焊接反应形成了Cu_6Sn_5，其熔化温度接近400℃[14]。与昂贵的Au和In元素相比，这种方法具有显著的成本效益。Cu和Ni、Ag、Co等反金属的粉末混合物可以成为Sn基TLP键合的另一种形式。例如，Sn和Cu粉末在250℃下相互反应，该温度高于Sn的熔化温度232℃，形成了Cu_6Sn_5的骨架结构。

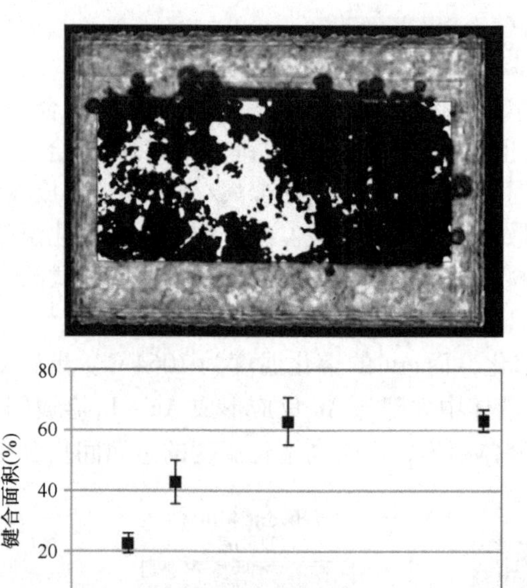

图2.8　如图2.7所示的芯片焊接的SAT图像，以及施加压力的影响[13]

TLP键合的缺点是形成大量脆性金属间化合物，难以去除空隙，并且需要较长的反应时间/较大的压力。此外，许多金属间化合物没有很好的导热性。由于这些缺点，TLP键合似乎适用于小型芯片键合。

2.2.3　烧结连接 ★★★

烧结的历史可以追溯到20世纪80年代。本文报道了烧结连接对陶瓷和金属

结合的优异潜力[15]。通过配比 Al_2O_3 和 Fe 粉末的混合物，成功地将 Al_2O_3 和 Fe 结合，这种方法后来被命名为“功能梯度法”。然而，需要超过 100MPa 的压力才能形成致密的键合层，这限制了该方法的实际运用。Ag 电浆布线法是一种众所周知的用于硅太阳能电池的方法。Ag 浆需要添加玻璃才能与 Si 晶圆进行适当的电接触，并且烧制温度很高，可以达到 900℃。Ag 纳米颗粒在室温中烧结的潜力被成功地证明了[16]。由于纳米颗粒的活性特性，当纳米颗粒的表面保护聚合物/单体涂层可以被有效去除时，即使在室温下，也可以实现烧结。然而，使用纳米颗粒进行烧结连接有严重的缺陷，如键合层的不均匀性（即使施加的压力超过几 MPa），以及在低于 200℃的低温下加热时会残留的残留物（因为难以去除保护表面涂层）。高成本也限制了纳米颗粒连接的应用。

相比之下，使用不含任何聚合物添加的微米级 Ag 混合颗粒浆料进行烧结连接，即使在 200℃并且没有任何压力的情况下，也能提供稳定的键合结构[17,18]。它可以满足糊状物的要求（如，可印刷性）以形成均匀的层，只用施加较小的压力（低于 1MPa），以及良好的可承受性。

图 2.9 显示了使用混合浆料进行 LED 芯片焊接的例子。氧的存在，在空气中 200℃左右的稳定键合中起着关键作用。Ag 烧结连接提供了一个微孔夹层，该中间层在制造后的强度足够大，可以提供芯片和衬底之间的应力松弛。研究发现，烧结颗粒的双峰尺寸分布可以由于颗粒的初始填充而提高烧结能力。近年来，Ag 薄膜应力迁移键合（SMB）方法已经发展起来，在 250℃的大气环境中提供了没有任何大空隙的完美键合，如图 2.10 所示。SMB 也可以适用于精细间距互连，例如，倒装芯片键合或 TSV。

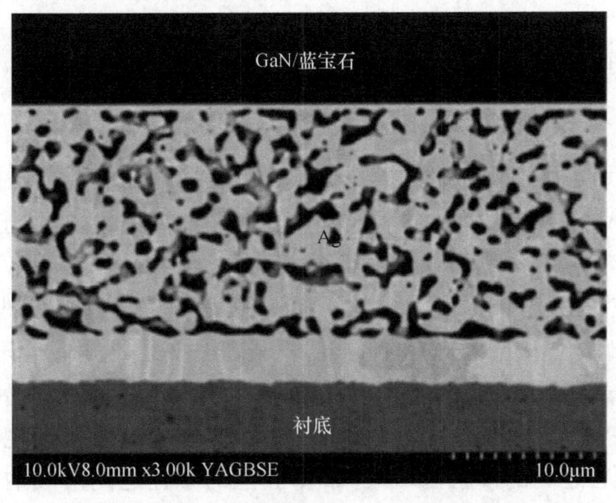

图 2.9 使用混合浆料进行 LED 芯片焊接

2.2.3.1 低温烧结机理

值得注意的是，即使在远低于Ag的有效烧结温度的环境温度下，也可以实现Ag烧结的温度，而Ag的有效烧结温度通常被认为代表金属的熔化温度。当金属被加热超过其熔化温度的一半时，自扩散被有效地激活以被烧结。Ag的熔化温度的一半约为350℃。烧结温度为200~250℃，远低于Ag的扩散激活温度。对于超过几百nm的大粒子，甚至对于Ag薄膜，由纳米粒子的表面能驱动的激活是不存在的。因此，必须存在一定的扩散机制或激活机制才能实现键合。

在SMB过程中，Ag膜表面出现大量的Ag丘，如图2.10所示[20]。Ag丘的颈部区域显示了烧结过程中Ag颗粒聚集的特征性外观，如图中指示线所示。

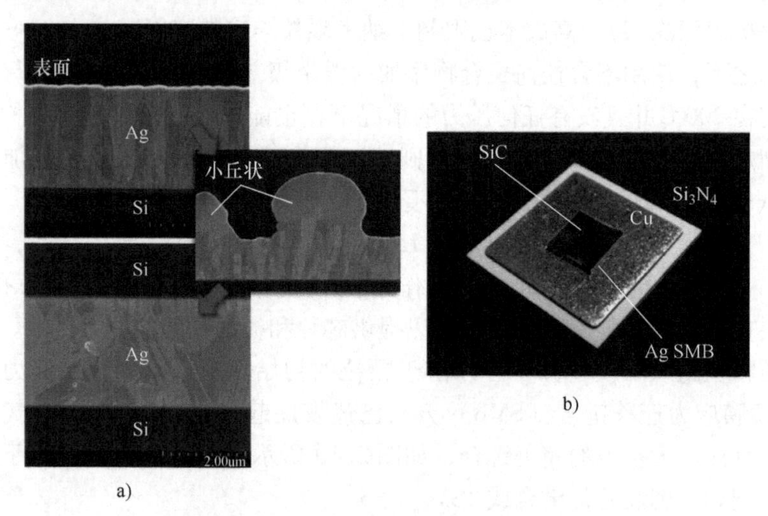

图2.10 没有任何大空隙的完美键合

a）采用SMB方法在250℃的空气中无任何压力下键合的Si-Si接合界面（SEM）
b）SiC芯片焊接在DBC上[20]

图2.11显示了在SMB过程中两个小丘相互接触的TEM照片[21]。有趣的是，有许多的Ag纳米颗粒填补了两个小丘之间的间隙。这些粒子分散在Ag膜上形成的Ag非晶层中。由于热力学不稳定性，金属非晶层不能正常形成。然而，在200℃左右的空气中加入Ag粒子和Ag薄膜时，通过一系列无氧的高分辨率TEM观察，确定了Ag非晶层的形成。氧只在一些区域被局部识别出来。在非晶层内部，还发现了Ag团簇和纳米颗粒。因此，微观结构观察显示，在两个配对的Ag膜表面上形成致密的小丘，随着Ag非晶态的自生促进烧结和键合，然后在Ag微米颗粒之间的接触区域或Ag薄膜上的小丘之间形成纳米颗粒。这些纳米颗粒有效地填补了空隙。在超过200℃时，烧结纳米颗粒可以很容易地进行。

利用第一性原理计算的热力学模拟表明，在这样的低温下，Ag可以沿晶界吸收氧，在高分压下，Ag－O晶界变成液体[21]。因为Ag薄膜通过与Si的热膨胀不匹配而承受压缩应力，Ag－O液体将在被作者称之为“纳米火山喷发”的过程中被强行排出，如图2.11所示。

在烧结Ag亚微米和微米颗粒中，在一系列高分辨率TEM中观察到相同的纳米火山喷发反应。因此，Ag是一种特殊的材料，在氧浓度低至约1%的情况下，可以在非常低的温度下烧结[77]。该机理的最低烧结温度为145℃[21]，在大多数情况下，该温度低到足以用来键合和布线。由于250℃是宽禁带半导体当前的目标运行温度，因此键合和布线应在超过250℃的温度下进行。为了获得良好的键合，芯片和衬底的金属化都应该是Ag，以增强双方的键合[22]。

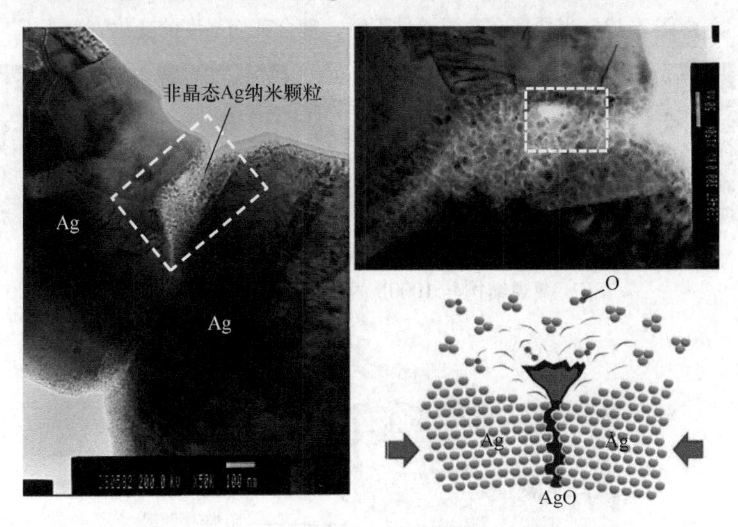

图2.11　两个Ag丘接触的TEM显示，在Ag膜表面的非晶层中形成了Ag纳米颗粒[21]

2.2.3.2　高温稳定性

当芯片焊接组件暴露在250℃的高温下时，微孔烧结层表现出晶粒粗化，但粗化本身并不影响键合强度，即使长达1000h也不影响键合强度。陶瓷亚微米颗粒的加入可以有效地稳定微孔接头结构[23]。具有250℃的耐热性，如图2.12所示。在350℃时，剪切强度下降到其初始值的一半。这种退化是由于Cu衬底的严重氧化，而不是Ag烧结层的粗化，如图2.13所示。界面金属化的稳定性也是制造良好结构的关键。

由于Ag的固有性质（如上所述），氧可以沿着Ag的晶界快速扩散。这有时会导致金属化层（如镀Ni层和Cu衬底）的氧化，从而降低界面键合。需要保护涂层来防止这种界面因氧化而退化的情况。图2.14显示了高温使用的理想Ag烧结接头结构。Ti或Pt层的介入已被证明可以有效防止Ni－P底层的氧化。

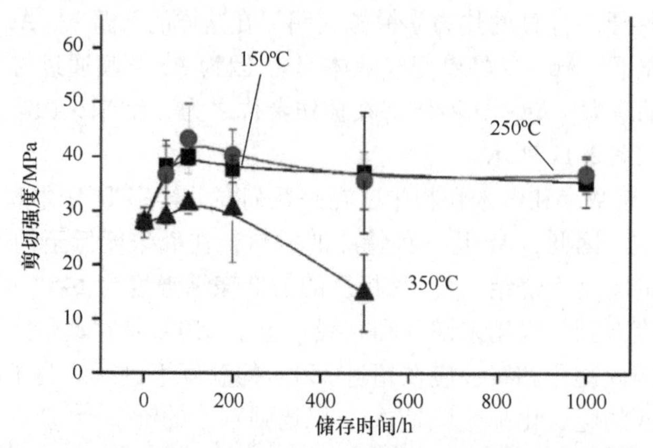

图 2.12　当暴露在高温条件下时，键合剪切强度的变化[23]

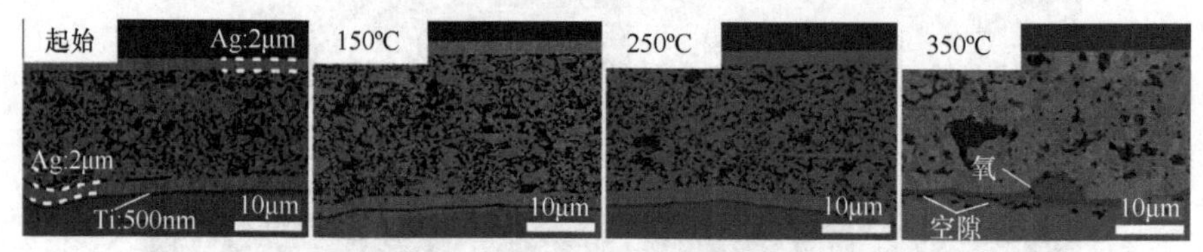

图 2.13　含 2% SiC 亚微米颗粒的 Ag 混合浆料键合 Cu - Cu 接头的 SEM 微观结构与 1000h 内暴露温度的关系[23]

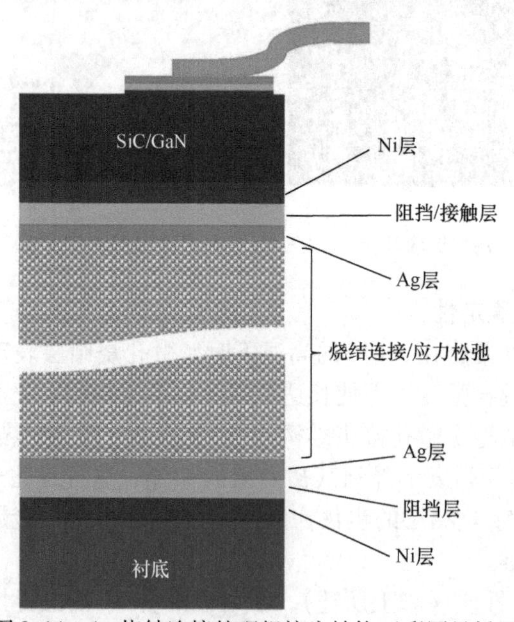

图 2.14　Ag 烧结连接的理想接头结构（彩图见插页）

2.2.3.3　提高各种表面处理的键合能力

由于 Ag 的特殊烧结机理，即使在 200℃左右的氧气存在的情况下，吸附颗

粒和薄膜也可以粘结在 Ag 上，而表面光洁度丝毫不受影响。在200℃时，Au 和 Cu 上的键合强度不足。为了克服这一缺点，通过添加一种特殊的溶剂，促进了金属的表面反应。图 2.15显示了 GaN 在镀金 DBC 上成功芯片焊接的例子[24]。

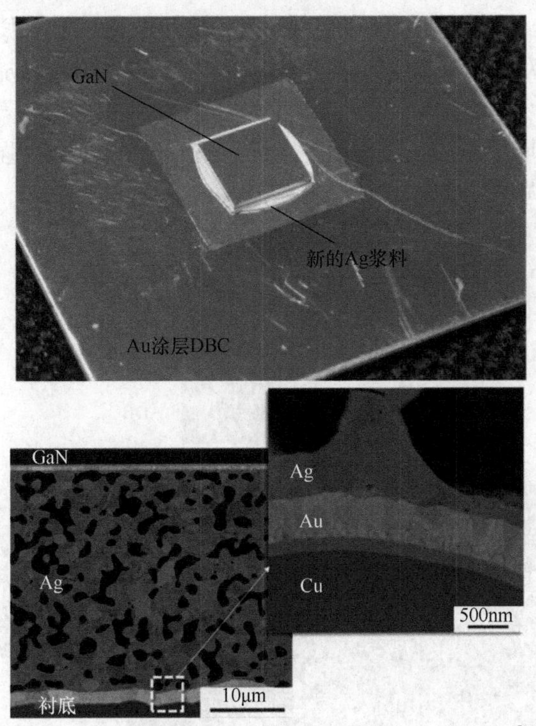

图 2.15 镀 Au 组件用改性 Ag 浆料与 GaN 芯片焊接[24]

Ag 表面的表面活化可以促进键合。在 Ag 键表面引起缺陷可能是由于它吸收氧气作为晶界的能力。图 2.16 显示了这样一个例子[25]。

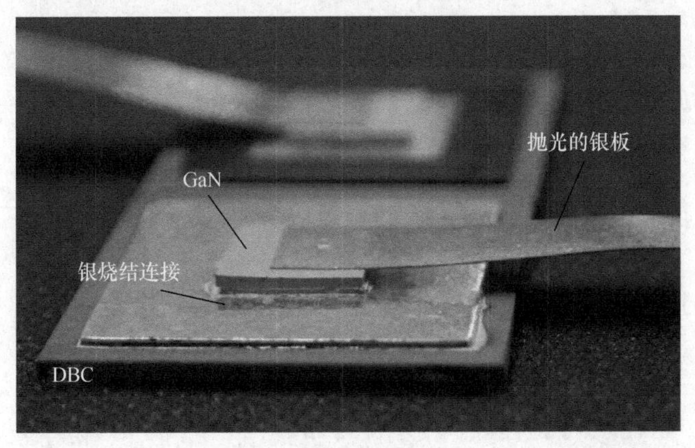

图 2.16 GaN 芯片烧结连接在顶部带有冷加工 Ag 引线框架的 DBC 上

2.2.3.4 Cu 烧结连接

其他金属颗粒也可以用于烧结浆料。Cu 是最有前途的第二选择，因为它的电导率/热导率接近于 Ag。与 Ag 相比，在低温下与 Cu 颗粒浆料烧结连接需要适当的驱动力。首先，在烧结过程中必须避免 Cu 的氧化。需要使用氢气或甲酸等还原环境。图 2.17 所示为 SiC 的芯片焊接结构及其微孔接合截面图[26]。图 2.18 显示了接头的芯片剪切强度与键合温度的关系。在 250℃ N_2 气氛中强度最高，而在 300℃ 甲酸环境中形成的键合比在纯 N_2 中形成的键合更强，这可以归因于 N_2 气氛中氧的影响。

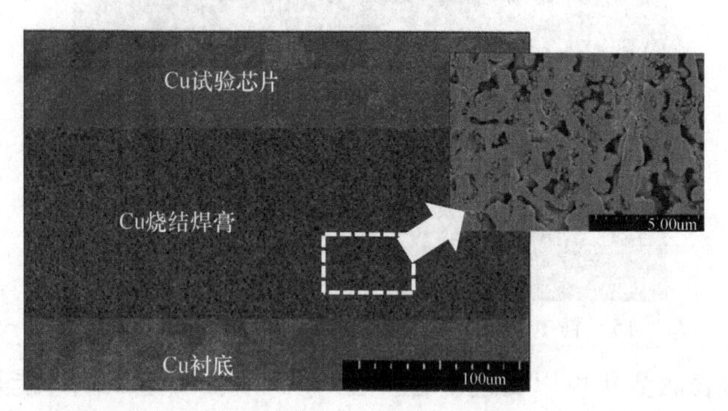

图 2.17 在 N_2 和甲酸环境中，用 Cu 烧结焊膏将 SiC 芯片焊接在 DBC 上[26]

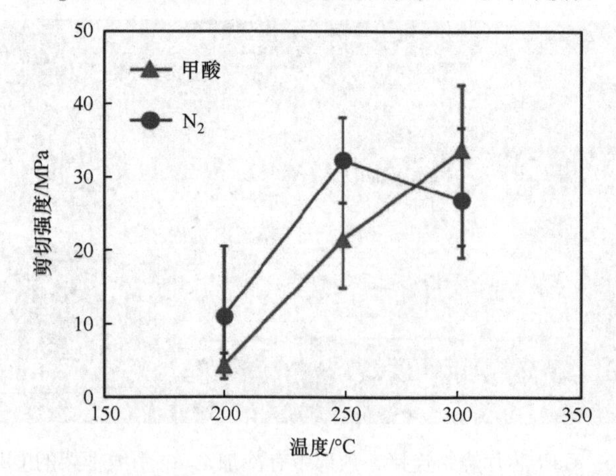

图 2.18 用 Cu 烧结焊膏将 SiC 芯片焊接在 DBC 上的剪切强度随键合温度的变化[26]

2.3 布　线

利用热、压力和超声波能量的金属布线键合技术已广泛应用于电子封装中。连接芯片到衬底或引线框架可以使用金属布线来完成。两种金属布线键合技术已得到广泛应用：球形键合和楔形键合。目前，Al 线键合是 Si 功率器件最常用的方法，如图 2.19 所示。

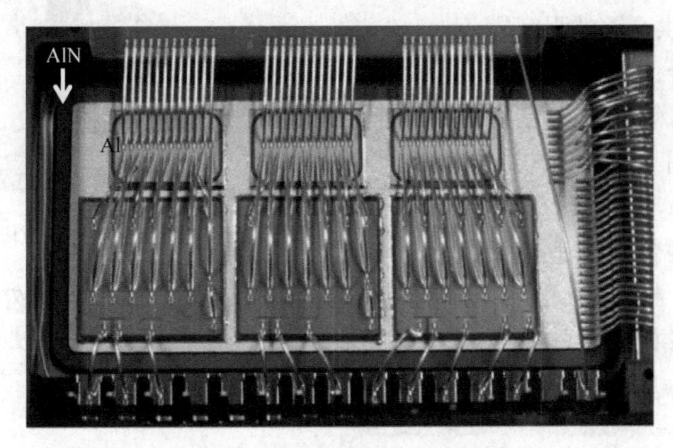

图 2.19　IGBT 模块的 Al 线键合

这些键合方法使用不同的热超声、热压和超声波辅助手段。对提高载流能力、降低寄生电感和提高可靠性的严格要求使键合连接的局限性更加明显。新的方法（如带键合和夹键合）应运而生。最新的趋势之一是三维平面互连，它可以实现更大的电流和更有效的散热。

2.3.1　Al 和 Cu 线 ★★★

楔形键合以其键合工具的形状命名，如图 2.20 所示。在这种技术中，导线通常以与水平键合表面成 30°～60°的角度通过键合楔背面的孔进给。通常，正向键合是首选，其中，第一点键合在芯片上，第二点键合在衬底上。通过将楔形物下降到芯片的键合焊盘上，将导线固定在焊盘表面，并进行超声波或热超声键合。接下来，楔形物上升并移动，以创建所需的线弧形状。在第二个键合的位置，楔形物下降，形成第二个键合。在线弧形成过程中，键合楔形物进给孔的轴线运动必须与第一个键合的中心线对齐，以便导线可以通过楔形物中的孔自由进给。

楔形键合可用于 Al 线、Cu 和 Au 线或 Al/Cu 包层线。楔形键合的优点之一是，与大的球形键合相比，它可以符合非常小的尺寸（小至 50μm 的间距尺寸）。

然而，与机器旋转运动相关的因素使这一过程总体上比热超声球焊键合更慢。超声波 Al 键合由于成本低、工作温度低，是最常见的楔形键合工艺。纯 Al 太软，不能拉成细丝。因此，Al 通常与质量 1% Si 或质量 1% Mg 合金化，以提供足够的强度。

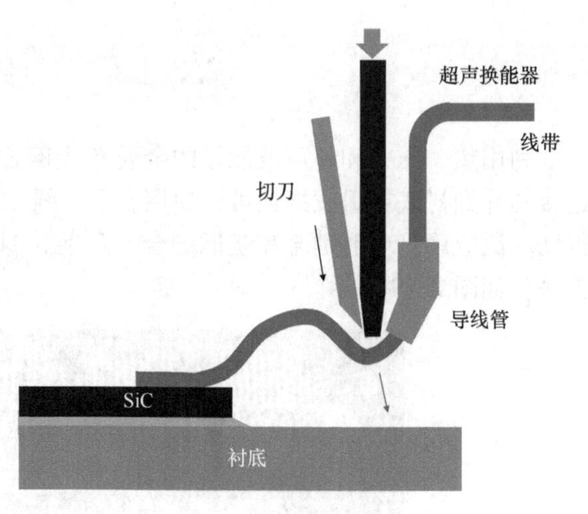

图 2.20　楔形键合的示意图

Cu 线键合因其廉价，以及在塑料封装过程中具有良好的抗倒伏刚度而受到广泛关注。可焊接性为 Cu 布线的一个主要问题。Cu 线键合在制造中很困难，因为与 Al 相比 Cu 很硬，需要更硬的金属化或铜丝涂层。此外，Cu 球键合必须在惰性气氛中进行，因为它很容易氧化。

2.3.2　Al 和 Cu 带键合★★★

如图 2.21 所示，在大功率器件的互连中，带键合技术备受关注。在互连的应用中，单条带键合可以取代一组多线键合。

图 2.21　在 IGBT 模块中的带键合

除了带的载流能力（可以通过改变其宽度或厚度来调整）之外，键合面的接触面积在大功率器件中也可能发挥重要作用。端接在同一焊盘垫上的多根导线

有时会导致不连续的接触区域，其中大电流可以流入半导体器件。这可能会导致不均匀的散热和电场强度（击穿电压）。与通过多线键合相比，大功率半导体器件可以承受通过大的连续带键合区域的更大电流。安装在焊盘垫片上的导线的数量受到连接工具（楔形或毛细管）的几何形状和导线变形的限制。如果可以使用单个金属带代替多根导线，那么只要到下一个焊盘垫的距离或间距足够大，键合工具的几何形状就无关紧要。当使用金属带时，变形的影响实际上可以忽略，因为带比丝宽。在绝对图形中，这取决于带的尺寸以及宽度和厚度之间的关系。作为与键合区域相关的布线变形的例子，典型线弧的键合区域变形为线直径的 3 倍，楔形键合区域变形为线直径的 1.4 倍，如果带的宽度至少为其厚度的 3 倍，则带键合区域变形为带宽度的 1.1 倍。键合带所需的垂直变形越小，越大比例的材料位移就会发生在交叉凹槽及键合脚的正面和背面。因此，与典型的引线键合相比，带键合具有较高的电气性能和机械强度，由于带键合的横截面和键合面积更大，因此节省了芯片表面上的堆叠空间。

与 Al 相比，Cu 具有较高的电导率和热导率，有利于在功率器件布线中的应用。然而，裸 Cu 线很容易被氧化，所以 Cu 带可能需要特殊照顾，如使用惰性气体或保护涂层来键合。Cu 的硬度和模量都高于 Al，这是键合过程中的缺陷，并可能导致更高的芯片断裂风险。Cu/Al 包层带键合是另一种选择。图 2.22 比较了在 200℃ 环境下 Al 和 Cu/Al 带键合的拉伸强度变化[27]。这清楚地显示了 Cu/Al 包层带键合的优势。

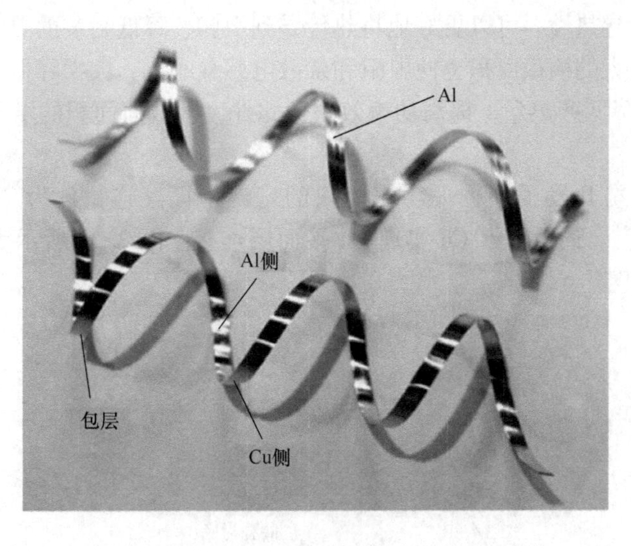

图 2.22　Al 和 Cu/Al 包层带及热力学退化[27]

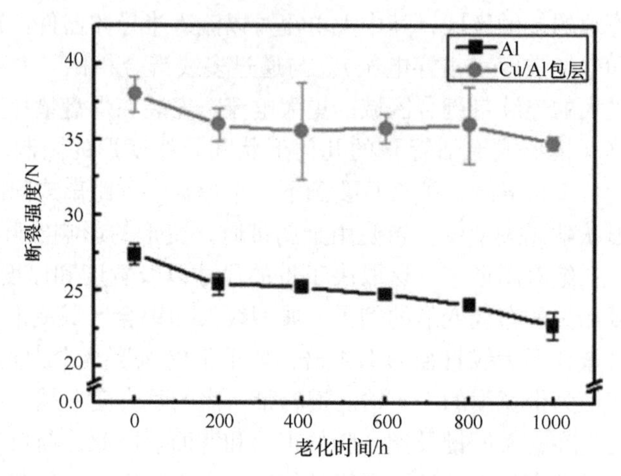

图 2.22　Al 和 Cu/Al 包层带及热力学退化[27]（续）

2.4　平面和三维互连

双面冷却是一种用于大功率器件的新技术，通过布线和衬底来消散半导体结中产生的高水平热量。平面互连，如夹片键合或三维互连方法，有望提供有效的解决方案。图 2.23 显示了夹片键合的示意图，这是一种用平面引线“夹”代替键合导线的方法，具有几个实质性的好处。平面 Cu 夹连接芯片到一个引线框架。Cu 具有优异的导热性，可以更好地将热传导到引脚，降低封装的热阻，提高功率密度。Cu 夹更大的横截面积也使电阻和杂散电感最小化，大大降低了功率器件的损耗。它可以降低产热量，提高功率效率。此外，横截面面积的增大使载流能力加强。

西门子公司开发了一种大功率模块的三维平面互连，称为“SiPLIT”，如图 2.24所示[28]。通过电镀 Cu 实现 Cu 平面层连接。图 2.25 所示为横截面光学图像及其示意图。

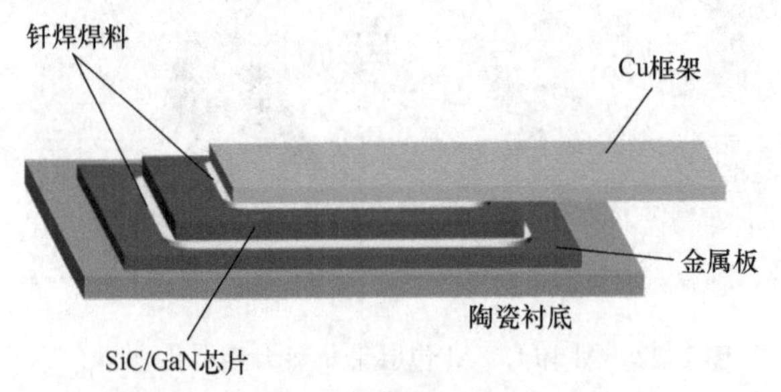

图 2.23　Cu 夹可以提供比线键合更低的热阻和导通电阻

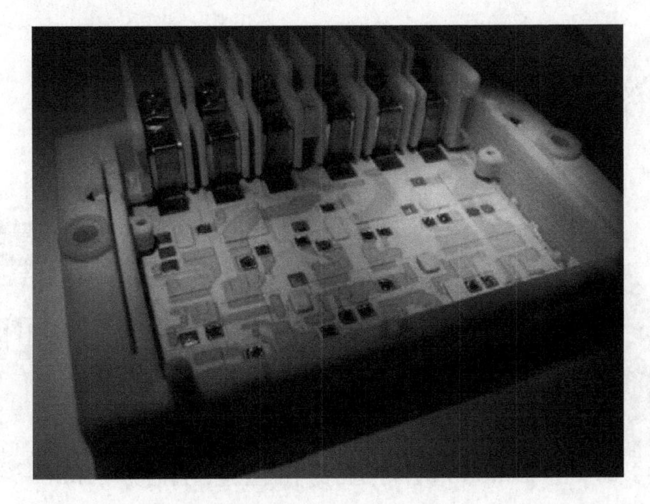

图2.24 来自西门子公司的平面互连模块，称为“SiPLIT”[28]

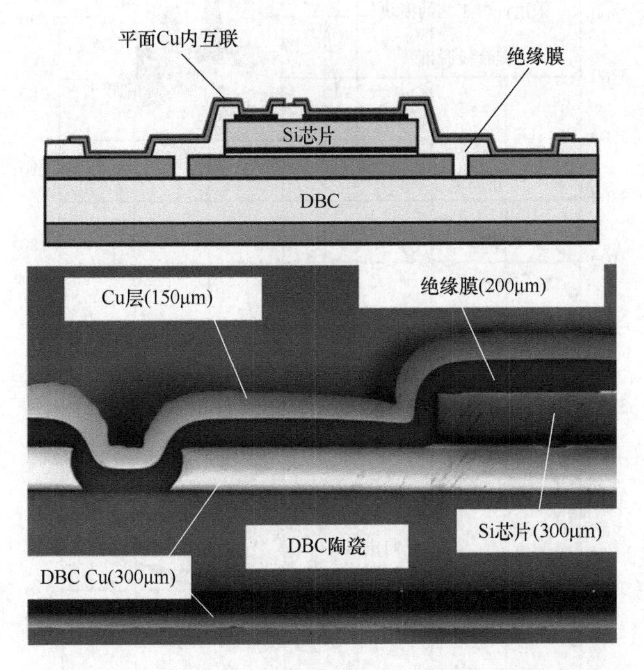

图2.25 “SiPLIT”的横截面光学图像及其示意图[28]

图2.26显示了另一个来自SEMICRON公司的“SKiN”的示例，它是用一个柔性的Cu夹衬底组装的，并用Ag烧结连接[29]。图2.27显示了SKiN模块和使用Sn－Ag焊料的夹片组装的模块的功率循环退化比较。使用Ag烧结连接时，热阻降低了30%。这里清楚地显示了Ag烧结连接平面互连的巨大优势。

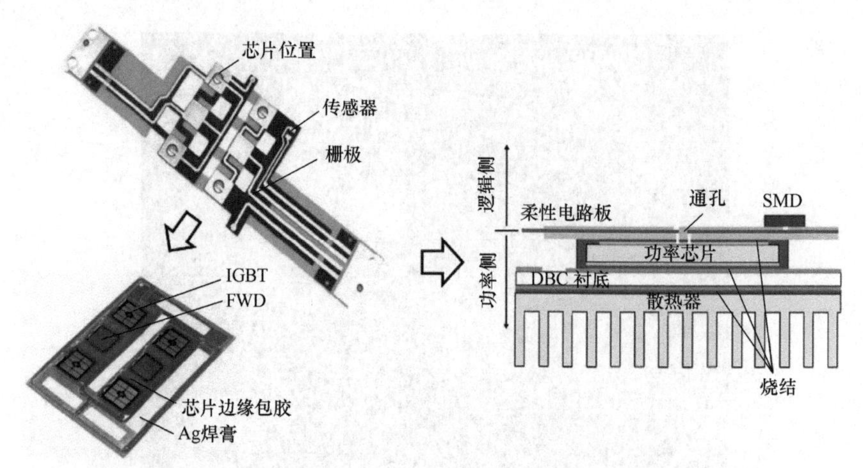

图 2.26　由 SEMICRON 公司提出的平面互连，命名为“SKiN”[29]

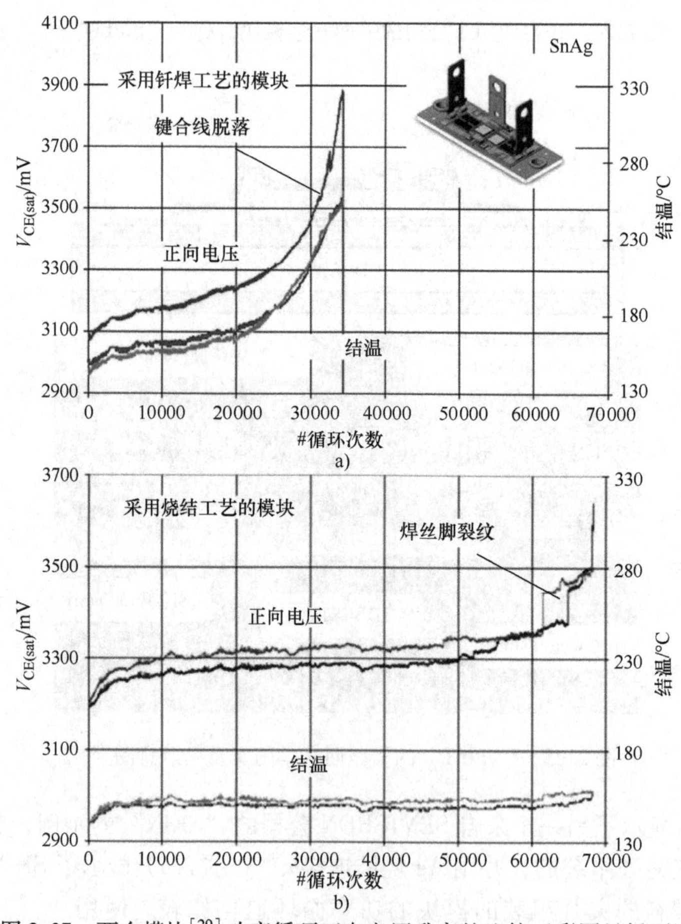

图 2.27　两个模块[29]功率循环正向电压升高的比较（彩图见插页）

a）SKiN　b）Sn－Ag 焊接

参考文献

[1] K. Suganuma, S.-J. Kim, K.-S. Kim, JOM 61 (1) (2009) 64–71.
[2] M. Rettenmary, P. Lambracht, B. Kempf, M. Graff, Adv. Eng. Mater. 7 (2005) 965–969.
[3] P.T. Vianco, Weld. J. 81 (1999) 51–55.
[4] S.-J. Kim, K.-S. Kim, S.-S. Kim, C.-Y. Kang, K. Suganuma, Mater. Trans. 49 (7) (2008) 1531–1536.
[5] J.-E. Lee, K.-S. Kim, K. Suganuma, J. Takenaka, K. Hagio, Mater. Trans. 46 (11) (2005) 2413–2418.
[6] J.-E. Lee, K.-S. Kim, M. Inoue, K. Suganuma, G. Izuta, Mater. Trans. 48 (3) (2007) 584–593.
[7] S. Kim, K.-S. Kim, S.-S. Kim, K. Suganuma, G. Izuta, J. Electron. Mater. 38 (12) (2009) 2668–2675.
[8] K. Suganuma, S. Kim, IEEE Electron Device Lett. 31 (12) (2010) 1467–1469.
[9] S.W. Park, T. Sugahara, K.S. Kim, K. Suganuma, J. Alloys Compd. 542 (25) (2012) 236–240.
[10] Z. Wang, C. Chen, J. Jiu, S. Nagao, H. Koga, H. Zhang, G. Zhang, K. Suganuma, J. Alloys Compd. 716 (2017) 231–239.
[11] D. Paulonis, D. Duvall, W. Owczarski, US Pat 3,678,570A, (1971).
[12] G.O. Cook III, C.D. Sorensen, J. Mater. Sci. 46 (2011) 5305–5323.
[13] B.J. Grumme, Z.J. Shen, H.A. Mustain, A.R. Hefner, IEEE Trans. CPMT 3 (5) (2013) 716–723.
[14] S.W. Yoon, M.D. Glover, H.A. Mantooth, K. Shiozaki, J. Micromech. Microeng. 23 (2013) 015017.
[15] K. Suganuma, T. Okamoto, M. Shimada, M. Koizumi, J. Am. Ceram. Soc. 66 (1983) c117–118.
[16] D. Wakuda, K.-S. Kim, K. Suganuma, IEEE Trans. CPMT 33 (2) (2010) 437–442.
[17] M. Kuramoto, S. Ogawa, M. Niwa, K.-S. Kim, K. Suganuma, IEEE Trans. CPMT 33 (4) (2010) 801–808.
[18] K. Suganuma, S. Sakamoto, N. Kagami, D. Wakuda, K.-S. Kim, M. Nogi, Microelectron. Reliab. 52 (2) (2012) 375–380.
[19] M. Kuramoto, T. Kunimune, S. Ogawa, M. Niwa, K.-S. Kim, K. Suganuma, IEEE Trans. CPMT 2 (4) (2012) 548–552.
[20] C. Oh, S. Nagao, T. Kunimune, K. Suganuma, Appl. Phys. Lett. 104 (2014) 161603.
[21] S.-K. Lin, S. Nagao, E. Yokoi, C. Oh, H. Zhang, Y.-C. Liu, S.-G. Lin, K. Suganuma, Sci. Rep. 6 (2016) 34769.
[22] S. Sakamoto, K. Suganuma, IEEE Trans. CPMT 3 (6) (2013) 923–929.
[23] H. Zhang, S. Nagao, K. Suganuma, J. Electron. Mater. 44 (10) (2015) 3896–3903.
[24] T. Fan, H. Zhang, P. Shang, C. Li, C. Chen, J. Wang, J. Jiu, Z. Liu, H. Zhang, T. Sugahara, T. Ishina, S. Nagao, K. Suganuma, J. Alloys Compd. 731 (15) (2018) 1280–1287.
[25] S.J. Noh, C. Choe, C. Chen, K. Suganuma, Appl. Phys. Express 11 (2018) 016501.
[26] S. Nagao, H. Yoshikawa, H. Fujita, A. Shimoyama, S. Seki, H. Zhang, K. Suganuma, High Temperature Electronics Network (HiTEN 2017), IMAPS, Cambridge, 2017, pp. 10–12.
[27] S. Park, S. Nagao, T. Sugahara, K. Suganuma, J. Mater. Sci.: Mater. Electron. 26 (9) (2015) 7277–7289.
[28] K. Weidner, M. Kaspar, N. Seliger, in: CIPS 2012, Nuremberg, March 6–8, 2012.
[29] U. Scheuermann, in: CIPS 2012, Nuremberg, March 6–8, 2012.

第3章 基板

平雄清，周由，宫崎骏
日本产业技术综合研究所（AIST），名古屋，日本

3.1 简 介

随着电力电子领域的发展，能够实现高效的电力变换和控制的功率器件已成为节能的关键技术。特别是随着混合动力汽车和/或电动汽车的发展，大输出功率模块市场正在迅速扩大[1,2]。图3.1所示为大功率的功率模块的结构。在功率模块中，绝缘基板是一种重要的材料，它作为装有半导体器件的电路和散热器（金属）之间的电绝缘体。随着这些模块的功率密度和输出量的增加，半导体器件产生的热量和密度逐年增加，这使得散热技术变得极其重要。因此，采用具有高导热性的陶瓷基板作为绝缘基板。此外，为了最小化组成材料之间的热阻，将电路金属和传热的金属在高温下直接钎焊到陶瓷基板上，形成一个被称为金属化基板的键合体。金属化基板由热膨胀系数明显不同的金属和陶瓷组成。当基板在高温下键合后冷却时，热膨胀系数的差异导致了较大的热应力。此外，由于温度

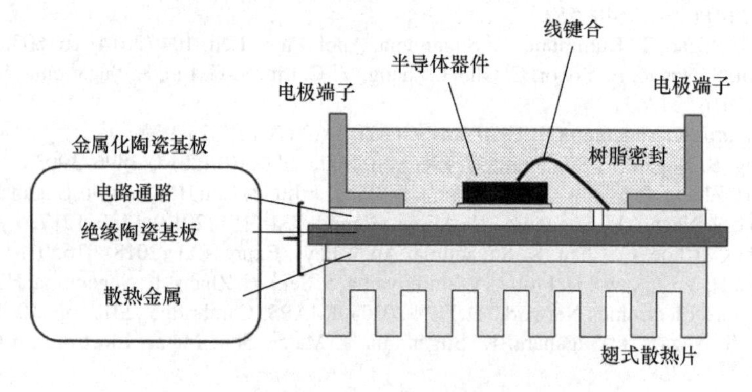

图3.1 功率模块及金属化陶瓷衬底示意图

的变化，基板在使用中反复受到热应力的作用；较低和较高的温度对应于寒冷区域的环境温度和半导体器件的最高结温。因此，金属化基板除了具有绝缘和散热性能之外，还需要具有较高的机械和热可靠性。

本章我们将讨论用于大输出功率模块金属化的高导热性陶瓷，以及该组件在实现大功率模块时的规格和问题。我们还介绍了金属化陶瓷基板在恶劣环境下的变质情况。

3.2 功率模块的陶瓷基板

3.2.1 陶瓷基板的种类 ★★★

用作陶瓷基板的典型材料有氧化铝（Al_2O_3）、氮化铝（AlN）和氮化硅（Si_3N_4）。图3.2总结了热导率和机械性能之间的关系。图3.2中的数据取自某公司目录中公布的数值。Al_2O_3 热导率低、机械性能差但价格最低，因此被广泛应用。一个模块的整体散热主要由绝缘陶瓷基板的导热性决定。因此，已经开发出了具有高热导率的陶瓷。已知纯 AlN 的理想热导率为 $320W \cdot m^{-1} \cdot K^{-1}$。在20世纪80年代初，对提高烧结体的热导率进行了大量的研究和开发。目前，热导率为 $150 \sim 250W \cdot m^{-1} \cdot K^{-1}$ 的 AlN 烧结体在实际应用中作为基板材料。然而，一方面，它们的强度和韧性与 Al 的强度和韧性相似，并且它们表现出较差的机械性能；另一方面，Si_3N_4 具有良好的基板性能，其纯晶（高温形态，$\beta-Si_3N_4$）的热导率 $>200W \cdot m^{-1} \cdot K^{-1}$[3]。参照 Si_3N_4 热导率的提高，已经进行

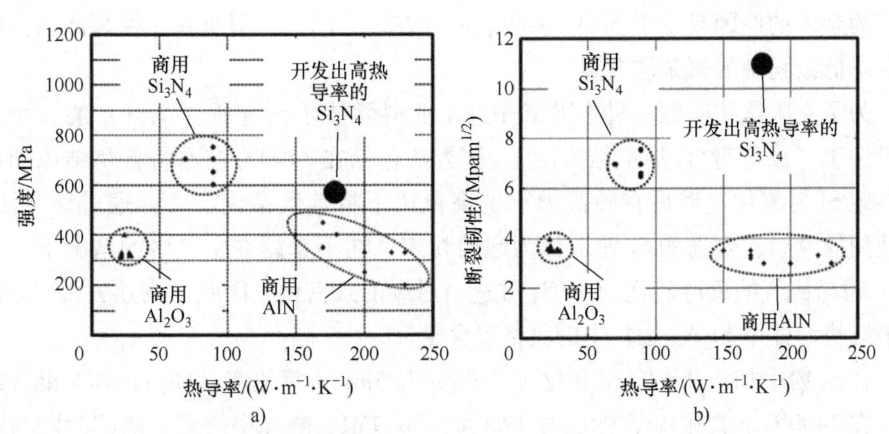

图3.2 商业陶瓷基板的特性和开发的高热导率 Si_3N_4 的比较

a）热导率与强度的关系 b）热导率与韧性的关系

了实现 AlN 的高热导率的研究和开发。这些处理策略包括在高氮气压力下高温烧结[4]、使用氮化基烧结辅助剂[5]，以及开发反应键合/后烧结方法[6,7]。最近，所得到的材料热导率非常高，约为 180W·m^{-1}·K^{-1}，已在实验室中通过反应键合/后烧结方法实现，如下节所述[8]。因此，由于热导率数值与 AlN 相似，Si_3N_4 作为一种具有良好机械性能和散热性能的陶瓷基板材料而受到广泛关注。

3.2.2 高热导率 Si_3N_4 陶瓷的研制 ★★★

在本节中，我们将详细介绍 Si_3N_4 的高热导率的细节。Si_3N_4 晶体具有低温 α 相和高温 β 相。以 α-Si_3N_4 粉末为原料，在液相烧结过程中转变为 β 相，发展为柱状晶粒。纯 β-Si_3N_4 晶体，如前所述，预计将表现出 200W·m^{-1}·K^{-1} 或更高的热导率，然而，目前商用 Si_3N_4 的热导率为 60~90W·m^{-1}·K^{-1}，这远低于理论预测值，这是因为以下原因。

众所周知，由于强共价键，Si_3N_4 本身难以烧结。一般来说，稀土氧化物，如氧化钇（Y_2O_3），被添加到 Si_3N_4 原料粉末中作为烧结剂，在烧结过程中与 Si_3N_4 中的杂质氧反应形成液相 Si_3N_4，提高致密率。在高温烧结产生的高密度陶瓷中，柱状晶粒发育良好。然而，过量的杂质氧（甚至是商业上的高纯度 Si_3N_4 粉末含有质量百分比约为 1% 的氧作为杂质）在烧结过程中溶解在 Si_3N_4 晶体中，成为抑制热传导的声子散射因子，从而抑制热导率[9]。如果可以减少原料中的氧，则可以抑制烧结体中 Si_3N_4 晶体中的溶解氧（所谓晶格氧）。然而，氧作为杂质的原因是由于 Si_3N_4 颗粒表面存在氧。因此，很难在保持高烧结性的同时降低细粉中的氧杂质含量。

为了克服这些问题，日本国家先进工业科学技术研究所（AIST）的一个小组专注于“反应键合/后烧结方法”，该方法包括在 1400℃ 左右将含烧结添加剂的高纯 Si 粉氮化，然后在较高温度的高氮压下将其致密化[6-9]。通过该方法，可使用低氧杂质含量的 Si 粉末作为起始粉末，在不暴露在空气中的情况下，通过 Si 粉与氮气的反应转化为 Si_3N_4 并进行后续的致密化。因此，该方法大大降低了最终烧结体中 Si_3N_4 颗粒中的晶格氧含量。

在 Si 粉中加入 2mol% 氧化钇（Y_2O_3）与 5mol% 氧化镁（MgO）作为助烧结剂，在 1400℃ 下氮化 4h，然后在 1900℃ 下 0.9MPa 氮气中烧结，烧结时间与热导率的关系[8]如图 3.3 所示。图 3.3 中还显示了使用商用高纯度氮化硅（Si_3N_4）粉末的传统烧结方法的结果。在传统方法中，热导率随着烧结时间逐渐增加，在 110W·m^{-1}·K^{-1}左右达到饱和。相比之下，采用反应键合/后烧结方

法制备的 Si_3N_4 的热导率随烧结时间显著增加，经 60h 烧结后达到约 $170W \cdot m^{-1} \cdot K^{-1}$。因为起始 Si 粉末中的氧杂质含量的质量百分比约为 0.5%（如果完全氮化并转化为 Si_3N_4，质量百分比约为 0.3%），这仅为商业高纯 Si_3N_4 值的 1/4。通过反应键合/后烧结工艺，Si_3N_4 陶瓷获得了高热导率，这被认为是由于后烧结体中 Si_3N_4 晶粒的晶格氧含量较低[9]。此外，通过严格控制冷却速率来结晶晶界相，以获得具有高热导率（$182W \cdot m^{-1} \cdot K^{-1}$）、高强度（三球试验中球的弯曲强度为 720MPa）、高韧性（SEPB 法断裂韧性为 $11MPa \cdot m^{1/2}$）的材料[10]。

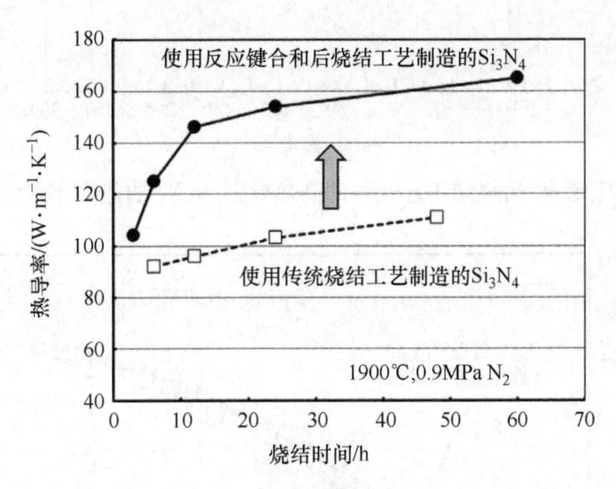

图 3.3　烧结时间对反应键合/后烧结工艺和常规烧结工艺制备的 Si_3N_4 热导率的影响

下一代 SiC 功率模块预计将在 250℃ 的高结温下运行[10]。因此，在设计模块时，必须了解材料在较大温度范围（-50~250℃）下的热学、机械学和电学性能。对于具有高德拜温度的陶瓷，众所周知，热导率和热膨胀系数表现出很大的温度依赖性，特别是在室温附近。因此，在模块的热学设计和机械学设计中，获取有关这些性能的温度依赖性数据是极其重要的。图 3.4 显示高热导率 Si_3N_4 烧结体的热导率的温度依赖性[11]。介电陶瓷中的热传导是由晶格振动（声子）引起的，随着温度的升高，热导率由于声子-声子的散射而降低。值得注意的是，即使在 250℃ 所开发的高热导率 Si_3N_4 也能保持其值为 $100W \cdot m^{-1} \cdot K^{-1}$。图 3.5显示了商业 Si_3N_4 陶瓷和具有高热导率的 Si_3N_4 热膨胀系数的温度依赖性结果。与热导率一样，热膨胀系数在室温附近表现出很高的温度依赖性。热膨胀系数不受烧结体的微观结构和结晶缺陷的影响，因此，两种 Si_3N_4 没有明显差异。

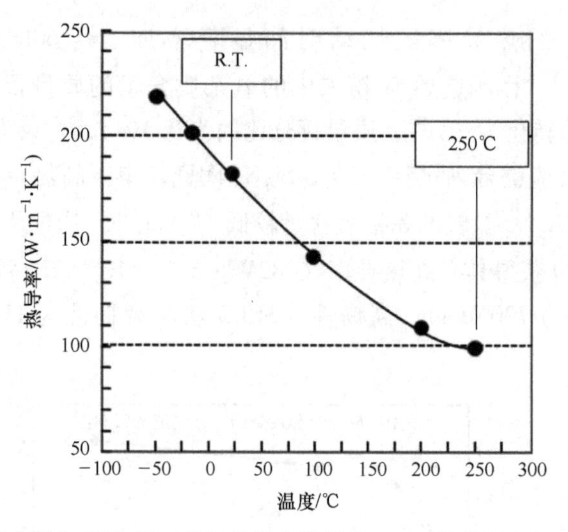

图 3.4　反应键合/后烧结工艺制备的高热导率 Si_3N_4 的热导率与温度的关系

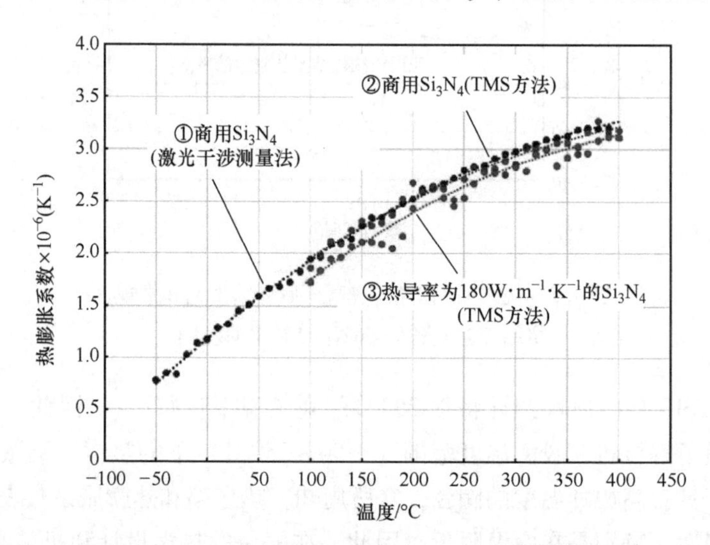

图 3.5　通过激光干涉测量法和/或热机械分析（TMA）测量的商用 Si_3N_4 和高热导率 Si_3N_4 的热膨胀系数的温度依赖性（彩图见插页）

3.3　金属化陶瓷基板

金属化陶瓷基板具有金属板的结构，连接到绝缘陶瓷基板的两侧，如 3.1 节所述，一侧的金属板作为导体电路；另一侧的金属板作为散热器。在半导体器件和散热器之间起电绝缘体的作用，并传导器件产生的热量，在金属层上形成了半导体器件的导体电路，它是模块的重要组成部分。表 3.1 列出了不同类型的商用金属化基板。氧化铝（Al_2O_3）、氧化锆分散氧化铝（Al_2O_3/ZrO_2）、氮化铝（AlN）和氮化硅（Si_3N_4）作为陶瓷基板，而Cu或Al作为金属层。Al比铜便宜，具有较低的弹性模量和优越的变形能力。因此，由于与陶瓷基板热膨胀的差异，它具有较小的热应力；另一方面，与Al相比，Cu的耐热性和导/电热性高，可以作为大功率应用的功率模块。因此，本文讨论了Cu键合金属化基板。在陶瓷基板上键合Cu的常用方法有直接铜键合（Direct Copper Bonding，DCB），即与金属板直接键合；以及活性金属钎焊（AMB），它使用添加了活性金属（如钛的钎焊材料）。前一种方法在键合界面上生成Cu－O体系共晶液相，利用这种微量液相，陶瓷基板和Cu板直接进行键合。后一种方法增加了活性金属，如钛材料、银焊料（Ag－Cu体系），以提高陶瓷的润湿性和反应性。在任何情况下，在键合金属板（Cu或Al）之后，通过抗蚀剂涂层来形成电路图案并随后刻蚀来制造金属化基板。

表3.1 金属化陶瓷基板的种类

陶瓷的性能				金属化	
各类陶瓷	热导率/ $W \cdot m^{-1} \cdot K^{-1}$	强度/ MPa	断裂韧性/ $MPa \cdot m^{1/2}$	金属	键合方法
Al_2O_3	20～30	300～400	3～4	Cu	DBC
Al_2O_3/ZrO_2	24～28	约为700	—	Cu	DBC
AlN	150～250	300～450	2.5～3.5	Al	钎焊（例如，Al－Si）
				Cu	DBC，AMB
Si_3N_4	70～90	600～900	6～7	Al	钎焊
				Cu	DCB，AMB

注：DBC，直接铜键合；AMB，活性金属钎焊。

3.4 金属化陶瓷基板中存在的问题

3.4.1 金属化陶瓷基板中的残余热应力 ★★★

为了实现高强度键合，如前一节所述，在高温下进行金属化。因此，在键合后，它们的热膨胀系数之间的差异导致了较大的残余应力。图3.6显示了一个例子：在780℃下，在Si_3N_4基板两侧钎焊板时，对陶瓷基板侧的残余应力进行有限元分析，随后冷却至室温。虽然陶瓷处于整体压应力下，但在陶瓷与金属键合界面附近的箭头所示的方向上产生了强烈的拉应力（见图3.6右下）。

此外，基板在使用过程中暴露于较大的温度变化中，因此，陶瓷基板与导电回路之间的键合界面经历了重复的压缩和拉伸应力。使用期间假定的最高温度是半导体器件使用期间的温度上限（结温）。假设最低温度为寒冷地区的室外温度。结温会随着半导体器件功率的增大而增加。特别是在使用SiC宽禁带半导体器件时，可高温运行于250℃左右。因此，金属化陶瓷基板所受到的热冲击变得越来越严重。

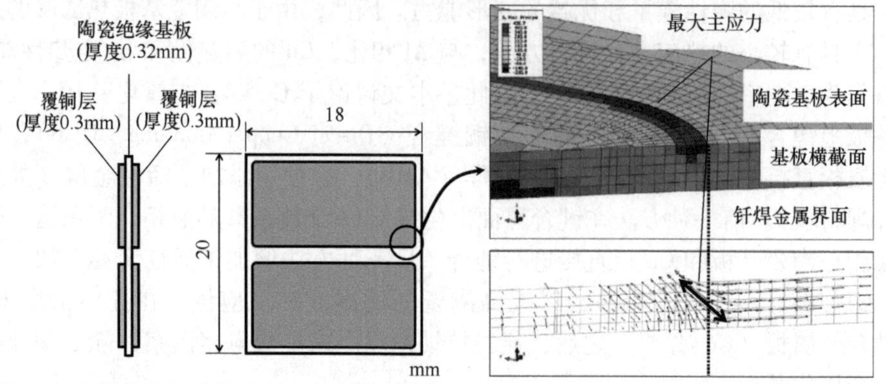

图3.6　金属化基板形状（左）及有限元剩余应力分析：Si_3N_4基板上产生的最大主应力的等值线图（右上）、最大主应力矢量分布（右下）、省略了表面层上的Cu板（彩图见插页）

3.4.2　金属化陶瓷基板的可靠性 ★★★

温度循环试验是评估模块和部件在环境温度快速变化时的耐热冲击性能的一种众所周知的通用方法。在本试验中，样品箱在冷热罐之间交替移动，以施加重复的热冲击，如图3.7所示。表3.2总结了文献报道的各种Cu金属化陶瓷基板的温度循环试验结果。该试验的温度范围一般是在－55～－40℃的低温和大约

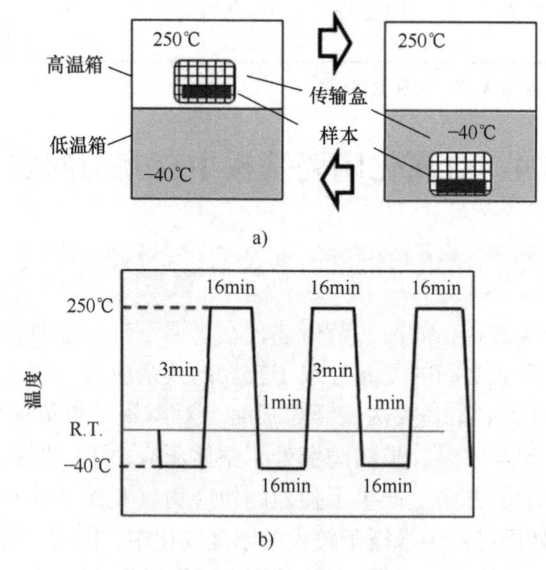

图3.7　温度循环试验

a)温度循环试验示意图　b）加热和冷却模式示例

150℃的高温之间。然而，近年来，以 SiC 半导体器件为例，温度上限设置在 250~300℃，以创造一个恶劣的环境。图 3.8 说明了在温度循环试验中对金属化陶瓷基板各部分的损伤。观察到的损伤分为：①陶瓷基板与 Cu 层的键合界面向陶瓷内部形成裂纹，导致 Cu 层分层；②Cu 层表面粗糙化；③在 Cu 层表面作为氧化保护层的镀镍层形成裂纹。基板的这些损伤是由温度循环中每层的热膨胀差异所产生的热应力引起的。我们将在下面章节中详细讨论这些损害机理。

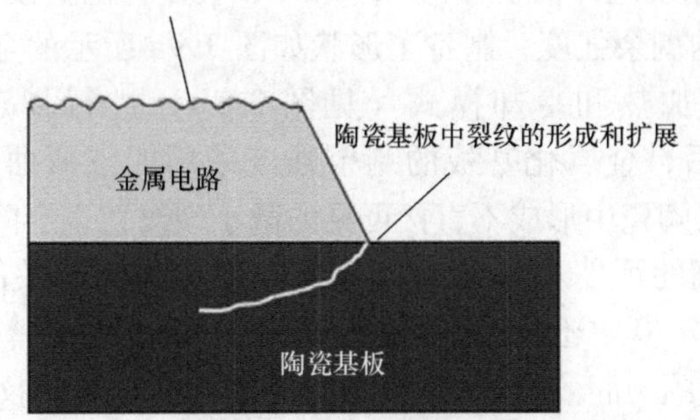

图 3.8 高温循环下对金属化基板的损伤

表 3.2 文献报道的 AlN/Cu 和 Si_3N_4/Cu 金属化基板的温度循环试验结果综述

陶瓷		金属		键合方法	温度范围	温度循环的次数，直到金属层的分层或裂纹在基板出现		参考资料
类型	厚度/μm	类型	厚度/μm			寿命（循环）	受损状态	
AlN	630	Cu	300	DCB①	−55~250℃	20	陶瓷中的裂纹	
		Cu，阶梯状边缘				45		
AlN	800	Cu	300	AMB②	−40~125℃	>100	无衰减（陶瓷剩余强度降低）	
Al_2O_3	320	Cu	300	DCB	−55~150℃	55	失效	
AlN	630	Cu	300	DCB		35	失效	
Si_3N_4	320	Cu	300	DCB		2300	局部分层	
	320	Cu	500	AMB		>6400		
Si_3N_4	340	Cu	170	AMB	−55~250℃	>600	无分层（Cu 表面粗糙化，Ni 层有裂纹）	
Si_3N_4	320	Cu	320	AMB	−40~300℃	>3000	没有明显的分层（表面导体层粗糙化，Ni 层出现裂纹）	
AlN	300	Cu	300	AMB	−40~250℃	7	分层	
Si_3N_4	340	Cu	300	AMB		>1000	无分层	

① DCB，直接铜键合。

② AMB，活性金属钎焊。

3.4.2.1 金属化陶瓷基板中裂纹的产生和金属层的剥离

见表 3.2，对于 AlN 金属化基板，即使在高温为 150℃ 的情况下，随着循环次数的增加，陶瓷基板与导体层之间的键合界面也会出现裂缝，或者导体层会发生分层；另一方面，Si_3N_4 金属化基板在这种条件下不会出现裂纹。此外，即使高温超过 250℃，Si_3N_4 基板上也没有明显的裂纹。因此，该基板可以用作 SiC 功率模块的金属化基板。

为了进一步研究在温度循环试验中对金属化基板的损伤，宫崎等人根据 ISO 17841 标准[17,18]系统地评估了每种 AlN 和 Si_3N_4 金属化基板（导体层为 Cu）在温度循环后基板的剩余强度，制备了形状如图 3.9a 所示的金属化基板。使用热冲击试验装置在加热和冷却模式（见图 3.7b）进行指定次数的温度循环（−40 ~ 250℃）后，金属化基板的剩余强度采用四点弯曲试验进行测量（见图 3.9b），即使在陶瓷中形成不直接可见的微小裂纹，也会降低基板的强度。因此，它允许高精确的评估。图 3.10 显示了与温度循环相关的剩余强度的变化。除了结果之外，图 3.10 中还显示了用高热导率的 Si_3N_4（热导率：$140W \cdot m^{-1} \cdot K^{-1}$，断裂韧性：$10.4MPa \cdot m^{1/2}$），制备的金属化基板的结果，这是由日本产业技术综合研究所开发的。AlN 金属化基板的强度在大约 10 个温度循环中减半，然而，商用 Si_3N_4 金属化基板在 1000 次循环后保持其 70% 的强度。经过 1000 次循环后，在商用 Si_3N_4 金属化基板的外部观察中没有发现裂纹，然而，通过扫描声学层析成像（SAT），可以观察到在 Cu 板的四个角的陶瓷存在分层；另一方面，Si_3N_4 金属化基板在高热导率的情况下，1000 次循环后强度没有下降，在 SAT 观察中，陶瓷部件也没有任何缺陷[17]。结果表明，随着陶瓷基板断裂韧性的增加，金属化基板的耐高温循环性也随之提高。

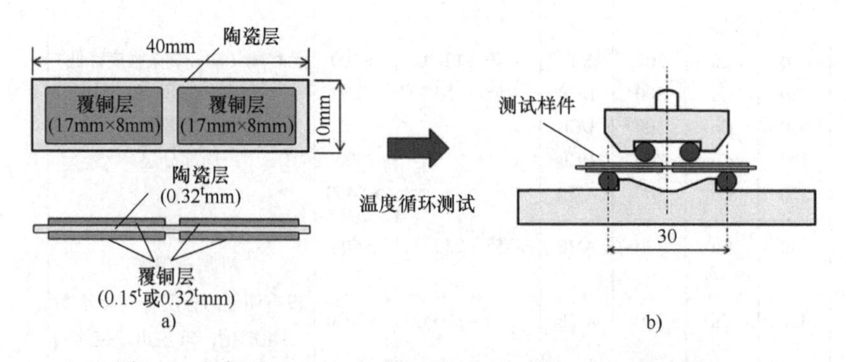

图 3.9 根据 ISO 17841 标准测量金属化陶瓷基板的剩余强度

a）试样的形状 b）四点弯曲强度测量

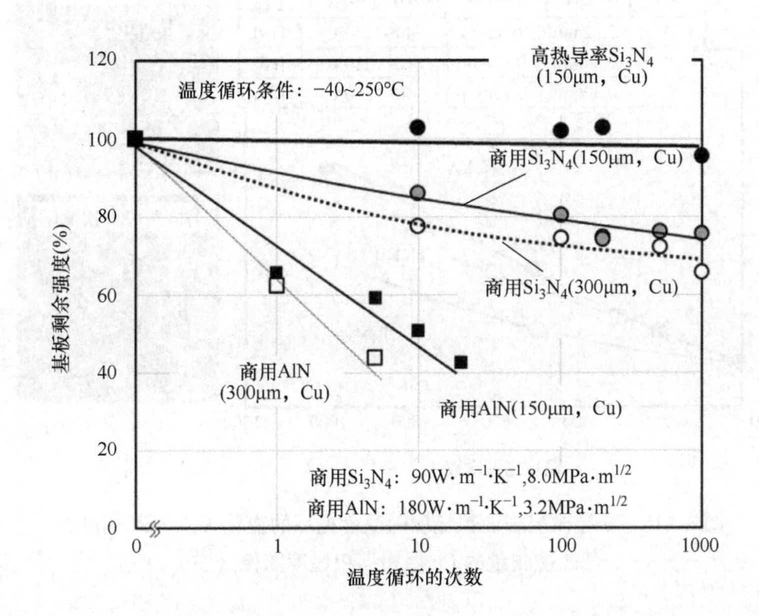

图 3.10　每种金属化基板的温度循环次数与剩余强度之间的关系
［高热导率（140W·m^{-1}·K^{-1}）的 Si_3N_4 金属化基板的数据添加到
H. Miyazaki，S. Iwakiri，K. Hirao，S. Fukuda，N. Izu，Y. Yoshizawa，H. Hyuga 的
《高温循环对陶瓷中裂纹形成和 Si_3N_4 活性金属钎焊基板
中 Cu 层分层的影响》，Ceram. Int. 43（2017）5080－5088］

3.4.2.2　在金属层中的损伤

当温度循环的上限变高（250℃）时，不仅基板内部可能形成裂纹，而且导体层的表面也可能变得粗糙[15,16,19]。图 3.11 显示了 Cu 层表面粗糙度随温度循环为－40～250℃的变化[19]。随着温度循环次数的增加，表面粗糙度也会增加。随着 Cu 层厚度的增加，这一趋势变得更加明显。金属与陶瓷热膨胀的差异引起的热应力导致 Cu 层表面的 Cu 颗粒发生面外位移，导致表面变粗糙[15,19]。如果表面粗糙化继续，导体层与半导体器件之间的键合强度将降低[20]。此外，还经常在 Cu 层表面应用镀 Ni，以防止氧化。当温度循环上限为 200℃或更低时，对镀层无损坏，但－40～250℃的恶劣温度循环会导致镀层开裂，如图 3.12 所示[21]。对陶瓷基板和导体层的损伤过程的分析和测量是对假设高温运行的下一代功率模块封装技术中的一个重要挑战。

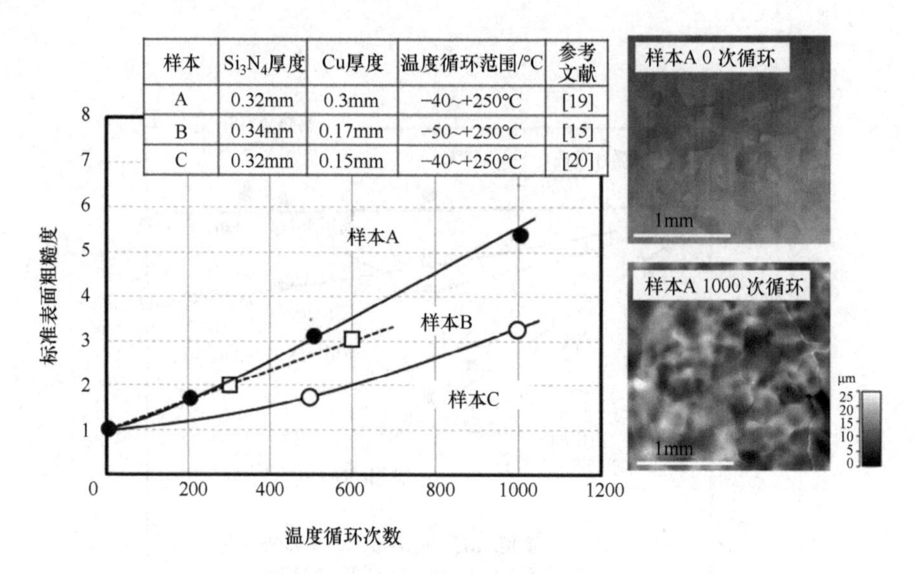

图 3.11　Cu 导体层表面粗糙度随温度循环的变化（左）和用激光显微镜测量的 Cu 层表面粗糙度图像（右）

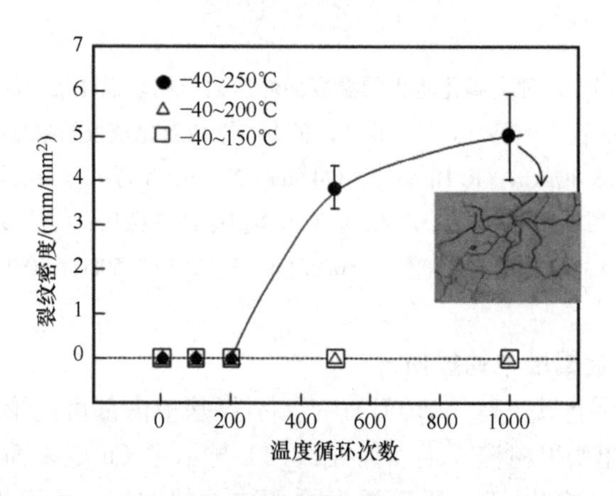

图 3.12　温度循环时镀 Ni 层中的裂纹形成

3.5　结　　论

通过将金属化陶瓷基板、半导体器件、基板金属和散热金属结合在一起组装将会得到一个大输出功率模块，并最终用树脂密封。由于这些材料和零件的热膨胀系数的差异而引起的残余应力，以及使用过程中产生的重复应力，会导致零件的变质和损坏。为了防止这种变质和损坏，并最终确保一个稳定和长期的键合界面，是模块的热性能和机械性能的长期可靠性的重要问题。除了改进单个材料和部件的功能和性能外，当这些部件作为一个模块组合在一起时，反映可靠性评估结果的开发也是很重要的。在未来，需要更广泛的使用 SiC 器件的功率模块，以实现更小和更高效的模块或更高的输出和处理功率电压。对于下一代 SiC 功率模块的实际应用来说，对电路的响应、散热设计和对更密集电流的高速驱动是必不可少的，而具有热学、机械和电学优越性能的陶瓷基板的作用将变得更加重要。

参考文献

[1] H.A. Mantooth, M. Mojarradi, R.W. Johnson, Emerging capabilities in electronics technologies for extreme environments; part I—high temperature electronics, IEEE Power Electron. Soc. Newsletter (2006). 1st Quarter 9–14.

[2] K. Sheng, Q. Guo, Recent advances in wide bandgap power switching devices, ECS Trans. 50 (2012) 179–188.

[3] N. Hirosaki, S. Ogata, C. Kocer, H. Kitagawa, Y. Nakamura, Molecular dynamics calculation of the ideal thermal conductivity of single-crystal α-and β-Si_3N_4, Phys. Rev. B 65 (2002) 134110-1–134110-11.

[4] N. Hirosaki, Y. Okamoto, A. Ando, F. Munakata, Y. Akimune, Thermal conductivity of gas-pressure-sintered silicon nitride, J. Am. Ceram. Soc. 79 (1996) 2878–2882.

[5] H. Hayashi, K. Hirao, M. Toriyama, S. Kanzaki, K. Itatani, $MgSiN_2$ addition as a means of increasing the thermal conductivity of beta-silicon nitride, J. Am. Ceram. Soc. 84 (2001) 3060–3062.

[6] X.W. Zhu, Y. Zhou, K. Hirao, Effect of sintering additive composition on the processing and thermal conductivity of sintered reaction-bonded Si_3N_4, J. Am. Ceram. Soc. 87 (2004) 1398–1400.

[7] Y. Zhou, X.W. Zhu, K. Hirao, Z. Lences, Sintered reaction-bonded silicon nitride with high thermal conductivity and high strength, Int. J. Appl. Ceram. Technol. 5 (2008) 119–126.

[8] Y. Zhou, H. Hyuga, D. Kusano, Y. Yoshizawa, K. Hirao, Tough silicon nitride ceramic with high thermal conductivity, Adv. Mater. 23 (2011) 4563–4567.

[9] K. Hirao, Y. Zhou, H. Hyuga, T. Ohji, D. Kusano, High thermal conductivity silicon nitride ceramics, J. Korean Ceram. Soc. 49 (2012) 380–384.

[10] N. Murayama, K. Hirao, M. Sando, T. Tsuchiya, H. Yamaguchi, High-temperature electro-ceramics and their application to SiC power modules, Ceram. Int. 44 (2018) 3523–3530.

[11] Y. Zhou, H. Hyuga, H. Miyazaki, D. Kusano, K. Hirao, Temperature dependence of high thermal conductivity Si_3N_4 around room temperature, J. Ceram. Soc. Jpn. (Submitted for publication).

[12] P. Ning, R. Lai, D. Huff, F. Wang, K. Ngo, V. Immanuel, K. Karimi, SiC wirebond multichip phase-leg module packaging design and testing for harsh environment, IEEE Trans. Power Electron. 25 (2010) 16–23.

[13] N. Settsu, M. Takahashi, M. Matsushita, N. Okabe, Mechanical strength properties of Cu/AlN composites subjected to cyclic thermal loading, J. Soc. Mater. Sci. Jpn. 61 (2012) 530–536 (in Japanese).

[14] M. Goetz, N. Kuhn, B. Lehmeier, A. Meyer, U. Voeller, in: Comparison of silicon nitride DBC and AMB substrates for different applications in power electronics, PCIM Europe 2013, 14–16 May, 57, 2013.
[15] A. Fukumoto, D. Berry, K.D.T. Ngo, G.Q. Lu, Effects of extreme temperature swings (−55°C to 250°C) on silicon nitride active metal brazing substrates, IEEE Trans. Device Mater. Reliab. 14 (2014) 751–756.
[16] F. Lang, H. Yamaguchi, H. Nakagawa, H. Sato, Cyclic thermal stress-induced degradation of Cu metallization on Si_3N_4 substrate at −40°C to 300°C, J. Electron. Mater. 44 (2015) 482–489.
[17] H. Miyazaki, S. Iwakiri, K. Hirao, S. Fukuda, N. Izu, Y. Yoshizawa, H. Hyuga, Effect of high temperature cycling on both crack formation in ceramics and delamination of copper layers in silicon nitride active metal brazing substrates, Ceram. Int. 43 (2017) 5080–5088.
[18] H. Miyazaki, Y. Zhou, S. Iwakiri, H. Hirotsuru, K. Hirao, S. Fukuda, N. Izu, H. Hyuga, Improved resistance to thermal fatigue of active metal brazing substrates for silicon carbide power module by using tough silicon nitrides with high thermal conductivity, Ceram. Int. (in press).
[19] S. Fukuda, K. Shimada, N. Izu, H. Miyazaki, S. Iwakiri, K. Hirao, Thermal-cycling-induced surface roughening and structural change of a metal layer bonded to silicon nitride by active metal brazing, J. Mater. Sci. Mater. Electron. 28 (2017) 12168–12175.
[20] F. Lang, H. Yamaguchi, H. Nakagawa, H. Sato, Deformation and oxidation of copper metallization on ceramic substrate during thermal cycling from −40°C to 250°C, IEEE Trans. Compon. Packag. Manuf. Technol. 5 (2015) 1069–1074.
[21] S. Fukuda, K. Shimada, N. Izu, H. Miyazaki, S. Iwakiri, K. Hirao, Crack generation in electro-less nickel plating layers on copper-metallized silicon nitride substrates during thermal cycling, J. Mater. Sci. Mater. Electron. 28 (2017) 8278–8285.

第三部分

元　　件

第4章 磁性材料

阿祖玛大一
日立金属有限公司，日本，东京

4.1 简　　介

SiC 和 GaN 等宽禁带半导体的最新发展及其在实际应用中的使用导致了电力电子器件开关频率和功率密度的增加。电感元件（变压器、电抗器、噪声过滤器等）在高频下的性能必须加以改进。此外，还希望增加电感元件的功率密度。这些电感元件的性质主要由软磁材料及其形状决定，例如，薄片或粉末。本章阐述了大规模生产的软磁材料的分类和基本磁性能，并对软磁材料的某些应用进行了比较。最后，讨论了软磁材料的发展趋势。虽然一些钴基合金具有优异的软磁性，但其饱和感应强度相对较低，原材料成本相对较高。因此，本章不包括对这些材料的讨论。

4.2 磁性材料的磁性特性

4.2.1 磁化强度和磁感应强度 ★★★

具有电子自旋和轨道角动量产生的磁矩的材料是磁性材料。单位体积的磁矩称为磁化强度或磁极化，用 $\boldsymbol{J}$ 表示。磁化强度为一个矢量，其单位为 Wb/m^2 或 T（特斯拉）。磁性材料的磁化强度受外加磁场的强度和方向的影响。磁化强度不容易与外加磁场方向一致的永磁体称为硬磁材料，而磁化强度与外加磁场方向一致的磁性材料称为软磁材料。磁通量密度或磁感应强度 B 和磁场 H 有以下关系：

$$B = \boldsymbol{J} + \mu_0 H \tag{4.1}$$

式中，μ_0 被称为真空的渗透率［$\mu_0 = 4\pi \times 10^{-7}$（H/m）］，一般来说，适用于软磁材料的 H 很小，因此，我们可以近似地求出 $B = \boldsymbol{J}$。

4.2.2 磁滞 ★★★

当将交流磁场施加于处于退磁静态的磁性材料（$H=0$，$B=0$）时，B 从原点开始增加，达到饱和磁感应强度 B_s，并遵循一个不可逆的闭环，称为磁滞回线，如图 4.1 所示。从原点到 B_s 的曲线被称为初始磁化曲线。在磁滞回线中 B 降为零时 H 的绝对值称为矫顽力 H_c，而 B 在 $H=0$ 处的绝对值称为剩余磁感应强度 B_r，磁导率是表示磁性材料磁化程度的磁性特性之一，B 和 H 之间的关系由式（4.2）定义：

$$B=\mu H=\mu_0\mu_r H \tag{4.2}$$

式中，μ_r 是用 μ_0 归一化的相对渗透率。渗透率一般为 μ_r，如图 4.2 所示。初始

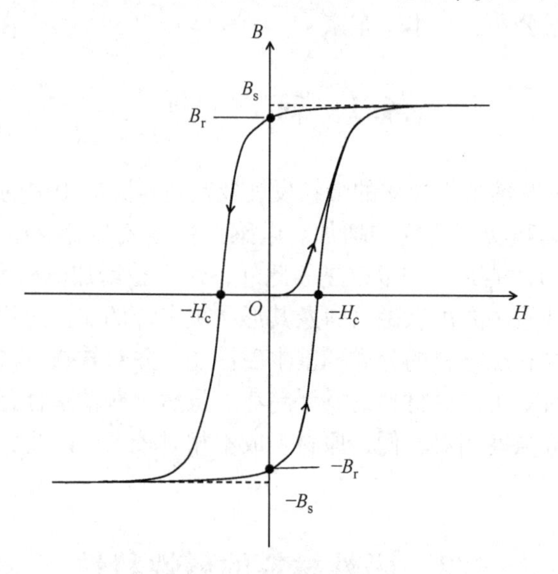

图 4.1 磁滞回线

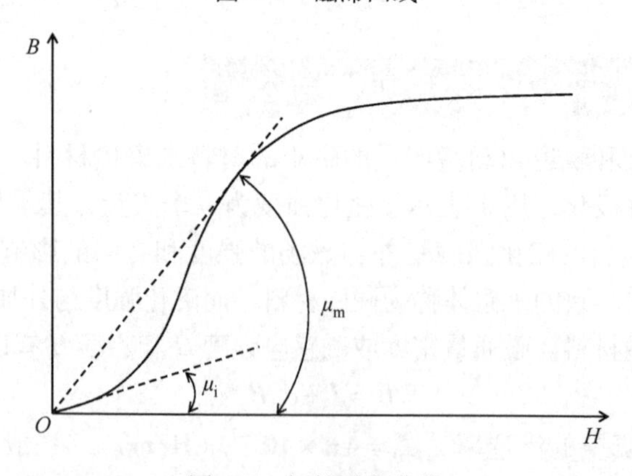

图 4.2 初始磁化曲线

磁化曲线在极小 H 处的斜率称为初始磁导率 μ_i，从原点到初始磁化曲线的切线的最大斜率称为最大磁导率 μ_m，众所周知，良好的软磁材料具有较大的 μ_i、μ_m 和较小的 H_c。

4.2.3 磁心损耗 ★★★

磁性材料中的能量损失被称为磁心损耗，用 P 表示，它被不可逆地转化为热量。P 由磁滞损耗 P_{hys} 和涡流损耗 P_{eddy} 组成。此外，P_{eddy} 可分为两部分，经典涡流损耗 P_{cl} 和过剩涡流损耗 P_{exc}（$P = P_{hys} + P_{cl} + P_{exc}$）。$P_{cl}$ 是由麦克斯韦方程计算出的没有磁畴结构的均匀材料的损耗。P_{exc} 是由磁畴壁附近的涡流引起的损耗。每个损耗分量都有不同的频率依赖性（$P_{hys} \propto f$，$P_{cl} \propto f^2$，$P_{exc} \propto f^{1.5}$）。因此，当增加磁化频率时，P_{cl} 见式（4.3），对 P 有较大的影响[1]。

$$P_{cl} = \pi^2 t^2 B_m^2 f^2 / 6\rho \tag{4.3}$$

式中，t 是材料的厚度；B_m 为磁感应强度；f 为磁化频率；ρ 为电阻率。为了降低高频磁化的磁性材料中的 P，必须抑制 P_{cl}。降低 P_{cl} 的方法是生产更薄的薄片或更细的粉末，选择一个高 ρ 值的材料，并在磁性材料的表面应用绝缘层。另外，P_{hys} 也需要考虑。

4.2.4 磁晶各向异性和磁致伸缩 ★★★

磁晶各向异性是材料内能（磁各向异性能）随磁化方向变化的现象。受材料晶体结构对称性影响的磁各向异性能称为磁晶各向异性能 K_1，这是每种材料的内在特性。

磁性材料因 H 而发生物理变形的现象称为磁致伸缩。由于磁致伸缩而引起的变形 $\delta l/l$ 的阶数通常很小，为 $10^{-6} \sim 10^{-5}$。当磁性材料因为交流电磁化时，由于磁性材料的振动，发出基频是磁化频率两倍的听觉噪声。此外，当应力施加于磁致伸缩性较大的磁性材料时，磁性能（μ_i，μ_m，P）被改变。实现优良的软磁材料的一般准则是最小化 K_1 和 λ。

4.3 软磁材料的分类以及磁性特性的比较

电感元件中所用的软磁材料较多，其中包括金属软磁材料和软磁铁氧体，如图 4.3 所示。虽然 H_c 经常被用作磁性柔软度的指标，但它受到制造过程中引入的应变的影响。因此，在本章中，每种材料的 K_1 都被用来比较其磁性柔软度。即使在比较不同形状的相同材料时，也有必要考虑厚度或粉末大小的影响。这是因为通过减小厚度或制造粉末和细粉来抑制 P_{eddy} 可以降低 P。还需要注意到，磁性能（μ_i，μ_m，P）并不是唯一由化学成分决定的。表 4.1 显示了电感元件中主要软磁材料的基本磁性特性。

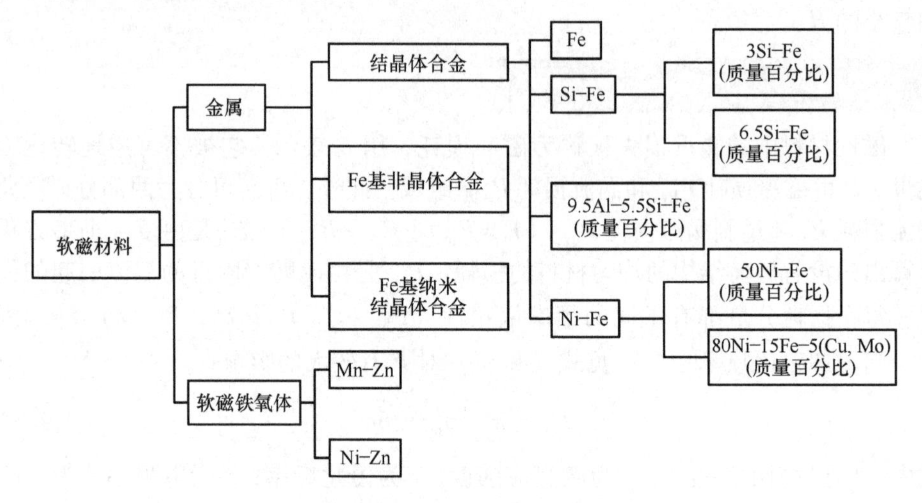

图 4.3　软磁材料的分类

表 4.1　相关软磁材料的基本磁性能[2-7]

材料	饱和磁感应强度 B_s/T	磁晶各向异性能 K_1/(J/m^3)	居里温度 T_c/℃	磁致伸缩 λ_s/ppm	电阻率 ρ/$\mu\Omega\cdot$m
Fe[3,4]	2.15	4.8×10^4	770	-4	0.1
3Si - Fe 质量百分比[2]	2.03	3.6×10^4	740	8	0.45
6.5Si - Fe 质量百分比[4,5]	1.80	2.0×10^4	690	0	0.82
9.5Si - 5.5Al - Fe 质量百分比[3,4]	1.0	<100	500	≤1	0.80
50Ni - Fe 质量百分比[3,4]	1.6	800	480	25	0.34
80Ni - 15Fe - 5（Cu，Mo）质量百分比[2,4]	0.8	3 ~ 10	360 ~ 400	≤1	0.60
Mn - Zn 铁氧体[6]	0.35 ~ 0.55	$-10^3\sim0$	120 ~ 300	-2 ~ 0	$0.05\sim8\times10^6$
Ni - Zn 铁氧体[6]	0.3 ~ 0.45	$-(0.5-7)\times10^3$	110 ~ 400	-30 ~ 0	10^{12}
Fe 基非晶体合金[7]	1.5 ~ 1.64	≤0.1	350 ~ 400	25 ~ 30	1.3
Fe 基纳米结晶体合金[7]	1.2 ~ 1.3	≤10	570	≤1	1.2

4.3.1　金属软磁材料和软磁铁氧体的特点 ★★★

一般来说，金属软磁材料具有较高的居里温度，这导致了 μ_i 和 P 的温度依赖性比软磁铁氧体要小。此外，金属软磁材料具有较高的 B_s 值，可以增大电感元件的功率密度。软磁铁氧体对 μ_i 和 P 的频率依赖性较好，尽管它们的 B_s 值不如金属软磁材料高，这是因为较高的 ρ 有助于抑制 P_{eddy}。软磁铁氧体是稳定的

氧化物，具有良好的耐腐蚀性。此外，磁心是由烧结工艺制成，这使得其能够被制造成复杂的三维形状。

在图4.4中，显示了考虑到磁心中所用磁性材料的体积的情况下的有效饱和磁感应强度与磁化频率之间的关系。当频率增大时，由于P变大，具有片状的金属软磁材料不再适用。因此，使用了金属粉末或软磁铁氧体。在下一节中，我们将讨论表4.1中所示的软磁材料。

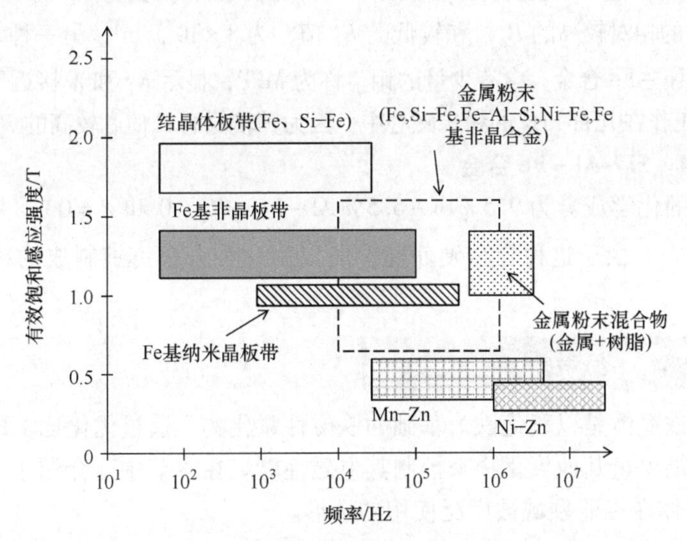

图4.4　从电感器应用的角度比较软磁材料

4.3.2　结晶软磁材料 ★★★

4.3.2.1　Fe

Fe是最常见的磁性材料，价格合理，B_s值较高，为2.15T；居里温度较高，为770℃。而在软磁性材料中，K_1的值相对较大（$K_1=4.8\times10^4 J/m^3$）[4]，导致了较大的磁滞损耗。此外，由于ρ值较低，需要在材料表面涂上绝缘涂层，以抑制在薄片或粉末颗粒之间通过的层间涡流。由于它的高B_s，Fe可以增加电感元件的功率密度。粉末磁心或软磁复合材料，其中Fe粉末用粘结剂压实，用于高频应用，例如，工作频率在几kHz到20kHz的电抗器。此外，细Fe粉复合材料被用于频率超过1MHz的功率电感器。

4.3.2.2　Si－Fe合金

通过在Fe中加入Si，K_1和磁滞伸缩常数λ_{100}、λ_{111}减小。在硅的质量百分比约为6.5时，K_1减小到$2.0\times10^4 J/m^3$，同时λ_{100}、λ_{111}接近于零，从而改善磁性柔软度[2,4]。在50～10kHz的频率下，通过冷轧工艺生产的厚度为0.1～

0.5mm 的板材称为电工钢。浓度超过质量百分比为4%的高硅电工钢变脆，难以通过轧制工艺进行生产。因此，采用化学气相沉积法，将 Si 加入到质量百分比为3%的 Si – Fe 合金[5]中来制备质量百分比为6.5%的 Si – Fe 合金[5]。Si – Fe 合金粉末也被用于粉末磁心。

4.3.2.3 Ni – Fe 合金（坡莫合金）

在 Ni – Fe 合金中，主要有两种成分。一种是质量百分比为50%的 Ni – Fe 合金，具有约1.6T 的相对较高的 B_s，和较低的 K_1 值，为 $8\times10^2 J/m^3$，另一种是质量百分比为80%的 Ni – Fe 合金，含有少量的钼，称为 MPP，显示 K_1 和 λ 接近于零[4]。这些材料用于工作在几百 kHz 的粉末磁心中，因为其较低的 P 值和较高的 B_s 值。

4.3.2.4 Si – Al – Fe 合金

该合金的化学成分为9.5% Si – 6.5% Al – Fe（$K_1=0$ 和 $\lambda=0$），并具有优越的软磁性能[3]。由于这种合金硬而脆，所以由这种合金铸锭制成的粉末被用于发电磁心。

4.3.3 软磁铁氧体 ★★★

尖晶石铁氧体是以氧化铁为基础的铁磁性氧化物，通过优化化学成分和晶粒尺寸，并添加少量其他氧化物来控制其电磁性能。在本节中，介绍了 Mn – Zn 和 Ni – Zn 铁氧体在工业领域被广泛使用的情形。

4.3.3.1 Mn – Zn 铁氧体

Mn – Zn 铁氧体在许多应用中被用于磁心，如高频变压器、扼流线圈和噪声滤波器，因为它们的 B_s 和 μ_i 相对较高。由于主相的电阻率不是很大，因此沉淀了具有高电阻率的相，以提高频率依赖性。值得注意的是，Mn – Zn 铁氧体对 P 值具有一定的温度依赖性，因此，有必要通过考虑工作温度来选择合适的磁心材料。

4.3.3.2 Ni – Zn 铁氧体

Ni – Zn 铁氧体的 K_1 值为负且 K_1 的绝对值比 Mn – Zn 铁氧体更大，导致较大的 P_{hys}。因此，开关电源的变压器由于低功率损耗的要求，难以使用 Ni – Zn 铁氧体。Ni – Zn 铁氧体的特点包括高电阻率抑制 P_{eddy}，因此，它们主要用于大于1MHz 的高频应用。

4.3.4 非晶合金 ★★★

采用冷却速率为 $10^5\sim10^6$K/s 的快速淬火技术，从熔融金属中得到了具有随机原子排列的固态非晶合金。由于快速冷却速率的要求，其形状仅限于薄膜、薄条和粉末。非晶合金的典型化学成分为70 ~ 85(Fe、Co、Ni) – 15 ~ 30(Si、B)，其中加入 Si 和 B 以稳定非晶相，其电阻率为 $1.0\sim1.3\mu\Omega\cdot m$，是 Fe 的两倍。Fe 基非晶

合金的其他特征包括非常小的 K_1，因为缺乏规则的原子结构和相对较高的 B_s（1.5～1.63T），非晶合金用于由条状或粉末材料制成的绕线磁心[7]。

4.3.5 纳米晶合金 ★★★

当非晶合金在接近或高于其结晶温度的温度下通过热处理结晶时，结晶尺寸相对较大，为0.1～1μm，导致软磁性能恶化。吉泽等人报道了在非晶基体中嵌入纳米晶结构的Fe基合金具有优越的软磁性能和1.2T的高 B_s[8]。这种类型的材料是由含有少量Cu和Nb的Fe基非晶（Fe－Si－B）合金生产的，并在非晶相结晶温度以上进行热处理。通过这种工艺制造的材料具有精细且均匀的FeSi（bcc）晶体结构，非典型晶粒尺寸为10～15nm，嵌入在非晶基体中。在这类材料中，K_1 被平均化，这可以用随机各向异性模型来解释[9]。

4.4 应用示例和比较

4.4.1 高频电抗器 ★★★

粉末磁心和软磁铁氧体非常适合功率因数校正电路或高频DC－DC变换器中的电抗器。图4.5显示了由几种软磁材料和Mn－Zn铁氧体制成的功率磁心在100kHz、50mT和23℃时的有效饱和磁感应强度与磁心损耗之间的关系。一般情况下，有效饱和磁感应强度的增加会增加铁心损耗。值得注意的是，基于非晶合金的粉末磁心具有超过1.5T的较高的饱和磁感应强度和磁性柔软度，可以获得与50Ni－Fe合金几乎相同的性能和MPP的磁心损耗[10]。

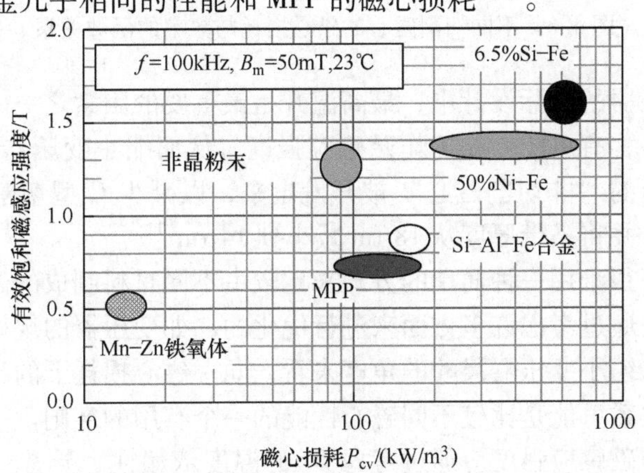

图4.5 在100kHz、50mT和23℃条件下，有效饱和磁感应强度与磁心损耗的关系

4.4.2 高频变压器 ★★★

C 型切割磁心广泛应用于可再生能源发电逆变器、电动汽车快速充电、隔离 DC - DC 变换器等工作频率为 5 ~ 50kHz 的大中型变压器中。图 4.6 显示了基于典型软磁材料的 C 型切割磁心的磁心损耗的频率依赖性，认识到纳米晶切割磁心在 50kHz 以下的磁心损耗最低。此外，对于工作在 10kHz 以下的变压器，听觉噪声是一个问题，因为听觉噪声的基频是工作频率的 2 倍。见表 4.1，质量百分比为 6.5% 的 Si - Fe 合金和纳米晶合金可以降低听觉噪声。

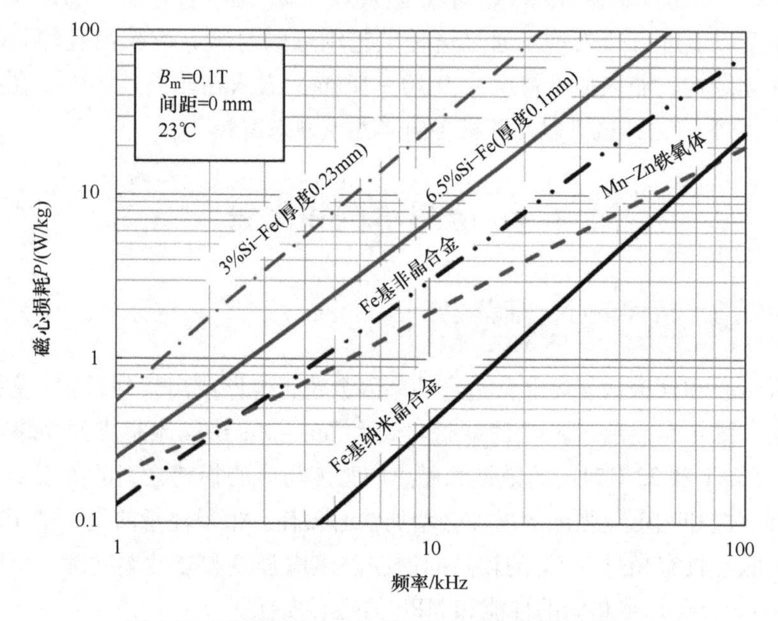

图 4.6　不同切割磁心的磁心损耗与频率的函数关系

在高频变压器的实际设计中，最高温升是最重要的因素之一。通过选择磁心损耗较小的磁心，有可能增加工作磁感应强度，从而缩小变压器尺寸。近年来，基于纳米晶合金的“非切割磁心”被开发出来，以减少 C 型切割磁心气隙处产生的磁心损耗，并将条带厚度从 18μm 减小到 14μm[11]。

然而，似乎很难用一种简单的方式来比较由不同材料制成的磁心，因为每个磁心的设计都是通过考虑许多方面来进行优化的，如变压器的规格、材料性能和成本。然而，从缩小变压器尺寸的角度来看，同一磁心损耗下的最大磁感应强度与频率之间的关系可能是比较不同磁心性能的一个有用的准则。一般来说，每种材料的最大工作磁感应强度应通过考虑 B_s 的温度依赖性、异常工况下的安全因素、*BH* 表现的线性度等来确定。为了进行简单的比较，我们假设在 120℃ 时最大工作磁感应强度是 B_s 的一半。图 4.7 显示了当磁心损耗为 100kW/m^3 时，最

大工作磁感应强度与频率的关系。在低频条件下的最大工作磁感应强度受到上述假设的限制。基于 Si 钢（3% Si－Fe 和 6.5% Si－Fe）的 C 型切割磁心由于其更高的 B_s 值，可以在高达 1kHz 感应下运行。当频率升高时，这些材料的最大工作磁通密度受到限制并减小。在 2～100kHz 的频率范围内，Fe 基纳米晶合金磁心可以在更高的工作磁感应强度下使用。

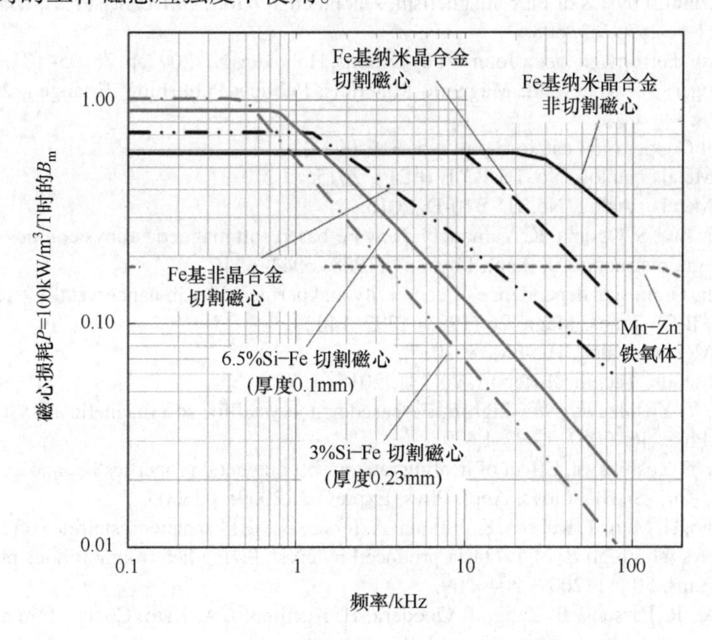

图 4.7　磁心损耗为 100kW/m³ 时的磁通密度与频率的函数关系

4.5　未来趋势

对于大规模生产的软磁材料的说明如上所述。本章讨论了软磁材料的发展趋势。采用新型半导体器件，重点是降低高频时的磁心损耗、抑制大直流电流情况下电感的减小，以及提高磁性能的温度依赖性。必须使用具有高 B_s 值的 Fe 基软磁材料来提高大直流偏置下的电感，并且有必要开发新技术，以减少在高频下使用金属软磁材料时的磁心损耗。在这种情况下，有必要实现更薄的薄片、更细的粉末和具有更高介电击穿电压的绝缘涂层。人们已经做了大量的研究来增加 Fe 基纳米晶合金的 B_s，并且有报道称纳米晶合金的 B_s 超过 1.7T，期待在商用规模上能量产[12－16]。此外，能够在超过 1MHz 的频率下增大功率密度的软磁铁氧体也正在开发中。

参考文献

[1] G. Bertotti, General properties of power losses in soft ferromagnetic materials, IEEE Trans. Magn. 24 (1998) 621–630.
[2] S. Chikazumi, Physics of Ferromagnetism, second ed., Oxford University Press, Oxford, UK, 1997. p. 285, 363, 603.
[3] R. Bozorth, Ferromagnetism, John Wiley & Sons, Hoboken, NJ, 2003. p. 76, 95–101, 108.
[4] R. Hilzinger, W. Rodewald, Magnetic Materials, Publicis Publishing, Erlangen, 2013, pp. 76–78.
[5] JFE Steel Cooperation catalog, Cat. No. F1E-002-02.
[6] Hitachi Metals catalog, No. HJ-B3-E (PDF), 2015.
[7] Hitachi Metals catalog, No. HJ-B10-D, 2016.
[8] Y. Yoshizawa, S. Oguma, K. Yamauchi, New Fe-based soft magnetic alloys composed of ultrafine grain structure, J. Appl. Phys. 64 (1988) 6044–6046.
[9] G. Herzer, Grain size dependence of coercivity and permeability in nanocrystalline ferromagnets, IEEE Trans. Magn. 26 (1990) 1397–1402.
[10] Hitachi Metals catalog, HL-FM35, 2017.
[11] Hitachi Metals, Technical Report, vol. 31, 2015, p. 51.
[12] M. Ohta, Y. Yoshizawa, New high-B_s Fe-based nanocrystalline soft magnetic alloys, Jpn. J. Appl. Phys. 46 (2007) L477–L479.
[13] M. Ohta, Y. Yoshizawa, Effect of heating rate on soft magnetic properties in nanocrystalline $Fe_{80.5}Cu_{1.5}Si_4B_{12}$ alloys, Appl. Phys. Express 2 (2009). 023005.
[14] A. Makino, H. Men, T. Kubota, K. Yubuta, A. Inoue, FeSiBPCu nanocrystalline soft magnetic alloys with high B_s of 1.9 tesla produced by crystallizing hetero-amorphous phase, Mater. Trans. 50 (1) (2009) 204–209.
[15] K. Suzuki, R. Parsons, B. Zang, T. Onodera, H. Kishimoto, A. Kato, Copper-free nanocrystalline soft magnetic materials with high saturation magnetization comparable to that of Si steel, Appl. Phys. Lett. 110 (2017). 012407.
[16] B. Zang, R. Parsons, K. Onodera, H. Kishimoto, A. Kato, A.C.Y. Liu, K. Suzuki, Effect of heating rate during primary crystallization on soft magnetic properties of melt-spun Fe-B alloys, Scripta Mater. 132 (2017) 68–72.

第四部分
性能测试和可靠性评估

第5章 功率半导体器件的冷却技术

羽池古川，山内信
昭和电工株式会社，东京，日本

5.1 简　　介

保护电子器件不受电流产生的热量影响是很重要的。热力学表明“所有的能量都变成了热，热是更稳定的能量，也更难利用”。随着能源效率的提高，就不可能消除电子器件中的能量损失。热量是由电气设备和电子器件产生的，例如，白炽灯、电动机、智能手机、发电厂等。保护这些器件免受热冲击的应对措施应该从开发初期就成为设计计划的一部分。

一般来说，冷却一个固体物体比加热它更困难。当电流在导体中流动时会产生热量。有效的冷却方法很少，因为冷却物体的唯一方法是使用比物体本身温度更低的材料。

正在开发的半导体必须缩小尺寸并增加产量，这需要先进的冷却方法。本节将介绍功率半导体冷却技术的具体示例。

在电气设备和电子器件中，开发人员必须不断处理半导体产生的多余热量。无论热设计好坏，这种热量都会影响产品的可靠性和成本。为了将功率半导体投入实际应用，热设计是最重要的因素之一。

5.2 SiC/GaN功率半导体的特性及冷却问题

SiC/GaN半导体被称为宽禁带半导体，其特点是具有高的熔点、热导率和导电性、电子漂移速度、击穿电场强度等。由于这些特性，芯片可以很薄，从而大大降低了电阻。电气效率提高了，因为这减少了半导体工作时产生的焦耳热引起的电流损失。

当半导体被冷却时，每个电单元产生的热量减少，物体的温度与环境温度之间的差异增大，这有利于冷却。也就是说，温差越大，传递的热量越少。

开发宽禁带半导体的目的是为了以小损耗获得高效率，最小化单位尺寸，并增加输出，即允许在芯片尺寸较小时应用大电流。效率有所提高，而没有相应地增加每个半导体面积单元的热量产生。对宽禁带半导体的期望（例如，更小的损耗、更高的工作温度和高通量质量）提出了关于半导体冷却的新问题。

5.2.1 高温运行的响应 ★★★

宽禁带半导体有望在更高的温度下运行。如果半导体的温度很高，那么它与环境温度之间的差异就会增大，从而表现出散热的优势。温差越大，传热的速率就越快。较大的温差传递较少的热量，产生的热量由于产生的损耗较小而相应地减少，使简化冷却系统成为可能。为了做到这一点，在处理组成材料、可靠性和安全性等问题的同时，有必要减小散热器的尺寸，省略风扇，和/或将液体冷却改为空气冷却。

5.2.1.1 材料的耐热性能

要在高温下使用半导体，所涉及的其他材料和结构（基板、焊接材料、导电层材料和密封胶）必须具有与半导体相同的耐热性能。高温工作增大了材料氧化的可能性。

目前还没有特别适合这些用途的材料（例如，可以替代现有无铅焊料的高熔点焊料材料，或具有高耐热性的焊料），这就对实现高温工作提出了具有挑战性的一些问题。

5.2.1.2 冷热循环的可靠性

如果工作温度较高，则静态温度和工作温度之间的差异将增大。当电流流动时，系统温度很高，而当电流停止时，系统温度很低。必须对这个扩展的温度范围采取保护措施。如果工作温度和静态温度之间的差异扩大，则由膨胀引起的热应力和变形就会增大。

这些不利的影响引起了人们对半导体零部件可靠性降低的担忧。半导体模块由金属、陶瓷和树脂组合而成，这些材料必须满足热循环下的可靠性要求是至关重要的。

新材料有望能够承受这种不同材料组合所引起的应力和变形。

5.2.1.3 人体安全

安全是工业产品必不可少的一部分。根据 UL 规范，表面温度是有限制的，对于人类可以接触的任何点的温度升高，金属限制在 45℃，树脂和塑料则限制在 75℃。假设环境温度为 35℃，则器件单元的表面温度必须 <110℃。如果温度升高，产品破裂、燃烧或分解的风险就会增加。因此，冷却对于确保必要的安全水平非常重要。在某些情况下，有必要对产品的外表面进行绝缘，但绝缘可能会

阻碍冷却性能，因为它会降低导热性。

高温工作作为一种简化冷却系统的方法似乎很有吸引力，但其耐热性问题仍需解决。目前，耐热、可靠性高的材料和结构很少。

增加温度限制或缩短运行时间可能会在质量、成本和交付方面提供优势。但是，传统的冷却设计能为宽禁带半导体提供充分的冷却吗？这种冷却设计必须考虑宽禁带半导体的热密度，即热通量。

5.2.2　对高产热密度的响应 ★★★

宽禁带半导体具有低消耗和耐高温的特性，可以使芯片尺寸缩小。使用宽禁带半导体的主要原因是为了应用超越传统半导体的高水平电力。在使用宽禁带半导体后，热通量会减少吗？

热通量是指每单位面积的传热量。大功率半导体中的热通量高于核电站的燃料棒。对于宽禁带半导体，其电阻比传统芯片的电阻要小，因此预计在运行中产生的焦耳热将会减少。然而，由于电流的增加，较小的芯片尺寸可能会增加热通量。

如果一个宽禁带半导体在正常温度下工作，冷却应该通过有限的温差来完成。预计需要高效冷却来抵消有限温差下的高热通量。关于高热通量将在下一节中进行描述。

表 5.1 显示了几种器件的热通量值。目前尚不清楚宽禁半导体的热通量是多少，但预计带隙半导体的热通量将高于传统的大功率 Si IGBT。

表 5.1　热通量的典型值[1,2]

器件	热通量/($W\cdot cm^{-2}$) $=1\times10^4 W\cdot m^{-2}$
荧光灯	0.03
电灯泡	0.65
热板	2.60
铁熨斗	5.74
钎焊金属	9.48
超级计算机的 MPU	16.84
核燃料棒（BWR）	46.7（平均）
↑（PWR）	59.9（平均）
Si IGBT	约 100
宽禁带半导体	约 300

5.2.3 半导体冷却的三个问题 ★★★

在电子器件和部件中，必须考虑热管理，因为它会影响性能、可靠性、紧凑性和维护的方便性。对于冷却功率半导体，我们必须考虑三个问题。

1）热通量如此之高。尽管芯片面积相对较小，但产生的热量仍然很高。

2）需要具备高尺寸精度和表面质量。

3）必须确保与外部的电气绝缘。

这些增加了冷却装置设计难度的重要问题必须仔细处理。接下来，我们将解释每个需求。

（1）更高的热通量

通过热传导，半导体产生的热量流向器件的散热部分。对于功率半导体，在产生热量的区域有非常高的热通量。

（2）确保安装部分的尺寸精度和表面功能

半导体必须安装在基板上，这对表面质量有很高的要求。要在基板上安装半导体，基板必须具有高尺寸精度和清洁度。在焊接的情况下，需要在焊接区域周围获得一个不产生气体的适当表面，以防止焊接材料的空隙和剥离。

（3）确保电气绝缘

任何电气设备或电子器件都需要进行外部电气绝缘。大多数绝缘材料的热导率较低。例如，树脂材料具有较低的热导率，大约为金属的1/100。陶瓷的热导率相对高于树脂，而AlN的热导率是铜的1/2。

功率半导体安装在基板上，基板上包含导电层、绝缘层、功率半导体、焊接材料等。因此，基板是一个多层结构。由于每一层都有不同的热膨胀系数，如果温度变化，就会产生热变形和热应力，因此有必要采取保护措施。

5.3 常用设计

图5.1显示了功率半导体的一种冷却结构。半导体由基板上的焊料键合。衬底的键合表面（称为导电层）具有传递电流的功能。由于Cu和Al的导电性较好，通常被应用于导电层。绝缘层位于导电层下方，以确保电气绝缘。本节将介绍通过键合技术添加金属层的陶瓷绝缘。由于AlN具有良好的导热性，而SiN具有较高的强度，因此两者都经常应用于绝缘层。有时使用AlN是因为它的成本很低。

绝缘基板被焊接在散热板上。散热板允许热量通过热传导从一个较小的区域（半导体尺寸）扩散到一个更大的区域。一般来说，使用Cu或Al是因为它们的导热性好，而使用复合材料是由于其热膨胀系数低。低膨胀率材料用于缓解金属

和陶瓷之间的热应力。散热器通过热界面材料（热润滑脂）连接到冷却板（散热器）上。水冷散热器如图5.1所示。在功率半导体上产生的热量通过多层结构传递到水中。

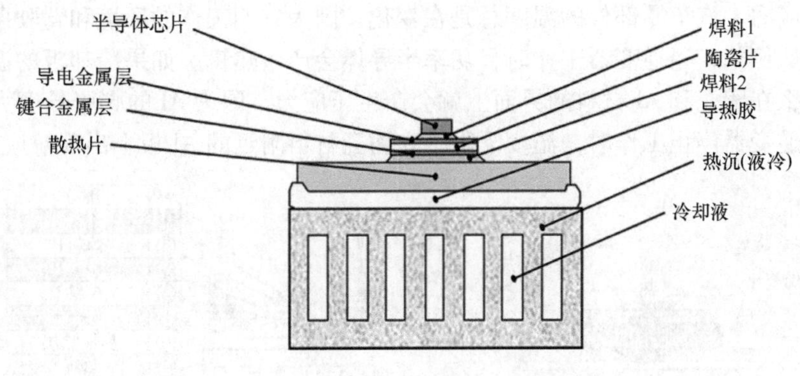

图5.1　典型的功率半导体冷却设计

5.4　功率半导体冷却的预期技术

5.4.1　热传导路径的演进：直接冷却[3] ★★★

最有效的冷却方法之一是直接连接冷却板（简称直接冷却板），完全消除热界面材料。在本节中，我们将介绍直接冷却，它改善了从半导体到冷却液的热路径。

如图5.1所示，在功率半导体上产生的热量被耗散到冷却液中。热量通过热传导从半导体传递到冷却板表面。减小半导体和冷却板之间的温差意味着降低半导体的温度。因此，应采用热导率较高的材料来制作形成导热路径的部件。

问题是在散热器和散热片之间涂了热润滑脂。然而，润滑脂层很薄，并且在润滑脂处产生的温差很大，因为其热导率大约是金属的1/100。具体来说，人们认为芯片与冷却液之间的温差是总温差的30%。如果去除润滑脂，并将基板直接连接到冷却板上，那么就有可能提高30%的热性能。

直接冷却装置和常规冷却装置的结构如图5.2所示。在传统的结构中，Cu/Mo板用于应力松弛和散热。直接冷却装置包括基板（包括AlN）直接钎焊到散热器。此外，散热器制造工艺从压铸转变为钎焊工艺，能够制造精密散热片。对于这些设计，简化了从芯片到冷却液的热路径，并大大提高了传热性能。

在由不同材料制成的直接连接结构中，由于材料的热膨胀系数不同，温度变化会引起热应力。热应力的产生机理如图5.3所示。一方面，采用AlN作为绝缘材料，其热膨胀系数较小，为 4.6×10^{-6} [/K]；另一方面，Al 的热膨胀系数是 23.4×10^{-6}[/K]，这大约是五倍的差异。

由于这些材料的热膨胀系数不同，当温度变化时，陶瓷和 Al 之间的界面就会产生应力。汽车零部件的温度总是在变化，因为它们工作的环境和驾驶条件并非不变。例如，当逆变器工作时，功率半导体会产生热量。如果冷却板的温度升高，那么在陶瓷和 Al 材料的界面上就会产生压应力，因为 Al 的膨胀长度大于陶瓷。当逆变器停止工作时，温度下降，在陶瓷材料附近的 Al 板上出现拉应力。

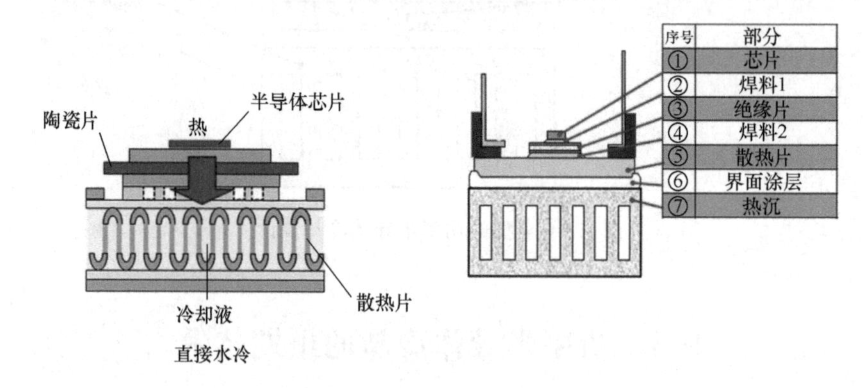

图 5.2　直接连接冷却板和常规冷却结构

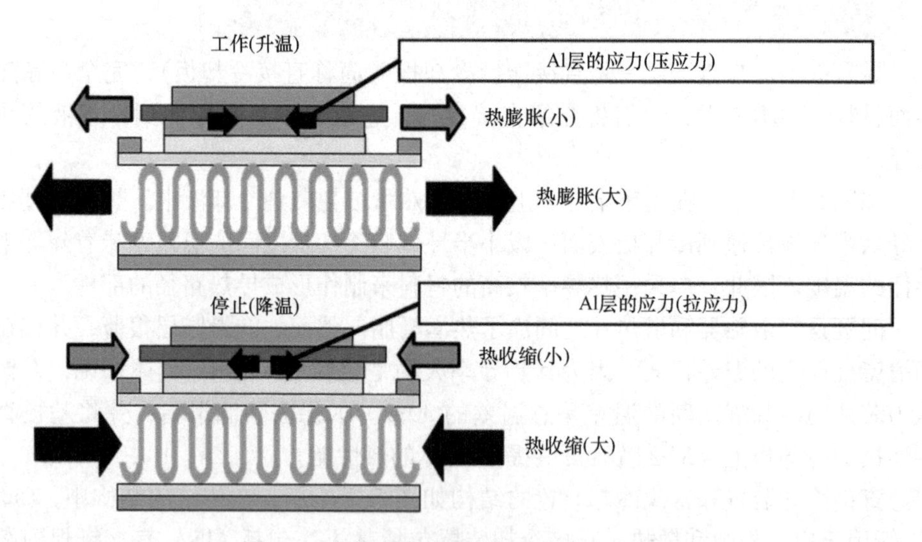

图 5.3　由热膨胀差异引起的热应力的机理

这种重复的压缩和膨胀循环是由温度变化引起的，使得界面有可能发生分离，导致冷却性能下降，并降低半导体的可靠性。

为了防止剥离，应力松弛部分（如冲压金属）被应用于陶瓷层和 Al 层的界

面上。冲压金属形成的孔，通过减少连接（键合）面积来减少循环应力，但它们也抑制热传导。

如果键合面积减小，失真振幅减小，防止了界面剥离。但如果键合面积减小，热阻会增大，从而产生阻力。这种关系如图 5.4 所示。在这种开发的冷却板上，开孔面积比根据半导体的位置和孔的排列进行优化。优化开孔面积比可达到热性能和可靠性目标。

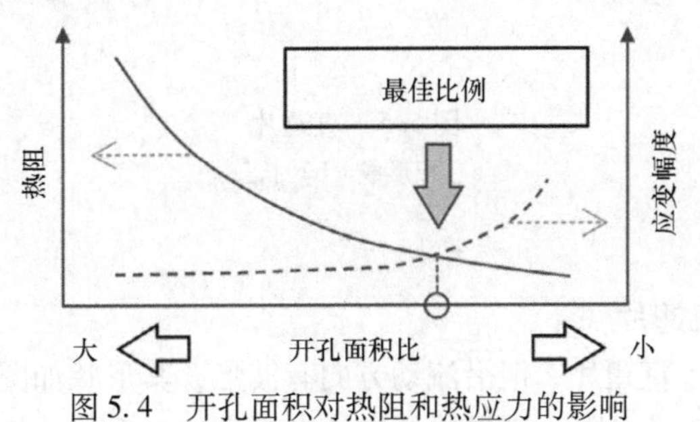

图 5.4　开孔面积对热阻和热应力的影响

5.4.2　高级传热技术：用于液体冷却的高性能散热片 ★★★

在上一节中，我们介绍了一种沿着热传导路径使用的技术演进，即在冷却装置中设置所谓的热量入口。

冷却装置的翅片对应于热量进入流体的出口。液体冷却剂（包括水）是有效的，经常用于冷却功率半导体，因为它们散热良好，并能改善热对流。

提高传热能力有两种基本方法：增大传热表面积，以及增大单位面积的传热量。为了增大传热表面积，一个扩展的传热表面（称为翅片）被广泛使用。翅片在成本和可靠性方面是一种优越的方法，因此通常适用于热交换器。本节介绍高性能翅片，可应用于高热通量的应用，以提高传热性能。

5.4.2.1　直翅片

几何上，直翅片是矩形的，它们沿着流体流动平行排列。直翅片被广泛应用于风冷散热器。直翅片的几何形状如图 5.5 所示。直翅片的压降比其他翅片小，因为直翅片产生的流动不是湍流。一般来说，较小的翅片间距和较高的翅片高度通过增大翅片的表面积导致较小的热阻，但直翅片为每个工作条件提供了优化的参数[4]。

通常，直翅片是通过将板（线圈）起皱并键合在基板上的过程来制造的，但也有其他制造直翅片的工艺。例如，分离的翅片可以逐个固定在基板上。Al 通常用于挤压工艺（见图 5.5）。

直翅片采用简单而有效的几何形状来扩大传热面积。但由于沿流动方向生长的边界层，性能的提高受到限制。为了防止边界层的生长，有几种不同的翅片几

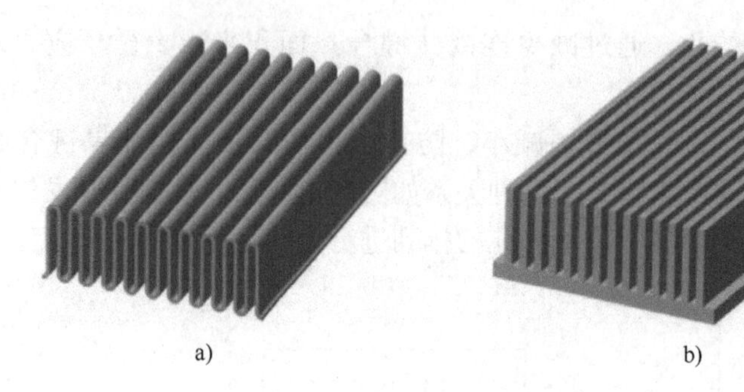

图 5.5 直翅片
a）板形成 b）挤压

何形状。

5.4.2.2 波浪翅片

波浪翅片类似于直翅片，但沿流动方向有波形，其形状如图 5.6 所示。这导致了一种波状的流动，通过阻止边界层的增长来提高传热系数。与直翅片相比，波浪翅片与衬底的接触表面积更大。制造波浪翅片，涉及波形板或铸造件的工艺应用。

5.4.2.3 偏移条柱翅片（间歇性形状）

为了防止边界层的生长，翅片可以沿着流动方向分离，这种形状称为偏移条柱翅片，如图 5.7 所示。翅片边缘的边界层很薄，因为使用了分离的翅片形状，增强了传热。

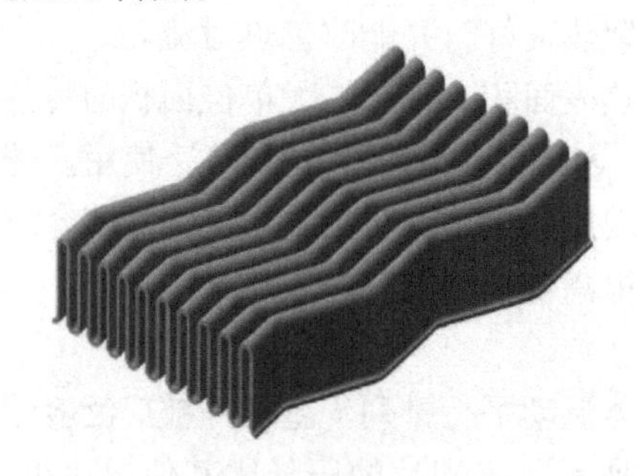

图 5.6 波浪翅片

图 5.7 偏移条柱翅片

5.4.2.4 引脚翅片

作为分离独立的翅片，引脚翅片散热性能优越。图 5.8 展示了引脚翅片的形状。因为流体与这些翅片的前端发生碰撞，边界层的增长很小。它很容易增加从翅片底部到其顶端的热传导，使引脚翅片更有利于液体冷却。但是，请记住，流动阻力将会增大。用于冷却功率半导体的引脚翅片数量的使用正在增加[5,6]。

为了制造引脚翅片，采用了分离柱和孔板、铸造和锻造组合的工艺。推进这些制造工艺是最大限度应用引脚翅片作为冷却装置的关键。

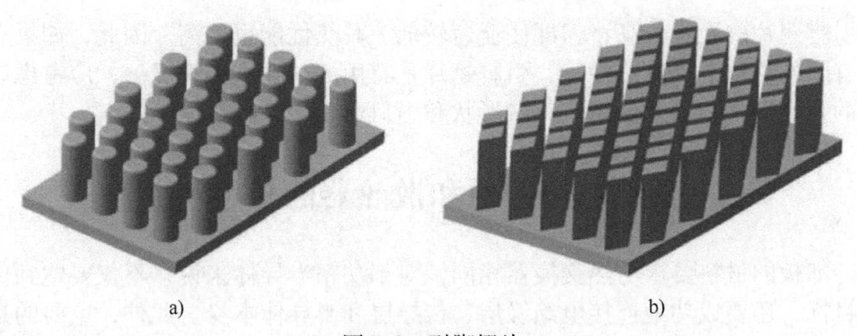

图 5. 8　引脚翅片

a）圆形引脚　b）菱形引脚

5. 4. 2. 5　各翅片几何形状的性能比较

图 5. 9a 和 b 列出了在设定的水冷条件下翅片的性能、热性能和压降的比较。在实际设计中，热性能越高，压降越低，效果就越好。

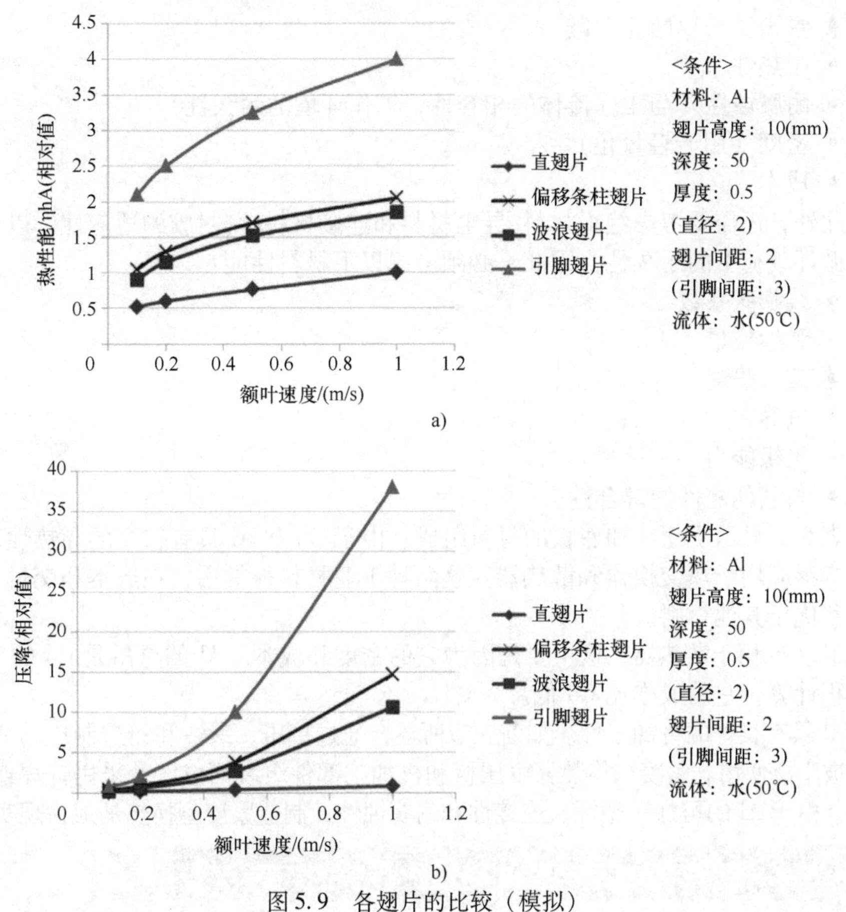

图 5. 9　各翅片的比较（模拟）

a）热性能　b）压降

引脚翅片的压降较高，但即使流速较低，其热性能也较高。因此，如果有必要在有限的温差下提高热性能，引脚翅片是有用的。在这种情况下，应考虑设计翅片的几何形状，以及流道、入口形状和出口形状，以减小压降。

5.5 冷却板和散热器的材料

冷却板的材料要求与热交换器相同。对于功率半导体来说，不仅要达到传热性能目标，还要成功地连接电绝缘层、传导层和半导体本身。此外，重要的是产品的功能设计包括防止高温、热变形和热应力的对策。

一般来说，热交换器（包括散热器）应具备以下功能：

- 导热性
- 可被制作成各种形状（通过切割、塑料加工和连接）
- 强度（用于安装、内部压力）
- 气密性（以防止泄漏）
- 耐热性
- 耐腐蚀性（与工作流体的相容性，工作环境的耐久性）
- 密度（用于轻量化）
- 成本

此外，还需要考虑绝缘材料/导电材料和连接材料/密封胶的适应性，以及它们在循环载荷下的耐久性。因此，必须考虑以下材料性能：

- 线膨胀系数
- 弹性模量
- 疲劳强度
- 电导率
- 绝缘能力
- 与其他部件的键合性

表5.2显示了翅片和底板的材料组成。由于Cu和Al具有较高的导热性，因此被广泛应用于热交换器和散热器。这两种工业材料很常用，在成本和交付方面都显著优于其他材料。

Al主要用于散热器，这主要是因为它的密度和成本。Al的重量是Cu的1/3，按体积计算，它的成本比Cu低。

Al具有良好的可加工性。如前一节所述，通过挤压、锻造和铸造制成的Al散热器被广泛使用。紧凑型换热器由压板和机加工部件组装而成，并采用钎焊连接。据说，由于Al的可加工塑性、连接性和耐腐蚀性，制造紧凑型换热器成为现实。

5.5.1 下一代功率半导体冷却板材料的问题 ★★★

半导体芯片有望缩小尺寸，并在高温下运行。因此，在设计冷却板结构时，

必须考虑两个问题。

- 变形随温度范围的扩大而增加。
- 热通量随着芯片尺寸的减小而增加。

前文描述的直接连接冷却板中，这些问题通过结构方法得到解决。如果也可以提供在材料应用方面的方法，它就构成了基本的解决方案，并可以增加设计的灵活性。

热变形和热应力是由具有不同热膨胀系数（CTE）的材料组合引起的。在接头处，即使看上去没有变形，也会产生热应力。如果发生变形，热应力就会增大。热应力的大小随材料的硬度和结构而变化，因为变形随材料的性质而变化。如果一种材料的相对强度较弱，那么变形就会增加。如果一种材料的弹性模量较大，应力就会增大，即使变形保持不变。

半导体安装过程中的形状波动是导致产品缺陷的原因之一，因此需要减少热变形。在循环载荷波动的情况下，应通过结构设计来控制热变形。

图 5.10 显示了由半导体和冷却板层压结构导致的功率半导体实现中的一个问题。半导体芯片和陶瓷的 CTE 是用作导电层和冷板的金属材料的一半。热应力和变形是通过这些材料组合产生的。

如果基板中所有材料的 CTE 几乎相同，则有可能减少热变形和应力。然而，这是不现实的，所以使用一种 CTE 介于陶瓷和所用金属之间的缓冲材料是有帮助的。例如，在冷却板（金属）和绝缘基板（陶瓷）之间具有相近 CTE 的散热器可以作为缓冲器应用。建议采用 AlSiC（见表 5.2）金属基质化合物作为缓冲层。

同时有望提高冷板（散热器）的导热性。传统上，散热器主要由 Al 制成，但最近，由于 Cu 的导热性高于 Al，因此 Cu 的使用量正在增加。

表 5.2　散热器所使用材料的性能[7]

材料	密度 /(g/cm^3)	熔点 /℃	比热 /(J/kg·K)	CTE /(ppm/K)	热导率 /(W/mK)	比电阻 /(nΩ·m)	弹性模量 /GPa
Al	2.698	660	917	23.5	238	26.7	70.6
Cu	8.93	1083	386	17	397	16.9	129.8
Mg	1.74	649	1038	26	155.5	42	44.7
Mo	10.2	2620	251	5.1	137	57	324.8
W	19.3	3400	138	4.5	174.3	54	411
AlSiC①	3.01	—	741	8	190	207	188
石墨②	1.77	—	—	4.5	120	110	9.8

① CPS 技术公司的“AlSiC9 目录”。

② 东京 Tanso 公司的“产品目录”。

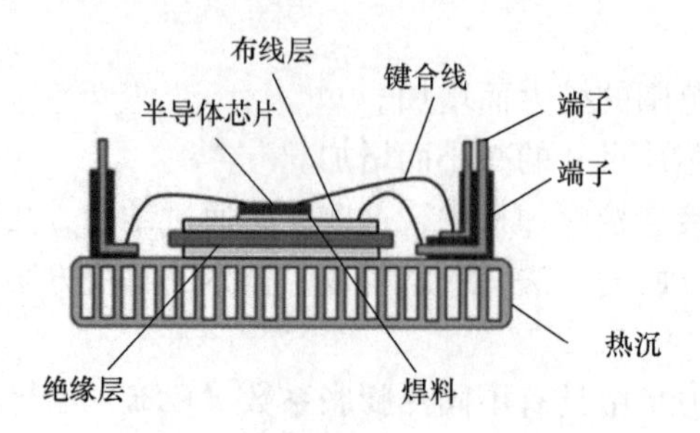

图 5.10　功率模块的侧面结构（彩图见插页）

5.5.2　热变形和应力的结构和材料方法 ★★★

为了提高热应力和热阻性能，必须考虑两个因素（CTE 和热导率）。图 5.11 显示了表 5.2 和表 5.3 中每种材料的 CTE 和热导率图。此外，这些也适用于半导体和绝缘材料。

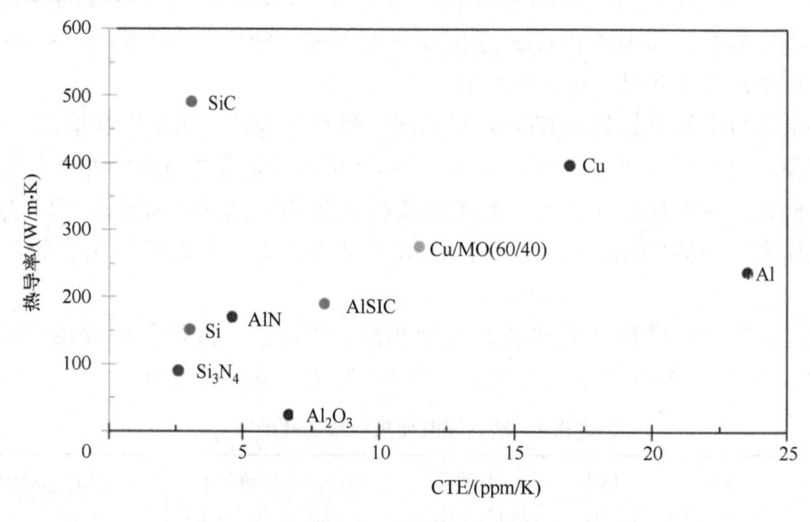

图 5.11　材料的 CTE 和热导率图（彩图见插页）

表 5.3　半导体、陶瓷和缓冲材料的性能

材料	密度/(g/cm³)	比热/(J/kg·K)	CTE/(ppm/K)	热导率/(W/m·K)	比电阻/(nΩ·m)	弹性模量/GPa
Si	2.3	750	3	151	2.3×10^{6}	170
SiC	3.2	690	3.1	490	—	221
$Al_2O_3$①	3.76	750	6.7	24	$>10^{14}$	330
AlN①	3.3	720	4.6	170	$>10^{14}$	320

（续）

材料	密度/(g/cm³)	比热/(J/kg·K)	CTE/(ppm/K)	热导率/(W/m·K)	比电阻/(nΩ·m)	弹性模量/GPa
$Si_3N_4$①	3.22	680	2.6	90	$>10^{14}$	310
AlSiC②	3.01	741	8	190	207	188
Cu/Mo (60/40)③	9.4	330	11.5	275	27	170
石墨④	1.77		4.5	120	110	9.8
钻石③	3.52	510	2.3	2000	10^{23}	1050

① 陶瓷材料的“陶瓷基板技术数据表”。
② CPS 技术公司的“AlSiC9 目录”。
③ 合金材料的“产品目录”。
④ 东京 Tanso 公司的“产品目录”。

一些 CTE 介于金属和陶瓷之间的材料被用作缓冲层以实现可靠性。

如图 5.12 所示的例子，在该结构中，散热器有两个功能：将热量从小区域扩散到大区域，以及缓解不同材料 CTE 结构之间的应力和变形。因此，缓冲材料必须具有良好的导热性和强度，其 CTE 必须能够缓解热应力和变形。表 5.3 包含了具有低 CTE 和高热导率的缓冲材料。将 AlSiC 复合材料和 Cu－Mo 覆层材料应用于汽车和电气化铁路的冷却结构。

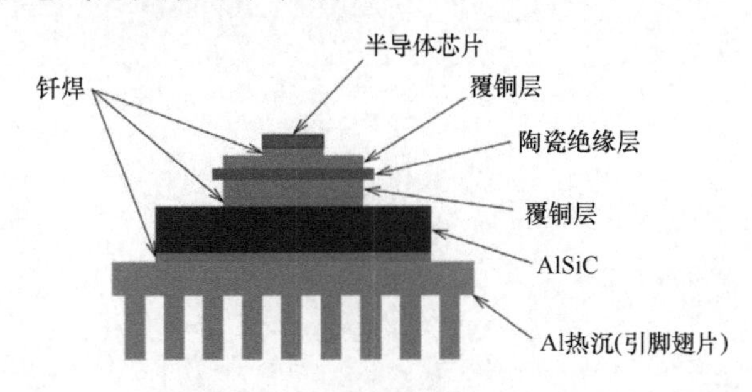

图 5.12　功率模块侧面结构中的材料组合（彩图见插页）

5.5.3　对新材料的期望

材料的开发速度已经加快，以提高热导率并优化下一代半导体器件的 CTE。特别是对于汽车领域的应用，要关注基于 Al 的复合材料，因为需要减轻部件的重量。提出了 Al 和 C 复合材料，以及 Al 和 SiC 复合材料。预计新材料将越来越适用于下一代半导体。

参考文献

[1] N. Kunimine, Perfective Introduction to Thermal Design for Electronics, The Nikkan Kogyo Shimbun Ltd., Japan, 1997, p. 10 (in Japanese).
[2] K. Oshima, et al., Thermal Design Handbook, Asakura Publishing Co., Ltd., Japan, 1992. p. 618, 621 (in Japanese).
[3] S. Mori, et al., J. Jpn. Inst. Light Met. 61 (3) (2011) 119–124 (in Japanese).
[4] D. Copeland, in: Proceedings of the 16th Annual IEEE Semiconductor Thermal Measurement and Management System Symposium, 2000, pp. 266–272.
[5] T. Hitachi, et al., Fuji Electron. J. 84 (5) (2011) 308–312 (in Japanese).
[6] T. Kimura, et al., Hitachi Rev. 95 (11) (2013) 752–757 (in Japanese).
[7] Japan Aluminum Association, Aluminum Handbook, Japan, 2017, p. 36 (in Japanese).

第6章 »

热瞬态测试

加博尔·法尔卡斯，托木藤崎，玛尔塔·伦茨
Mentor Graphics 机械分析部门，布达佩斯，匈牙利
Mentor Graphics 日本分公司机械分析部门，东京，日本

6.1 热瞬态测试的概述和介绍

近几十年来，我们可以观察到电子系统的功率水平在不断提高。在电动和混合动力汽车中，100A 的电流以千瓦的功率开关；在动车中，甚至使用千安。此外，功率密度也增大了。例如，手机通常只产生几瓦的功率，但在完全没有通风的密封情况下，内部部件的温度很快就会从零度以下的外部温度变化到100℃以上。

因此，描述系统的散热能力在设计阶段已经是主要关注的问题。此外，在制造和最终失效分析中也需要进行热测试。

应对日益增大的功率密度的一种方法是使用宽禁带半导体（如，GaN、SiC、GaAs 等）制造的器件。由于它们的材料，这些革命性的器件在速度、温度范围和电压限制方面都优于传统的 Si 器件。

这些器件的热特性是一个真正的挑战，因为这些器件可以在 77K 液氮的低噪声条件下工作，或在高达 300℃的高温下工作。

现有的基于宽禁带材料的器件类别包括 MISFET、HEMT 和 IGBT 类型，以及正常导通和正常关断的器件。这表明对它们的测试需要彻底分析它们的性质。所建立的对硅基器件有效的测试方法可能会导致失效。

对于新材料和广泛的温度范围，应调整已建立的热测试标准，以正确描述非线性和实际温度分布的后果。

下面，我们将演示用于测试传统器件和实验器件的热行为的校准和测试。

失效分析表明，当前系统的部件失效通常是由重复的热瞬变引起的。加热和冷却在系统结构的材料界面引起剪应力，导致分层、撕裂等。由于减少或破坏的表面引起的散热效果变差可能会导致热失控。

这也是引入热瞬态测试技术的原因之一。下面，我们将介绍揭示内部结构细节的方法，这些细节不能通过稳态测试来识别。利用电子器件中固有热量的变化，温度瞬变提供了一种表征技术，其中使用 X 射线或声学显微镜将是麻烦和耗时的。

人们常常忘记，测试总是伴随着固有的建模步骤。测试一个物体的大小并声明其长度、宽度和高度相当于用一个模型替换它，该模型是由这三个参数描述的单个块。当然，在热分析中，需要有一个更深层次的模型。

用于检查系统设计、比较冷却解决方案或检查导热路径的健康状况的主要量是在特定的供电水平下的总温度升高。在工程学中，我们经常将热模型简化为 R_{th}热阻，即总温度变化除以功率变化。

瞬态温度测试技术提供了一个更详细的模型，因为它能识别部分热阻和零部件热容。在其完全开发的形式中，被称为结构函数的描述有助于区分测试环境和被测试对象的变化。通过在一个复杂的冷却系统中查找失效位置等，可以定位失效的部分。此外，在运行系统中，可以以一种无损的方式连续地观察到结构单元的退化。

6.2 热瞬态测试

在电力电子学中，热源通常是半导体芯片，更准确地说，是芯片内的薄耗散层。在许多情况下，这是器件中的正向偏置 pn 结，所以热源传统上被称为“结”。

由于半导体器件的所有参数都与温度有关，因此该结也可以用作传感器。这样，我们就可以记录结构中最热点的温度变化。

虽然某段时间上的任何功率曲线都可以引起温度瞬变，通常是一个功率阶跃，但为了简单起见，两个功率电平之间的突然变化被用作激励（见图 6.1）。

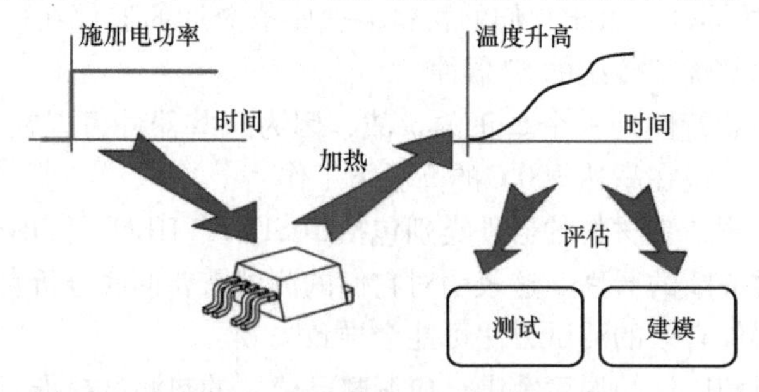

图 6.1　热瞬态测试的总体方案

功率阶跃上的温度瞬态响应是指突然变化发生的时间，其大小受导热路径中结构细节的影响。在这样的情况下，如果我们评估一个温度瞬态曲线，我们会得到很多关于结构细节的信息。

一个相当精确的功率变化可以通过从一个稳定的较大的加热电流 I_{heat} 切换到一个

较小的传感器电流 I_{sense} 水平（见图 6.2）。

传感器电流在器件上保持正向电压，功率几乎为零。该电压可以在校准步骤中映射到结温，该步骤记录不同外部温度下恒温器中的电压[1]。

在参考文献［2］和 6.4 节中给出了许多关于功率和传感原理的细节。

下面，我们用实例（见示例 1）说明瞬态测试的过程。

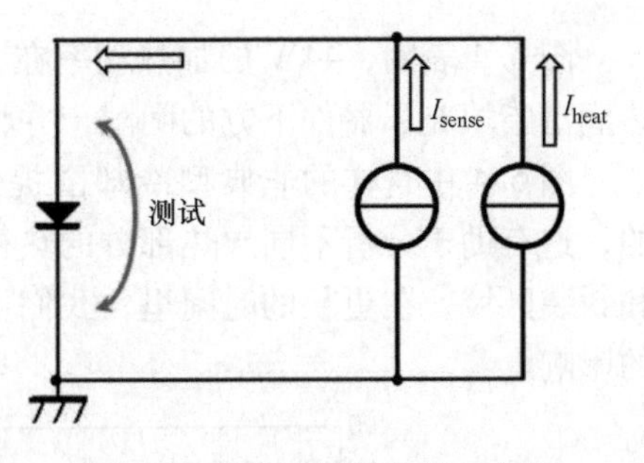

图 6.2　热瞬态测试的供电方案

校准结果表明，在传感器电流（－1.64mV/K）下，正向电压的温度依赖性呈相当的线性关系，尽管这不是一个对有效映射的要求（见图 6.3）。这个映射扩展了图 6.4 中的温度轴。

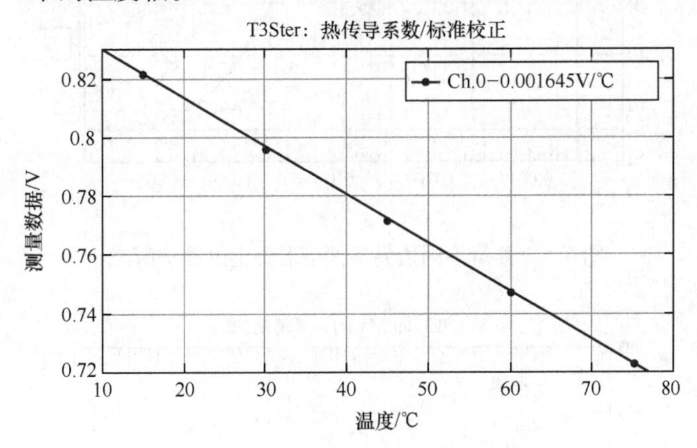

图 6.3　传感器电流下的电压－温度线性关系

示例 1

我们选择了一个安装在冷板上的大功率开关模块进行分析。为了区分导热路径中属于器件的部分和属于冷却支架的部分，我们遵循热瞬态测试标准 JEDEC JESD 51－14[3]，首先，将样品固定在干燥的表面上，然后固定在用标准热润滑脂润湿的板上㊀。

通过试验测量，我们发现通过冷板冷却可以在 1min 内达到稳态。

选择 40A 加热电流和 2A 传感器电流，我们体验了清晰的、无噪声的热瞬态（见图 6.4）。在加热结束时，当器件电压稳定时，电流引起 44W 的功耗。

㊀ 下面讨论的所有校准、测量和评估步骤，以及显示结果的图表，都是在参考文献［4］的硬件配置中生成的。

图 6.4 表明，44W 的加热功率在“干冷板”边界处引起约 54℃的温度升高。热润滑脂填充了器件下方的间隙，并将温度变化降低到 32℃。

图 6.4 中这样的非典型冷却图提供了很多有用的信息。通常时间轴是对数的，这有助于分析不同导热部分的热行为。我们看到了早期的细节，描述了芯片和封装区域，在更长的时间里，我们可以看到冷却支架和更广泛的测量环境造成的影响。

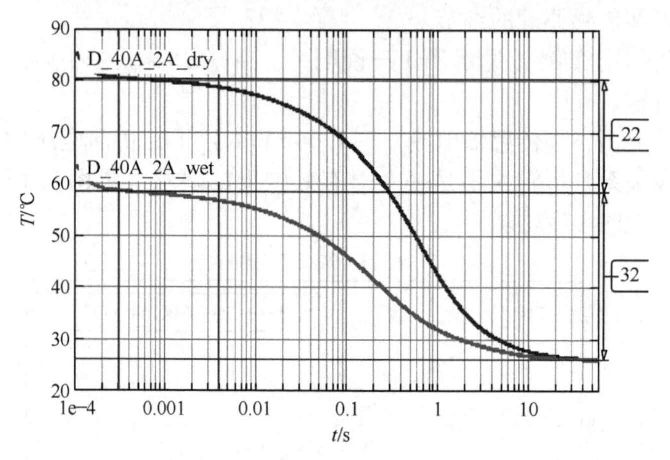

图 6.4 测量不同边界条件下器件上的冷却瞬态

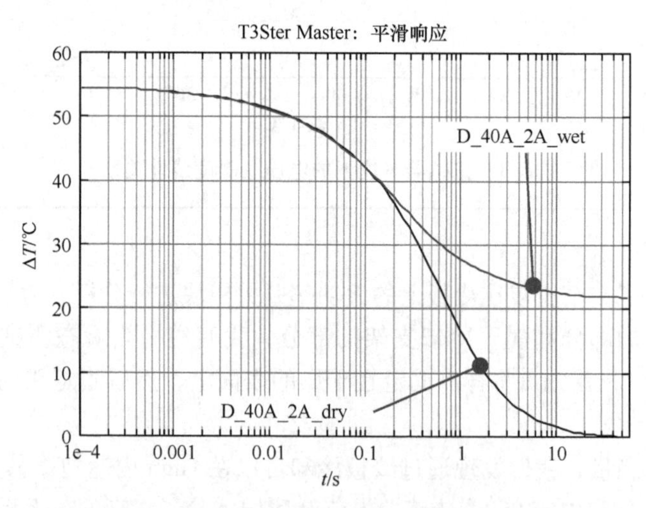

图 6.5 高导板和低导板上的组件，冷却曲线匹配热点

尽管如此，这个图是非常具体的，它描述了在冷却板上的组件行为，仅在 44W 功率步进增长。我们想找到描述性函数来预测不同边界条件、不同功率波形等情况下的组件行为。

将冷却曲线简化为仅限温度变化，并在其最热点进行拟合（见图 6.5），我们发现冷却不受实际边界条件的影响，直到 0.2s，曲线才完全重合。这可以很容易地解释为，直到 0.2s，热量在封装内部传播，但仍然没有到达空气/油脂的热界面。

6.3　线性理论：Z_{th} 曲线和结构函数

在本节中，将解释如何生成结构函数的过程。

可以引入强大的函数描述工具，假设我们的热系统的行为是线性的。这一假设在部件的材料参数对温度的依赖性很低的温度范围内是非常合理的。

6.3.1　Z_{th} 曲线 ★★★

归纳温度测量结果的第一步是通过施加的功率对其进行归一化处理。这种归一化的温度瞬态是 Z_{th} 曲线，也称为热阻抗曲线[㊀]。

在许多情况下，同样在前面的例子中，施加的功率阶跃是负的。

曲线如图 6.6 所示，来自于将测量到的冷却曲线除以 $P = -44\text{W}$。

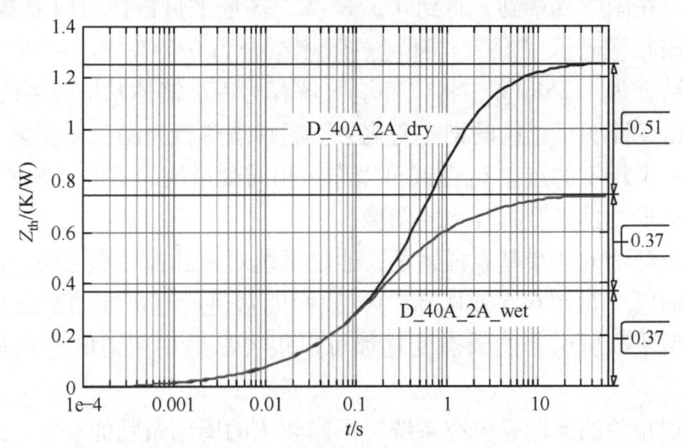

图 6.6　同一器件的 Z_{th} 曲线在不同的壳 - 冷板热界面下测量了两次

从不同功率下的 Z_{th} 曲线推断实际温度变化的误差很小，因为线性度并不完美。在较高的温度下，冷却效果通常更好，湍流对流更有效，辐射增长更快。如果我们在系统上应用一个实际的功率，它大于在 Z_{th} 期间使用的测量功率时，则实际温度的升高将低于计算值。这样，错误发生在安全区域。

从一开始，Z_{th} 曲线就被用于分析器件结构。如图 6.7 所示，Z_{th} 曲线是"凹

㊀ 在电子学中，阻抗是在频域而不是在时域被解释为阶跃响应函数的。

凸不平的”，我们看到结构元件（芯片、基座和散热器）的加热是重叠的。凸起的高度和位置可以用来检查器件的结构健康状况或识别失效。

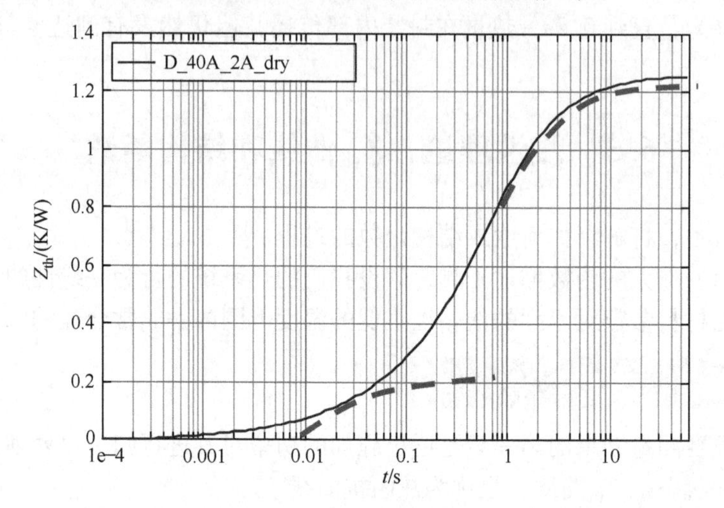

图 6.7　Z_{th}曲线弯曲，冷板上构件形成，表面干燥，显示了两个可能的指数分量

我们可以在图中观察到，直到 0.37K/W，热量来自器件的内部结构，与 Z_{th} 曲线重合。该布置显示“湿”与环境热阻相结合为 0.74K/W，“干”热界面与环境热阻相结合为 1.25K/W，将“环境”解释为冷板液体基恒温系统的末端。

图 6.6 已经证明了结构的剧烈变化会引起瞬态热行为的明显变化，但定量的描述仅限于一个特定的点。Z_{th} 曲线可以作为相同测量值的更多“视图”的起点，从而提供更清晰的器件及其环境的图像。

线性系统理论的一个基本描述是，通过系统对短脉冲（狄拉克 - δ 脉冲）或单位阶跃的响应（见图 6.6 或图 6.7），我们就知道所有可能的瞬态反应。由任何波形的任何激励所引起的瞬态变化都可以很容易地用所谓的卷积积分来计算得出[5,6]。

一个密切相关的问题是研究系统对不同频率的周期激励的响应。结果是，利用傅里叶变换可以将时域瞬态转换为频域响应。

6.3.2　热时间常数 ★★★

图 6.7 中突出显示了一种进一步表示热系统的方法。Z_{th} 曲线具有“凹凸不平”的性质。这是由于在加热时，我们可以观察如何首先加热芯片，然后加热内部封装元件，最后加热封装体、电路板等。

这条“凹凸不平”的曲线总是可以被解释为指数分量的总和。这种指数组合自动实现了一个简单的、一维的、动态的紧凑的模型，即一串并联的热阻 - 电

容对。

最简单的系统可以用表示热传导的单一热阻和表示能量存储的并联热容来表示（见图6.8）。

对这个等效网络进行逐步的功率变化，温度迅速上升，直到 $t = R_{th} \cdot C_{th}$，然后逐渐稳定在 $T = P_H \cdot R_{th}$，其值遵循时间函数 $T(t) = P_H \cdot R_{th} \cdot (1 - e^{-t/\tau})$（见图6.9）。在无源电网中，功率被电流代替，温度被电压代替。如果施加1W功率，我们得到 $Z_{th}(t)$ 曲线。

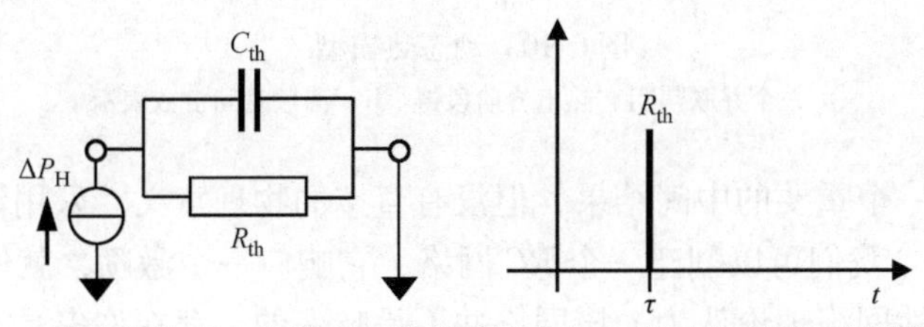

图6.8 最简单的动态热模型：并联热阻和热电容及其离散时间常数表示

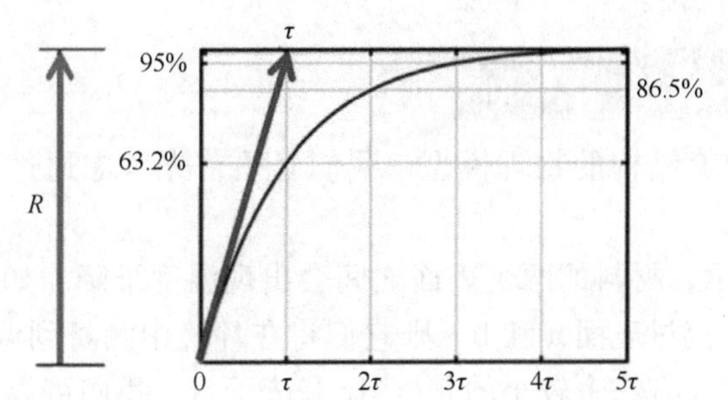

图6.9 单个 RC 对阶跃函数激励的时间响应及其幅度和时间常数显示

现在组成一个 Z_{th} 曲线，如图6.7中所示。我们必须总结一下这样的指数加热曲线：

$$T(t) = \sum_{i=1}^{n} P_H \cdot R_{thi} \cdot (1 - e^{-t/\tau_i}) \tag{6.1}$$

温度的加入对应于图6.10中的链模型：相同的功率（“电流”）沿着链条流动，总温度（“电压”）计算为各分量的总和。在功率为1W时，我们再次得到 $Z_{th}(t)$ 曲线。图6.10所示的网络模型称为阻抗的福斯特模型。

如果考虑导入了大量的福斯特链元素，我们可以从式（6.1）转向连续模型：

$$T(t) = P_H \int_0^{\infty} R(\tau)\left[1 - e^{(-t/\tau)}\right] d\tau \tag{6.2}$$

在式（6.2）中我们可以清楚地识别出一个卷积积分，即 $R(\tau)$ 函数，我们想知道它是否由 $\mathrm{fix}(1 - e^{-t/\tau})$ 函数卷积的。这意味着对测量的温度瞬态做一个适当的（迭代的）反卷积，我们可以得到数百个相关的 $R(\tau)$ 值，及相应的许多 R_i 和 C_i 对。

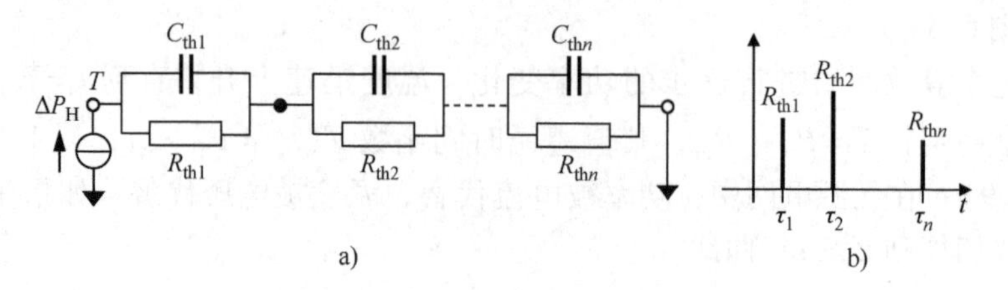

图 6.10　动态热模型

a）一个并联热阻和热电容阶段链　b）离散时间常数表示

该模型是一个重要的中间结果，但没有直接的物理意义。采用该方法，详见参考文献［5］。我们可以创建一个 RC 网络，它响应一个激励，就像实际的物理对象一样。线性网络理论认为，该网络并不是唯一的，存在许多具有不同拓扑结构和 RC 值的等效网络。

6.3.3　结构函数 ★★★

为了建立一个有结构的物理模型，我们必须首先考虑通过一小部分材料的热流。

如图 6.11 所示，材料的两个表面之间会出现温度下降。如果材料具有热导率 λ，并且功率 P 流过表面 a 和 b，则它们将在环境中测量到温度 T_a 和 T_b。我们可以说，如果切片有一个较小的长度 dx 和表面 A，我们可以看到 a 面和 b 面之间的热阻为 R_{th}：

$$T_a - T_b = PR_{th} = P\left(\frac{1}{\lambda}\frac{dx}{A}\right),\quad R_{th} = \left(\frac{1}{\lambda}\frac{dx}{A}\right) \tag{6.3}$$

另一方面，相同的材料片也可以储存热能（见图 6.12）。如果有热流通过材料，那么在较短的时间间隔内，$dt = t_2 - t_1$，能量的变化为

$$dQ = Pdt = C_{th}(T_2 - T_1) \tag{6.4}$$

式中，$T_1 = T(t_1)$ 是材料在 t_1 时的温度；$T_2 = T(t_2)$ 是材料在 t_2 时的温度。

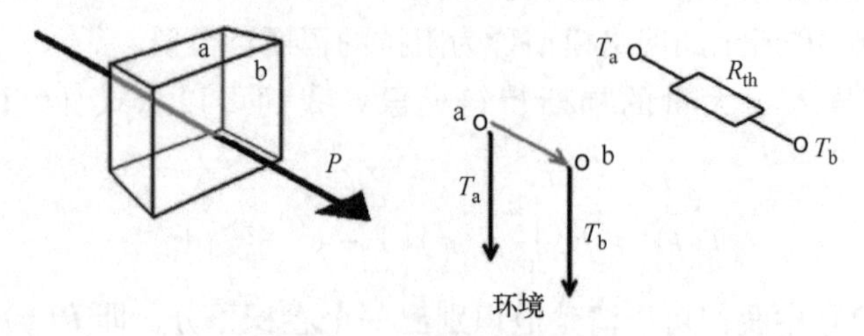

图 6.11　热流通过材料片

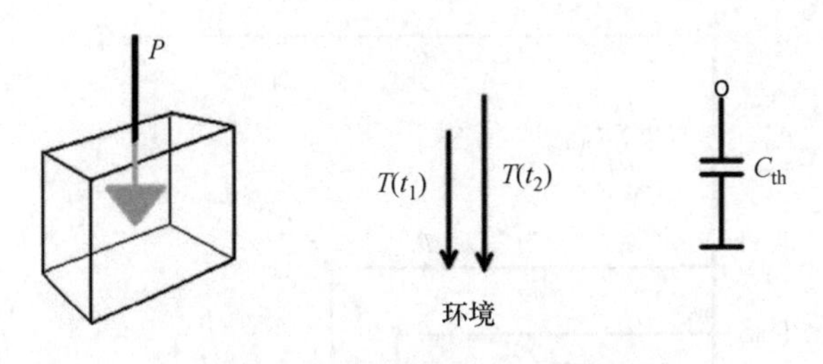

图 6.12　热流流入材料片

当再次从环境中测量到温度为 T_1 和 T_2 时，式（6.3）定义 C_{th} 表示材料部分和环境部分的点之间的热容。C_{th} 也可以通过材料参数来表示：

$$C_{th} = c \cdot m = c \cdot \rho \cdot dx \cdot A$$
$$C_{th} = c_V \cdot V = c_V \cdot dx \cdot A$$

式中，m 是质量；c 是比热；ρ 是密度；c_V 是体积比热容。

在建立薄片的导热路径时，我们在阳极和两个热节点之间的环境和横向热阻之间建立了一个热容的阶梯。

串联 RC 链（见图 6.10 和图 6.13a）总是可以通过线性理论中已知的福斯特－考尔变换[5]转换为 RC 阶梯（见图 6.13b）。通过指数合成和福斯特－考尔变换这两个过程，我们通过一种直接合成方法将测试的瞬态转化为复杂热系统的一维物理紧凑模型。

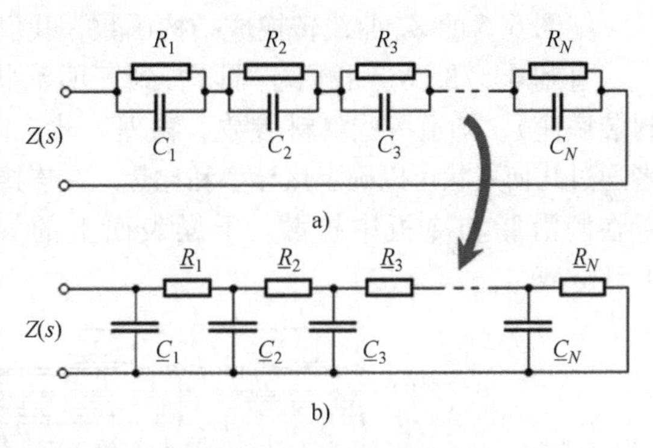

图 6.13　转换到物理等效网络的方法
a）福斯特网络　b）考尔网络

我们不以表格形式提供 R 和 C 值，我们更喜欢图形表示，即结构函数（见图 6.14）。在这个图中，我们从沿 X 轴的热源（结）和沿 Y 轴的热容开始，总结了阶梯中的热阻。

该图是分析热传导路径的一个很好的图形工具。在低梯度截面中，少量具有低热容的材料会引起热阻的较大变化。这些区域的热导率较低或横截面面积较小。陡峭的截面对应于高热导率或大横截面积的材料区域。斜坡的突然断裂属于材料或几何形状的变化。

因此，热阻和电容值、几何尺寸、传热系数和材料参数可以直接通过结构函数获得。

关于确定部分电阻的例子，属于无法直接进行温度测量的内部结构细节（见示例 2）。

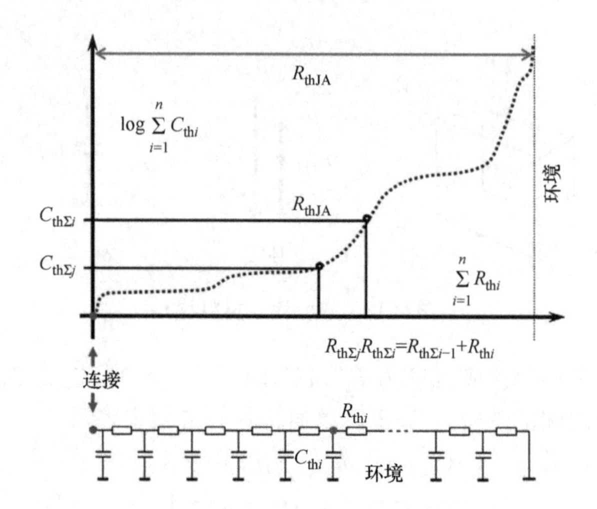

图 6.14　结构函数：系统的热 RC 等效的图形表示

示例 2

把图 6.6 的 Z_{th} 曲线转换成结构函数，我们得到图 6.15。

直到 0.37K/W，我们才可以看到三明治状的内部结构细节（芯片、焊料、封装底座）。知道一些材料参数、物理尺寸、体积和距离可以在图表中读取，或者通过几何形状可以确定热导率和比热。在连接到封装体的分离点后，我们看到热量在润滑脂和冷板中扩散。干燥表面上的气隙使 R_{thJA} 结的总环境热阻增大 0.51K/W。

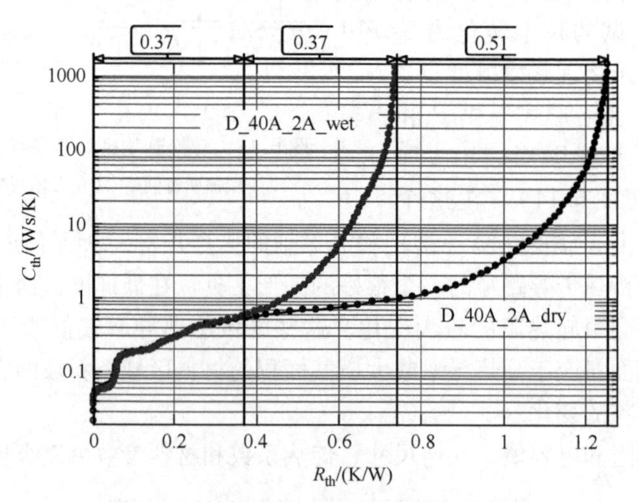

图 6.15　结构函数：在不同边界处的器件

6.4　三个终端器件的热测试

电力电子器件主要由离散器件组成，或由离散器件构成的模块组成，离散器件有三个终端，我们通常称之为引脚。许多关于功率和传感原理的细节在参考文献［2，7］中给出。特别强调基于 MOS 晶体管、IGBT 和类似器件的功率开关器件。

这些器件在供电方面是非常灵活的，因为它们有一个“控制”型引脚，可以在零功率（MOSFET、IGBT）或低功率（BJT）下进行控制。另外两个引脚被构造成允许在特定电压下通过某一电流，由控制引脚控制。实际功率曲线可以根据器件特性构建，其典型特性如图 6.16 所示。

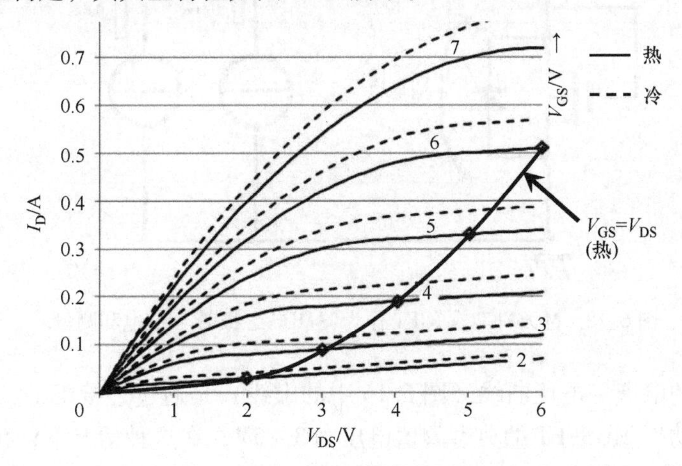

图 6.16　MOSFET 的输出特性，静态或热（实线）和脉冲或冷（虚线）（彩图见插页）

该图中显示了 MOSFET 器件的输出特性。图中的每个线程都显示了当施加漏极至源极电压 V_{DS}时的漏极电流值 I_D。在控制引脚（现在是栅极）上施加更高的电压 V_{GS}，我们将在相同的漏极 - 源极电压下获得更大的电流。

调节控制引脚可以有许多功率和传感选项。这些变化在文献中有不同的名称，我们将遵循参考文献［2，8］的建议。

在通常情况下，这些器件会像前一节中的双极器件一样进行测试。功率 MOSFET 在其源极和漏极之间有一个固有的反向二极管。这种“体二极管”（见图 6.17）的热测试非常简单，但与前面讨论的其他二极管一样，存在一些限制，如低功率水平和长电瞬态。

在硅器件的情况下，通常可以将栅极 - 源极电压设置为 $V_{GS}=0V$，这意味着栅极可以连接到源极，并且关闭的 MOSFET 沟道将不会分流部分电流。

一种流行的技术是通过漏极和栅极的短路，将 MOSFET 转换为所谓的

“MOS 二极管”（见图 6.18）。

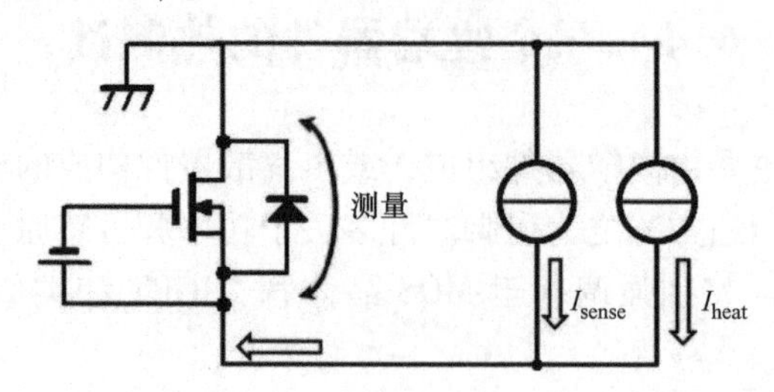

图 6.17　MOSFET 在其反向二极管“体二极管”模式供电和测量

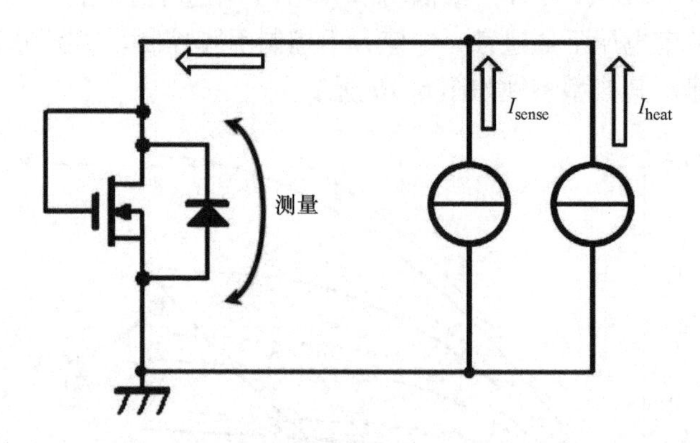

图 6.18　MOSFET 或 IGBT 作为“MOS 二极管”供电和测量

所得到的电流 - 电压曲线（图 6.16 中的虚线）是通过连接 $V_{DS}=V_{GS}$点来构建的。由于功率 MOSFET 的典型阈值电压为 3 ~ 5V，在这种情况下，我们在相同电流下得到的功率比反向二极管测量得到的高 6 ~ 10 倍。

通过对栅极进行适当的电压控制，可以实现更灵活的功率控制编程（见图 6.19）。

在最简单的情况下，施加恒定电压，得到的双端等效器件在图 6.16 的特性中表现为线性关系。

IGBT 有一个由 MOSFET 和一个二极管串联组成的等效模型。它们的特征与图 6.16 相似，但通过二极管的正向电压向右偏移。在这种情况下，在栅极上施加足够高的电压，测量将会回到 6.2 节中讨论的二极管测量的情况。这种测量模式对于测试开关应用中使用的大功率 IGBT 非常普遍（饱和模式，见图 6.19b）。

如参考文献［7，9，10］所示，MOSFET 器件也可以在恒定电压 V_{GS}下进行测试，使用导电通道作为加热器和传感器。这种测试风格被称为“通道模式”或 R_{DSON}模式，尽管后者有时会应用于相关的测试。在这种模式下，必须使用较大的传感器电流（几安培）来获得适当的温度信号电平。

文献中已经详细介绍了一些特殊的控制引脚的调节方式。

图 6.20a 显示了在加热过程中可以实现精确功率调节的安排。由于模拟反馈，漏极保持在固定电压下，功率可以计算为漏极电流乘以漏极电压，$P = V_{DS} \cdot I_D$，$V_{DS} = V_{ref}$。温度敏感参数通常是栅极 - 源极电压 V_{GS}。如果将 MOSFET 保持在图 6.16所示的晶体管区域，就可以实现稳定的工作，因此，这种供电有时也被称为 R_{DSON} 模式。

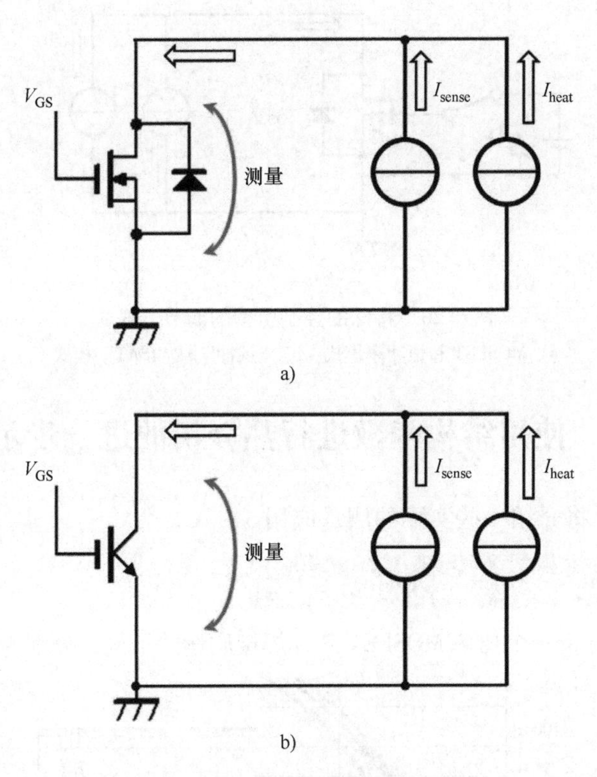

图 6.19 以稳定的栅极电压供电
a）MOSFET b）IGBT

图 6.20b 显示了一种常用的测量技术。供电发生在导通的沟道上，栅极保持在 V_{GS} 电压下，高到足以使晶体管进入三极管工作状态。将栅极切换至低电压，沟道关闭，传感发生在体二极管上。加热电流和传感电流必须施加在相反的方向上。这种测量方式通常被称为“反冲”或“SAT”模式。

到目前为止，所有的测试都有一个共同点：功率的变化是由在电路中某一点施加的电流的突然变化引起的。这些方法可以被描述为电流跳变供电。另一种供电方式是电压跳变，即在稳定电流下由器件电压的突然变化引起的。

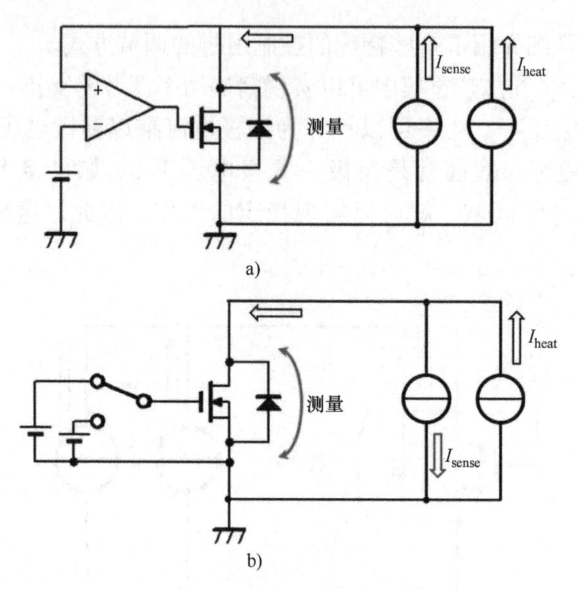

图 6.20 特殊的控制引脚的调节方式

a）MOSFET 和恒功率模式 b）“反冲”或“SAT”模式

6.5 使用结构函数进行热分析的进一步示例

在本节中，将介绍一些实际的测量应用。

6.5.1 芯片焊接质量分析 ★★★

图 6.21 为分析三个功率 MOSFET 芯片焊接质量的示例，分别为 S1、S2 和 S3。

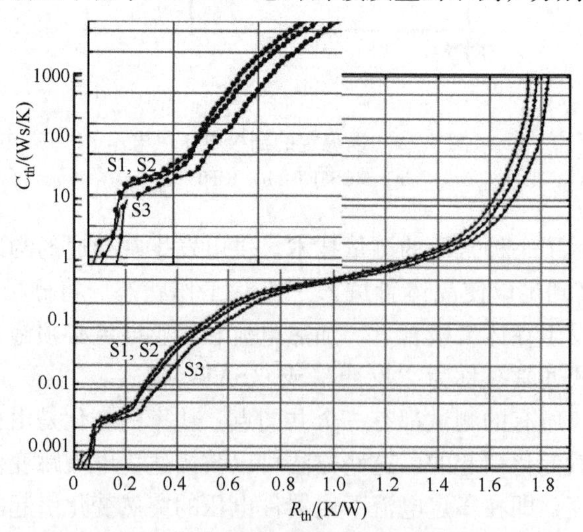

图 6.21 芯片焊接分析（彩图见插页）

TO－220 封装的 MOSFET 在冷板上的结构功能如图 6.21 所示，左上角放大了起始部分。

直到 0.1K/W 的陡峭的早期部分对应于芯片本身，直到大约 0.2K/W 的平坦部分对应芯片的焊料层。Cu 片中的扩散一直持续到 0.8K/W，之后我们看到热润滑脂界面和冷板中的扩散。这些函数证实了样品 S3 的芯片焊料热阻略大于其他样品，由于几何形状和材料相同，曲线平行运行。

扫描声学显微镜显示，S3 的芯片焊料层实际上比 S1 和 S2 的更厚。

这种方法是非破坏性的，它使我们能够识别空洞和分层（如果它们位于导热路径中）。在老化测试中，可以通过以一定的时间间隔测量结构功能来“实时”跟踪结构的变化。

结合上述特征（差异发生的位置可以被揭示、定量分析、无损分析），使结构函数的概念在热分析中不可或缺。

6.5.2　TIM 分析 ★★★

可以通过在器件封装的外表面上施加软热膏来改进示例 1 中的布置。这样做，与“干式”案例相比，我们体验到显著的改善。在器件上重复功率脉冲，可以看到 TIM 层的持续改进（磨合）（曲线 TIMA.01 到 TIMA.30）。经过 20 次循环，涂层稳定，我们大约达到了“被热油脂湿润”边界（见图 6.22）。类似的案例在参考文献［11］中被提及。

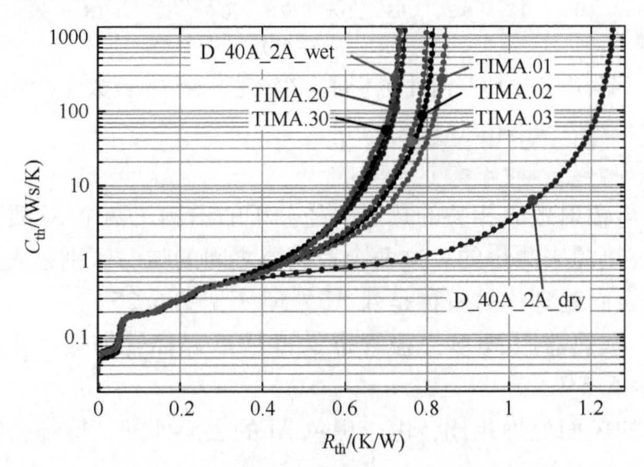

图 6.22　软热膏的磨合效果（彩图见插页）

6.5.3　对流冷却分析 ★★★

在下面的示例中，英特尔 CPU 通过大型散热器和风扇进行冷却（见图 6.23）。

在三种不同的风扇转速下测量的结构函数如图 6.24 所示。

经过属于 CPU 封装的陡峭的早期部分后，我们可以识别出代表 0.12K/W 的 TIM 层，Al 散热器为其增加了 0.28K/W 的热阻。

描述了三种风扇转速，对应的曲线分别为 S1、S2 和 S3。图表表明，在高于 S3 的速度下，没有进一步的显著改善，图表的对流部分已经从 94J/K 开始，对应于散热器的全部体积为 38000mm³。

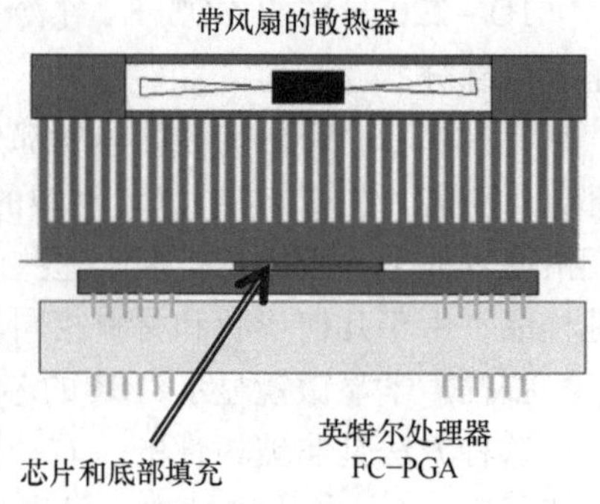

图 6.23　英特尔 CPU 通过在散热器上旋转风扇进行冷却

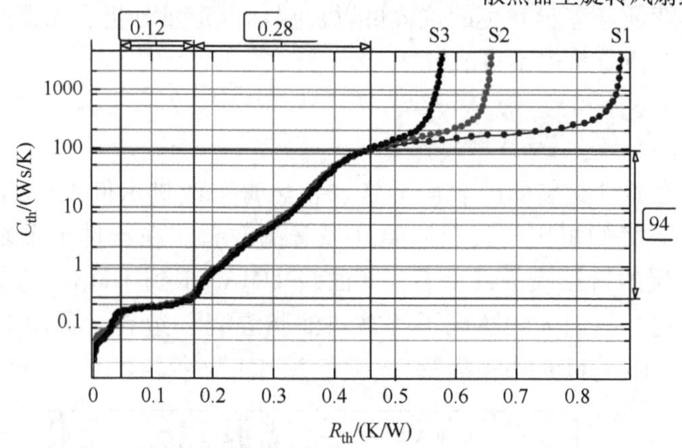

图 6.24　风扇冷却的 CPU 组件在不同风扇转速下的结构函数（彩图见插页）

6.5.4　散热器比较 ★★★

图 6.27 是与辐射效应相关的热流路径分析的示例。两个 Al 质散热器是通过在它们下面安装热源来测量的。这两个散热器之间的唯一区别是表面光洁度。其中一种是 Al 质表面处理；另一种是裸 Al 处理（见图 6.25）。

在实验中，散热器用 MOS 二极管布置的 MOS 晶体管加热。在这两种情况下施加的功率均为 5.5W。

与裸露 Al 的表面处理相比，由于黑色 Al 的表面处理，冷却曲线已经有了轻微的改善（见图 6.26）。

将温度变化转换为结构函数，我们得到了图 6.27。

我们可以观察到，Al 中的内部传播为总导热路径增加了 0.7K/W。之后的平坦部分对应于静止空气中的对流。涂层表面的辐射使热阻提高了 0.6K/W，改善相对较小。

然而，随着宽禁带器件在更高的温度下工作，可以期待有更大的改进。

图 6.25　相同的散热器形状的裸 Al 和黑色 Al 表面处理

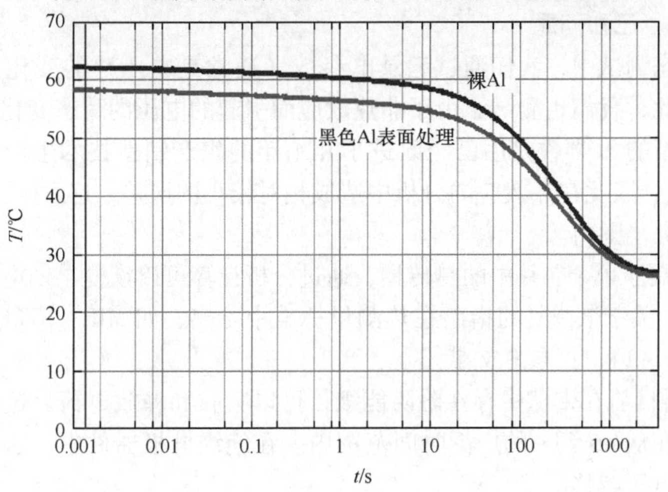

图 6.26　MOSFET 器件在裸 Al 和黑色 Al 表面处理的散热器上的冷却曲线

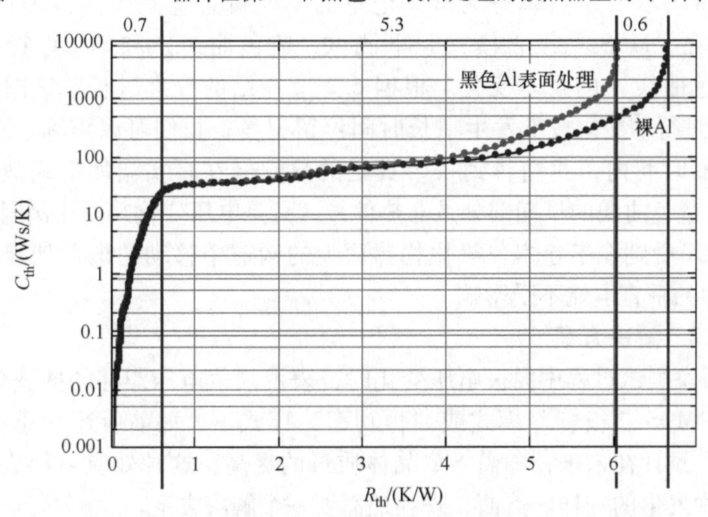

图 6.27　结构函数，MOSFET 器件安装在裸 Al 和黑色 Al 表面处理的散热器上（彩图见插页）

6.6 宽禁带半导体的热瞬态测试

本节将讨论宽禁带半导体热瞬态测试的特点。由于它们的晶体质量通常不如现在的 Si 产品，因此有一些已知的问题，用户必须处理。

在热瞬态测试中出现了相关的物理问题。下面显示了宽禁带半导体的一些测试结果，以说明这些问题以及如何克服它们。

6.6.1 SiC 器件测试 ★★★

6.6.1.1 已知问题

在热瞬态测试中，我们通过记录电参数（通常是电压）的变化来测试温度的变化。因此，我们也测试了由于非热效应而引起的电压的瞬态变化。

目前最新的 Si 器件是用已经改进了几十年的生产制造技术生产的。电效应在 μs 范围内，因此在热效应的分析中造成相对较小的误差，这发生在百 μs 到分钟的时间常数范围内。

μs 范围属于单个芯片中的热传播，通过分析计算可以恢复早期电瞬态所覆盖的温度变化。关于该修复的指南在热测量标准中给出，如 MIL – STD – 883 和 JEDEC JESD 51 – 14，见参考文献[3]。

SiC 材料目前在带隙中存在陷阱能级，可以吸收和释放电荷。这种电荷捕获和释放发生在从 ms 到 s 的广泛时间范围内。在绝缘栅极器件中，这些效应表现为时变阈值电压漂移。

图 6.28 演示了由热瞬态测试仪记录的早期瞬态现象[4]。该图比较了 SiC MOSFET（在“MOS 二极管模式”下测试，蓝色曲线）和 SiC 肖特基二极管（SBD，红色曲线）的瞬态变化。根据 6.2 节介绍的校准过程，该图的纵轴以“准温度”进行缩放。校准发生在长时间停留温度，我们可以声称，在图表中，在不到 1s 的时间内，我们看到一个真正的热信号在真实温度下缩放，但属于 MOSFET 的蓝色曲线的早期部分是非热信号，只是电压变化乘以比例因子。

MOSFET 受到在半导体 – 氧化物界面上的沟道中移动的电荷捕获的严重影响。SBD 中的垂直电流不受影响。

6.6.1.2 解决方案

当热瞬态测试过程中栅极电压变化时，表示阈值电压漂移的捕获效应最大。这发生在“MOS 二极管”模式或“恒功率”模式下，如前所述（见图 6.18 和图 6.20a）。预计在未来，随着 SiC 晶体质量的提高，这种效应将消失，就像过去 Si 器件中发生的一样。然而，现在还需要一个解决方案。

我们可以做的事情如下：

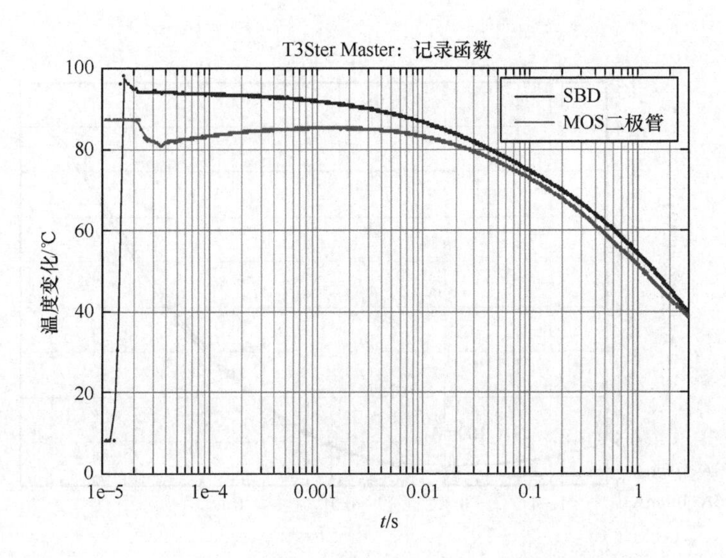

图 6.28　两个 SiC 器件的早期电瞬态，由热瞬态测试仪捕获，MOSFET 体二极管（蓝色）和 SBD（红色）（彩图见插页）

（1）使用较大的感应电流和加热电流。

（2）使用在瞬态测量的冷却部分不涉及沟道的测试模式，如“SAT”模式或“体二极管”模式。

由于捕获效应与电流水平无关，在施加更高的加热电流时，热信号增加，而电扰动保持不变。在较高的传感器电流下，测量也很有用；大多数陷阱被填满，在通电和未通电状态之间的栅极电压变化减小。

在图 6.29 中，我们看到了在 1A、3A 和 5A 加热电流和 100mA 传感器电流下，SiC MOSFET 测量的 Z_{th} 曲线，我们可以观察到，随着电效应随时间的减小，热信号的增加使 Z_{th} 曲线在早期就已经有效了。

在低电流的情况下，我们有 ms 范围的信息，因此，可以对热界面和散热器进行分析。在大电流下，信号在 μs 范围内是有效的，人们也可以对芯片焊接质量做出一些说明。

减少热信号失真的对策是在热瞬态测试期间不改变栅极电压，即在固定 V_{GS} 栅极电压下的开放沟道上测试（见图 6.19）或使用体二极管（见图 6.17）。一些测试表明，使用在 −9 ~ −5V 的负 V_{GS} 来抑制这种时间变化成分，并确保仅对体二极管的清洁测试[12,13]。

但是，请注意，这种方法不适用于某些情况，例如，如果在模块中存在 SBD 与 MOSFET 的体二极管并联。在这种情况下，传感电流将主要通过通常具有较小正向电压的 SBD。

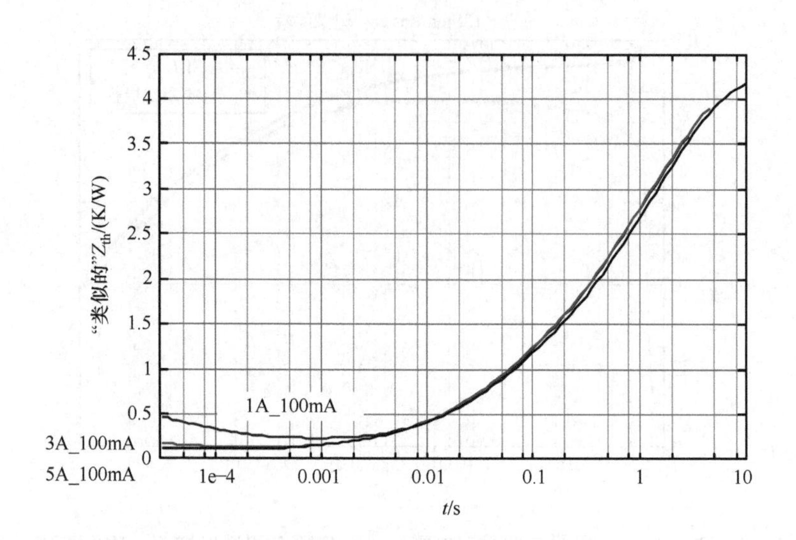

图 6.29　SiC MOSFET，在“MOS 二极管”模式下测量。三种不同加热电流水平下的 Z_{th} 曲线（彩图见插页）

6.6.2　GaN 器件测试 ★★★

6.6.2.1　已知问题

GaN 是一种直接带型半导体，因此，只能使用它来制造单极器件。这些可以是 HEMT 或 MISFET 器件，具有肖特基栅极或绝缘栅极。

由于这些器件是横向器件，具有非常薄的二维电子气在外延界面上流动，因此它们比 SiC 器件更容易受到捕获效应和阈值变化的影响。

6.6.2.2　解决方案

HEMT 器件的一般解决方案是测试用作加热器和传感器的沟道电阻[9]，或加热沟道并使用肖特基栅极作为传感器[14]（示例 3）。

示例 3

在高电导率的印制电路板上测试了一个绝缘栅极、增强型 GaN HEMT 晶体管（GS66508P）。

为了避免电荷捕获效应，选择 R_{DSON} 沟道电阻作为加热器和传感器元件。将栅极固定在 V_{GS} = 5V 偏压，如图 6.19a 所示。

小沟道电阻需要一个 I_{sense} = 1A 的传感器电流，用于产生可测试的热信号。在大约 140mΩ 的沟道电阻下，该电流在室温下产生约 140mV 的电压，在不同的温度下，以指数形式变化。

选择几个 I_{heat} 加热电流时，产生的功率阶跃见表 6. 1。

表 6. 1 加热电流和由此产生的功率阶跃（GS66508P）

I_{heat}/A	2	3	4
ΔP /mW	579	1150	2090

与预期中的一样，电阻通道上的功率近似与电流的二次方成正比 $P_H \sim I_{heat}^2 \cdot R_{DSON}$，所安装器件的冷却曲线和 Z_{th} 曲线分别如图 6. 30 和图 6. 31 所示（示例4）。

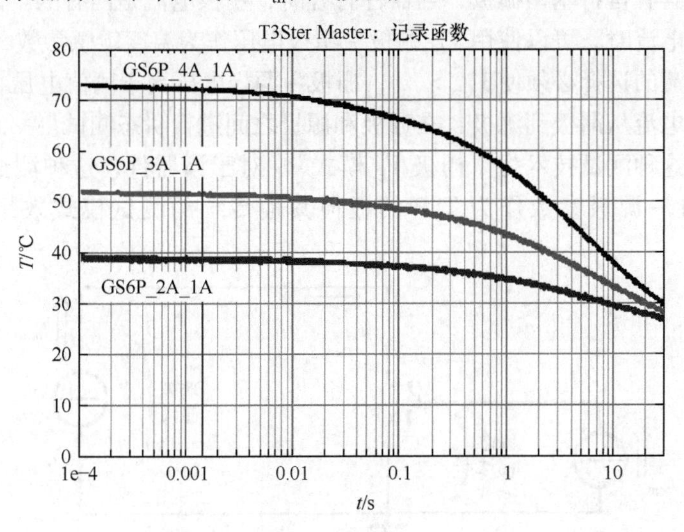

图 6. 30 GS66508P 器件在不同加热电流下的冷却曲线（彩图见插页）

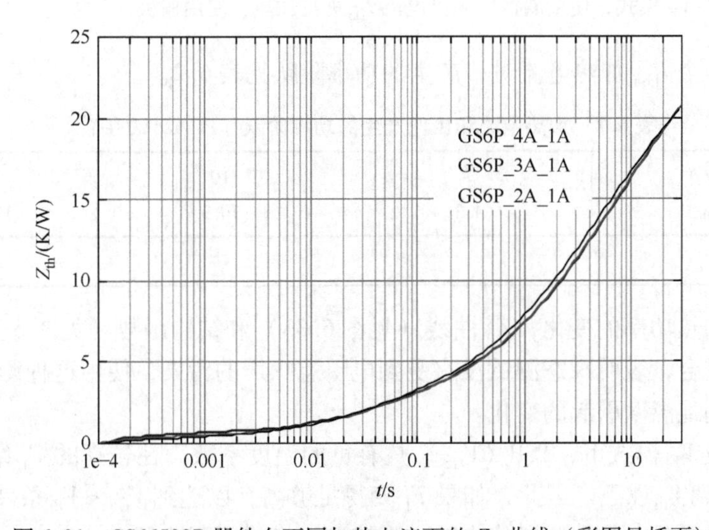

图 6. 31 GS66508P 器件在不同加热电流下的 Z_{th} 曲线（彩图见插页）

示例 4

在本示例中，测试了栅极注入晶体管（GIT）器件[15]。这些器件类似于 GaN HEMT 晶体管，但具有正常关断的特性，这使得它们在开关应用中更容易使用。

我们选择了 GIT 型 PGA26C09DV，对该器件进行了多种模式的测试，得到了一个能比其他测试技术取得更好效果的解决方案，详情见参考文献[8]。

该器件具有肖特基型栅极，当器件打开时，栅极电流是固有的。因此，在施加固定栅极电流时，可以使用 V_{GS}栅极－源极电压作为温度敏感参数（TSP）。

传感电流的选择必须使 $V_{GS} > V_{th}$，栅极－源极电压高于阈值电压，以便打开沟道。加热电流从漏极到源极，在栅极和源极之间进行瞬态测试。

我们称这种测试技术为“栅极 V_F 模式”。对于该器件，这种测试模式比使用某些漏极－源极参数作为 TSP 的任何其他传统的测试模式效果更好（见图 6.32）。

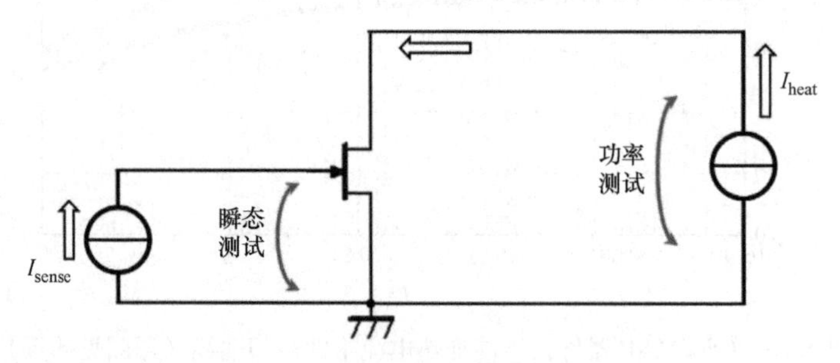

图 6.32　栅极 V_F 模式，使用漏极－源极电流 I_{DS}进行加热，使用栅极－源极电压 V_{GS}进行传感

选择几个 I_{heat}加热电流时，产生的功率阶跃见表 6.2。

表 6.2　加热电流和由此产生的功率阶跃（PGA26C09DV）

I_{heat}/A	7	10	12
ΔP/mW	4.3	10.3	19.6

随着加热功率的变化，Z_{th}曲线（见图 6.33）和结构函数（见图 6.34）在初始部分的重合，表明瞬态测试没有受到电瞬态噪声的污染，使用这种测试模式我们可以看到纯温度引起的变化。

在栅极 V_F 模式下，TSP（V_{GS}）具有负的温度系数。在较高的 T_J 结温度下，V_{GS}可以降到 V_{th}以下。因此，如果 T_J 变得足够高，以达到 $V_{GS} < V_{th}$条件，即 I_{heat}将不再流过样品，加热阶段将失效，则该测试模式不再适用。

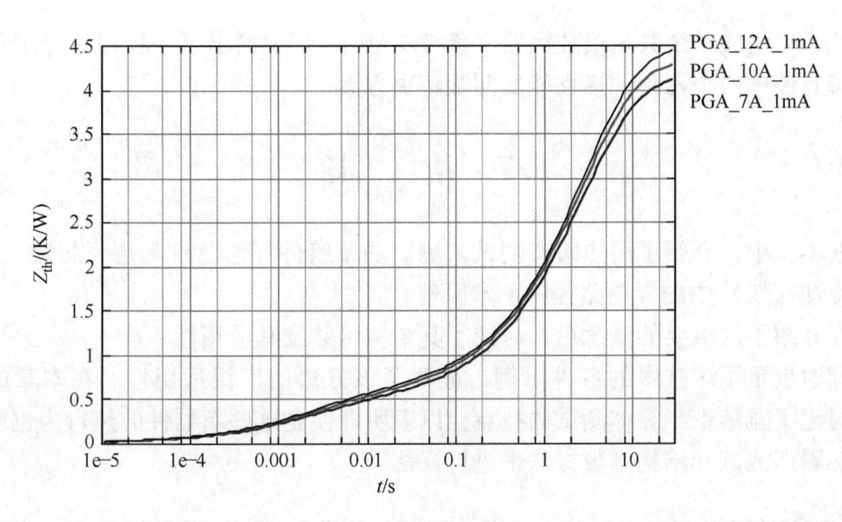

图 6.33 施加不同功率时的 Z_{th} 曲线（栅极 V_F 模式，PGA26C09DV）（彩图见插页）

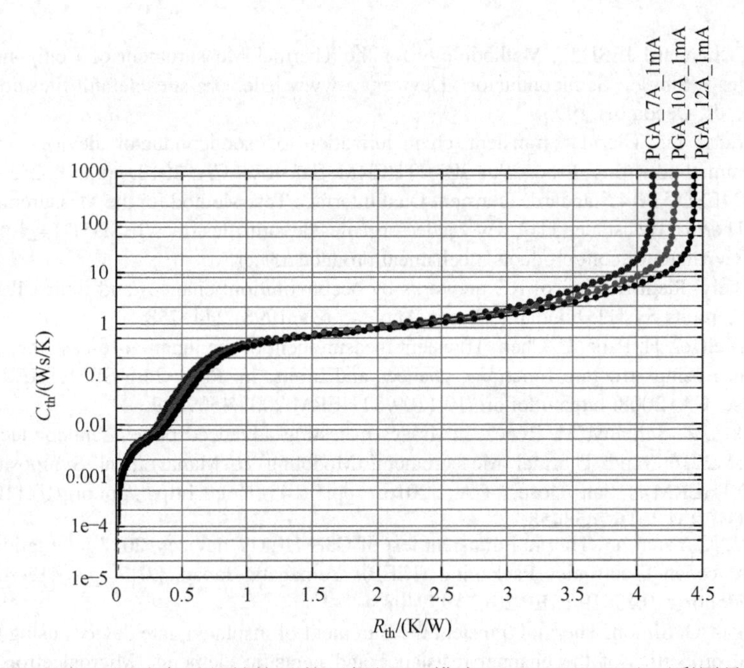

图 6.34 施加不同功率时的结构函数（栅极 V_F 模式，PGA26C09DV）（彩图见插页）

一个灵活版本的栅极 V_F 模式，也可用于正常导通的 HEMT 器件，在参考文献［14］中进行了处理。

一种已知的关于绝缘栅极控制和高击穿电压的解决方案是由 Si MOSFET 和

GaN HEMT 组成一个共基极放大器。参考文献［7］中给出了一种用于分析单个三引脚封装中两个器件的热性能的测试解决方案。

6.7 结　　论

在本章中，介绍了用热瞬态测试来测试功率组件（芯片焊料层、封装、TIM层、冷却支架）中的导热路径的基本原理。

在介绍了最重要的概念后，讨论了其结构函数及其适用性。

同时展示了该技术的各种示例，证明了该方法的广泛适用性。在本章的最后，讨论了宽禁带半导体测试的特点，以表明即使是这些新器件的热行为也可以通过热瞬态测试和结构函数方法来进行评估。

参考文献

[1] JEDEC Standard JESD51, Methodology for the Thermal Measurement of Component Packages (Single Semiconductor Devices), www.jedec.org/sites/default/files/docs/Jesd51.pdf, December 1995.

[2] G. Farkas, in: Thermal transient characterization of semiconductor devices with programmed powering, Proc. 29th SEMITHERM, San Jose, CA, 2013, pp. 248–255.

[3] JEDEC JESD 51-14 Standard, Transient Dual Interface Test Method for the Measurement of the Thermal Resistance JTC, www.jedec.org/sites/default/files/docs/JESD51-14_1.pdf.

[4] http://www.mentor.com/products/mechanical/products/t3ster.

[5] V. Szekely, Identification of RC networks by deconvolution: chances and limits, IEEE Trans. Circuits Syst. I: Fundam. Theory Appl. 45 (3) (1998) 244–258.

[6] D. Schweitzer, H. Pape, L. Chen, Transient measurement of the junction-to-case thermal resistance using structure functions: chances and limits, in: Proc. 24th SEMITHERM, San Jose, CA, 2008. https://doi.org/10.1109/STHERM.2008.4509389.

[7] G. Farkas, Z. Sarkany, M. Rencz, in: Issues in testing advanced power semiconductor devices, 2016 32nd Thermal Measurement, Modeling & Management Symposium (SEMI-THERM), San Jose, CA, 2016, pp. 143–150, https://doi.org/10.1109/SEMITHERM.2016.7458458.

[8] T. Hara, K. Yanai, in: Thermal transient test of GaN HEMT devices, 2017 International Conference on Electronics Packaging (ICEP), Yamagata, Japan, 2017, pp. 417–421, https://doi.org/10.23919/ICEP.2017.7939408.

[9] G. Farkas, G. Simon, Thermal transient measurement of insulated gate devices using the thermal properties of the channel resistance and parasitic elements, Microelectron. J. 46 (12) (2015) 1185–1194, https://doi.org/10.1016/j.mejo.2015.06.027.

[10] G. Farkas, G. Simon, Z. Sarkany, in: Analysis of advanced materials based on measured thermal transients of insulated gate devices in broad temperature ranges, Proc. 21st THERMINIC, Paris September 30–October 2, 2015.

[11] A. Vass-Várnai, Z. Sarkany, M. Rencz, in: Reliability testing of TIM materials with thermal transient measurements, 11th EPTC, 2009. p. 823, 827, https://doi.org/10.1109/EPTC.2009.5416437.

[12] R. Schmidt, R. Werner, J. Casady, B. Hull, A. Barkley, Power cycle testing of sintered SiCMOSFETs, in: Proceedings of PCIM Europe 2017, Nürnberg, 16–18 May 2017.
[13] F. Kato, H. Takahashi, H. Tanisawa, K. Koui, S. Sato, Y. Murakami, H. Nakagawa, H. Yamaguchi, H. Sato, Evaluation of thermal resistance degradation of SiC power module corresponding to thermal cycle test, in: Additional Conferences (Device Packaging, HiTEC, HiTEN, & CICMT), vol. 2017, HiTen, 2017, pp. 1–5.
[14] Z. Sarkany, G. Farkas, Thermal transient characterization of pHEMT devices, in: Proc. 18th THERMINIC, 2012, pp. 225–228.
[15] A. Tüysüz, R. Bosshard, J.W. Kolar, Performance comparison of a GaN GIT and a Si IGBT for high-speed drive applications, Proceedings of IPEC, Hiroshima, Japan, May 18–21, 2014, pp. 1904–1911, https://doi.org/10.1109/IPEC.2014.6869845.

第7章 可靠性评估

约瑟夫·卢茨，托马斯·艾辛格，罗兰·拉普
开姆尼茨理工大学，开姆尼茨，德国
英飞凌科技公司，维拉奇，奥地利
英飞凌科技公司，埃尔兰根，德国

7.1 简 介

已经建立了评估 Si 器件可靠性的测试程序。如果宽禁带器件旨在取代 Si 应用，那么它们必须满足可靠性要求。由于材料的特性，SiC 和 Si 之间存在着一些基本的区别。

表7.1总结了关于器件耐久性最相关的材料数据[1-4]。对新材料的兴趣已经从 Si 转向 SiC 和 GaN，跳过 GaAs，这在载流子迁移率方面具有一些优势，可以制造一些高效的双极器件[4]。一个更宽的禁带间隙便会有一个更高的临界场强。从可靠性的角度来看，这是一个挑战，因为更高的场强也可能发生在结终端或栅极隔离界面。此外，禁带间隙本身具有本征密度 n_i，它决定了温度的稳定性，并对某些失效机制有很大影响。从 Si 到 SiC 或 GaN 的过渡分别花了20多年。

表7.1 一些与半导体材料可靠性相关的电气和热数据，T=300K[1-4]

	Si	GaAs	4H-SiC	GaN
禁带宽度/eV	1.124	1.422	3.23	3.39
本征密度 n_i/cm^{-3}	10^{10}	10^{7}	1.5^{-8}	3.4^{-10}
临界场强/(V/cm)	2×10^5	4×10^5	3.3×10^6	3×10^6
电子迁移率 μ_n/(cm^2/V·s)	1420	8500	1000	990
孔移动性 μ_p/(cm^2/V·s)	470	400	115	150
沟道载流子迁移率/(cm^2/V·s)	500	6000	70	2000①
热导率/(W/mm·K)	0.13	0.055	0.37	0.13
比热/K	700	330	690	490
CTE/(ppm/K)	2.6	5.73	4.3	3.17
弹性模量 E/GPa	162	85.5	501	181

① 二维电子气。

沟道迁移率是 MOS 结构的决定性参数，由于表面散射，它总是低于体迁移率。表面质量是 SiC 的一个挑战，SiC/SiO_2 的界面缺陷密度也是如此。首先，SiC MOSFET 的沟道迁移率较低，$<10cm^2/V\cdot s$，通常数值是 $70cm^2/V\cdot s$。在 GaN 中，载流子流是在界面处的二维电子气中。在 GaN/AlGaN 中，载流子迁移率远高于体迁移率。SiC 的热导率比 Si 的更高。此外，在 SiC 中表征机械刚度的弹性模量比 Si 高 3 倍，使界面暴露在等效的更高的机械应力下。GaN 功率器件是在 Si 衬底上制造的，其封装的相关热特性主要由 Si 衬底决定。

已经建立的 Si 的可靠性测试程序可以广泛应用于 SiC。对于 Si 功率模块，这些基本都在参考文献[2]中进行了描述。基于参考文献[2]，下一章的重点是关于 SiC 的特殊性。同时对于 GaN，也必须开发可靠性测试程序。

7.2　SiC MOS 结构的栅极氧化物的可靠性

自从在 SiC 衬底材料上制造第一个 MOS（金属 - 氧化物 - 半导体）结构以来，栅极氧化物的可靠性一直是巨大的挑战[5-11]。特别是早期的 MOS 电容器和第一个 DMOSFET 器件已经显示了许多早期和不可预测的栅极氧化物失效[12]。此外，威布尔分布的栅极氧化物击穿测试显示了各种平坦的斜坡和大量的完整性失效，因此 SiC 基 MOSFET 的工业制造有时就会成为问题，并引发了对 SiC MOSFET 是否能像其 Si 对应物（如，IGBT、CoolMOS 等）一样可靠的工作的质疑。尽管如此，为了能够进入大众市场，栅极氧化物失效概率必须达到 100 - ppm 范围内[13]。

对于汽车应用或有多个器件并行运行的应用，甚至需要更低的失效概率。

随着 SiC 技术在过去十年中日渐成熟，SiC MOS 器件在时间相关介电击穿（TDDB）特性上逐渐得到改善。然而，与工业相关的大型器件（$5\sim50mm^2$）的栅极氧化物的可靠性仍然不能实现与具有类似 Si 器件栅极氧化物面积的同样低的早期失效次数。因此，为了使基于 SiC 的开关在工业和汽车市场上可靠运行并取得成功，人们必须找到聪明的方法来进一步降低栅极氧化物缺陷密度和/或有效地筛选出在应用过程中可能失效的缺陷器件。

本章将介绍应用于 SiC 基 MOS 结构的栅极氧化物应力测试和老化技术的一些基本概念，突出 SiC 和 Si MOS 技术之间的特性和差异，并介绍一个简单的测量程序，可用于在合理的时间内和有限数量的测试样品下比较不同制造商的栅极氧化物可靠性。

7.2.1　栅极氧化物在开关状态下的可靠性 ★★★

当讨论可靠性测试中的栅极氧化物失效时，通常关注的焦点是 MOS 结构的时间相关介电击穿（TDDB），该 MOS 结构在特定时间、特定（正）栅极电压和特定高温下受到应力。通常，衬底（分别为源极和漏极接头）在此测试中接地。TDDB 测试模拟了器件在导通态下栅极氧化物的应力。如果所施加的应力电压（$V_{G,str}$）超过了该器件的推荐使用电压（$V_{G,use}$），则会加速退化，因此，故障率提高。在 TDDB 测试中，氧化物中的电场在整个栅极氧化物面积上为一阶近似常数，由施加的应力电压和氧化物厚度决定：

$$E_{ox}^{on} \approx \frac{V_G}{d_{ox}} \tag{7.1}$$

式中，V_G 是所施加的栅极－源极电压；E_{ox}^{on}是 $V_G = V_{G,use}$ 在导通态下使用的氧化场，或在 $V_G = V_{G,str} \cdot d_{ox}$的 TDDB 应力测试中使用的氧化场；$d_{ox}$是栅极电介质的体氧化物厚度。所有现有的栅极氧化物击穿模型都一致认为，栅极氧化物失效概率强烈地依赖于电场（如指数级）。因此，提高器件在导通态下的可靠性的直接方法是通过增加栅极氧化物的厚度来减小氧化物场（前提是所施加的电压 $V_{G,use}$ 不能减小，因为它是在数据表中或由驱动程序中定义的）。然而，增加栅极氧化物的厚度与比导通电阻 R_{ON} 的大小是一种权衡。该问题将在 7.2.6 节中进行讨论。

在基于 SiC 等宽禁带材料的大功率 MOS 晶体管领域，也需要进一步关注在关断态下的栅极氧化物的可靠性。由于 SiC 的击穿电场较高，关断模式下的电场可达 2.2～3.0MV/cm[14]。根据器件的设计，一定比例的电场可能到达 SiC/SiO_2 界面。由于界面上的介电常数从 SiC 到 SiO_2 的阶跃，半导体材料中的电场被放大到 SiO_2 栅极电介质中更高的场。根据高斯定律，邻近 SiC 的电介质中的最大电场可能近似为

$$E_{ox}^{off} \approx E_{SiC}^{off} \frac{\varepsilon_{r,SiC}}{\varepsilon_{r,SiO_2}} \tag{7.2}$$

式中，E_{ox}^{off}是处于关断态的氧化物场；E_{SiC}^{off}是 SiC 半导体材料在 SiC/SiO_2 界面上的电场；$\varepsilon_{r,SiC} \approx 10$ 和 $\varepsilon_{r,SiO_2} \approx 3.9$ 分别是 SiC 和 SiO_2 的相对介电常数。需要注意，E_{ox}^{off}是一阶近似，是与栅极氧化物厚度无关的近似。在关断态下施加的负栅极－源极电压进一步增加了关断态下的氧化物场。然而，额外的应力/加速度是有限的，因为在高负 V_G 条件下，在 SiC/SiO_2 界面处形成了屏蔽空穴沟道。对于 Si MOSFET，尽管 Si 的介电常数（$\varepsilon_{r,Si} \approx 12$）甚至略高于 SiC，但关断态却不那么关键，原因是 Si 中的最大阻挡场大约小了 10 倍（0.3MV/cm）。

为了保护 SiC MOS 结构免受关断态下临界电场（如≥5.0MV/cm）的影响，必须正确地屏蔽栅极氧化物，例如，通过使用埋入的 p 注入物形成了积累区

（见图 7.1）。埋入的 p 注入作为 JFET 结构，通过限制到达 SiC/SiO_2 的电场来保护栅极氧化物。界面通过缩小 p 孔的尺寸，可以提高屏蔽效率。然而，缩小 p 孔增大了 JFET 的导通电阻贡献。因此，关断态下，在 R_{ON} 和栅极氧化物的可靠性之间再次存在权衡。

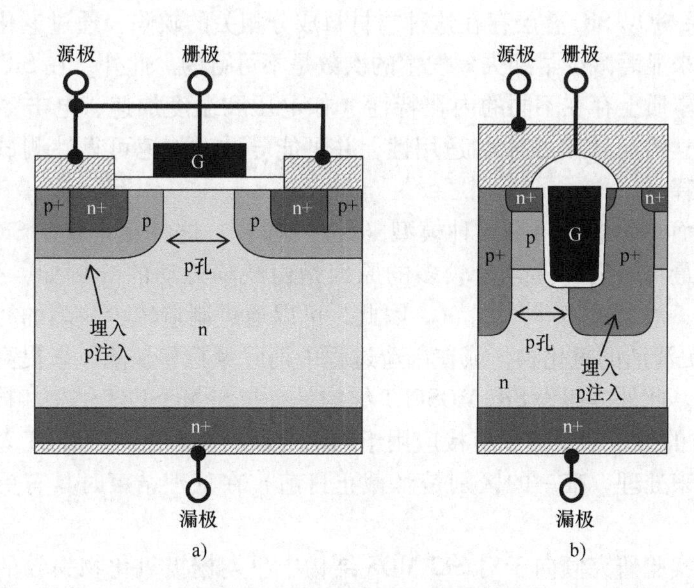

图 7.1　埋入的 p 注入屏蔽了栅极氧化物免受漏极电位的影响。p 孔的宽度决定屏蔽效率
a）SiC DMOSFET 的示意图　b）SiC TMOSFET 的示意图

总之，无论栅极氧化物的质量如何，可靠性和性能如何都是 SiC 功率 MOSFET 的黄金权衡。复杂的 SiC MOSFET 结构应始终设计为导通态下的栅极氧化物应力大于关断态的栅极氧化物应力。氧化物场在关断态（E_{ox}^{off}）对工艺变化非常敏感，因此更难进行控制。然而，在优化的器件中，差异需要最小化，因为如果关断态被设计为相对于导通态过于保守，则器件的整体性能（例如，比导通电阻 R_{ON}）会降低。原则上，这种说法也适用于 Si 器件，然而，由于 Si 具有更好的沟道迁移率和较低的临界状态电场，因此为优异可靠性所付出的“性能损失”要小得多。

7.2.2　内在和外在氧化物分解 ★★★

关于 SiC MOS 结构的大量早期失效是不是由于 SiO_2 在生长过程中的内在（内置）弱点引起的，文献中存在争议，或者，由于 SiC/SiO_2 界面或 SiO_2 内部的一些宏观缺陷，即所谓的“外在”或“外在缺陷”[15-17]。从实践的角度来看，这两种观点都发挥着重要的作用。

如果适用第一个模型（内在弱点），这将意味着 SiC 上的氧化物永远不可能与 Si 上相同厚度的氧化物具有同样的可靠性。当在同一电场下受力时，SiC 上的任何氧化物都会更早地内在分解，即使它没有外在缺陷。例如，有人提出，通过 SiO_2 的内在缺陷带的陷阱辅助隧穿可能导致 SiC MOS TDDB 数据中广泛的失效分布[15]。如果 SiO_2/SiC 叠层存在这种与材料成分相关的缺陷，通过老化技术或优化氧化工艺来显著减少早期失效发生的次数是不可行的。此外，在 SiC 上生长的氧化物，其本质上存在不同的内在特性（如电压和温度加速、电击穿场）可能会限制已建立的 Si 专有技术的适用性，并可能导致对加速可靠性测试和寿命推断的错误解释。

另一方面，如果适用第二种模型（外在缺陷），这将意味着在 SiC MOSFET 处理结束时最初缺陷部件数量较多的原因是由缺陷驱动的（例如，衬底缺陷、氧化物缺陷、加工缺陷等）[17-23]。因此，可以通过制造较少缺陷的衬底、生长（或沉积）更清洁的氧化物，或在制造过程中消除颗粒和缺陷，来提高栅极氧化物的可靠性。此外，假设 SiC MOSFET 结构具有与 Si MOSFET 结构相同的内在可靠性，则 Si 的很多知识可以直接应用于 SiC，这使得将 SiC MOSFET 基本上作为 Si MOSFET 来处理，唯一的区别是（截止目前）在处理结束时具有更高的外在缺陷密度。

大多数实验研究倾向于对 SiC MOS 结构中早期栅极氧化物失效的第二种缺陷的相关解释。例如，在小尺寸 MOSCAP（其出现外在缺陷的可能性可以忽略不计）上已经证明，SiO_2 在 SiC 上的内在氧化物性质，与 SiO_2 在 Si 上的内在氧化物性质非常相似，甚至完全相同[24-26]。然而，重要的是要考虑以下合理的论点，在某些情况下，可能会导致 SiO_2/SiC 材料成分的内在弱点。

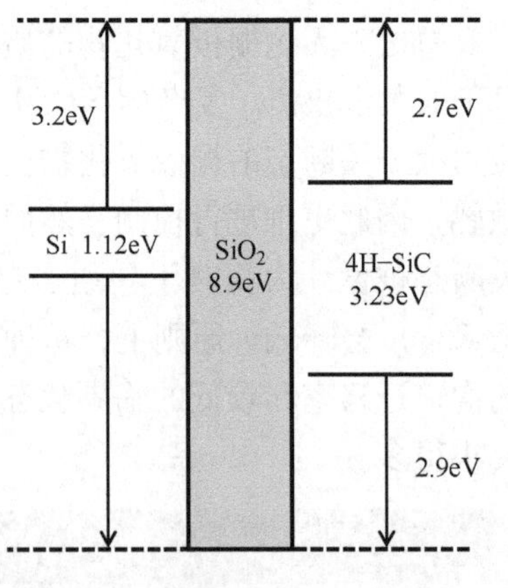

图 7.2　Si/SiO_2 和 4H - SiC/SiO_2 之间的能带偏移示意图

（i）4H - SiC 较大的禁带带隙减小了 SiC 半导体和栅极介质之间的传导和价带偏移（对比见图 7.2）。当然，对于相同的氧化物场，这种较小的偏移量会导致更大的福勒 - 诺德海姆隧穿电流[16,27]。如果是隧穿电流而不是电场决定了氧化物的磨损，则可以合理地假设，在 SiC 上的 SiO_2 不能承受与 SiO_2 在 Si 上相同的氧化物场应力。

（ii）在 SiC 的热氧化过程中，一定比例的半导体被消耗掉。这意味着 SiC 会转化为 SiO_2，从而释放需要从系统中去除的含

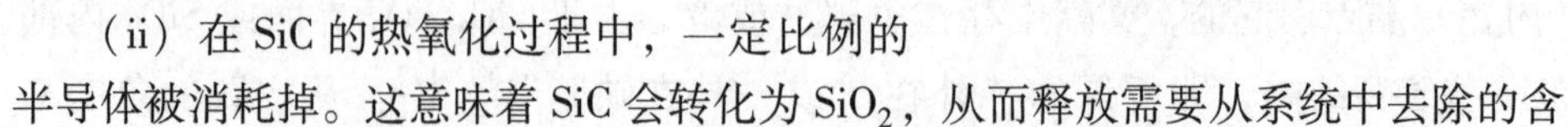

碳分子和/或其他碳物种。如果碳被困在大部分的 SiO_2 中，它可能会对氧化物的固有击穿性质产生影响。例如，被捕获的碳可以作为渗流路径促进剂或影响 Si-Si 或Si-O 键的局部偶极矩[15]。

以下评论和参考文献可能有助于更好地理解这些问题，并解释在什么情况下上述影响可能相关。

第一点可以被省略，至少对于氧化物厚度在几十 nm 范围内的器件，这是大功率 MOSFET 的典型特征。在这样的器件中，即使对于 SiC，栅极隧穿电流在应用条件下也可以忽略不计（$E_{ox}^{use} < 3 \sim 5MV/cm$）。在这个“场驱动”的状态下，线性 E 模型（也被称为热化学或艾林模型）可以完美地解释氧化物击穿的电压和温度加速[28-30]。在高场条件下，其他退化模型，如阳极空穴注入模型（$1/E$ 模型）也给出了 TDDB 数据的有用拟合[30-33]。对于哪一种是更好的加速模型，目前还没有达成共识[33-36]。

第二点可以通过比较厚的 SiO_2/SiC 叠层的击穿特性来消除，其中氧化物要么完全热生长，要么已经沉积并后来致密。如果在氧化物中捕获的碳粒子对击穿特性有显著影响，那么完全热生长的氧化物应该具有较低的击穿场，因为在氧化物/半导体叠层的制造过程中，更多的碳被释放（并且可能被结合）。然而，据我们所知，目前还没有实验证据证明这种差异。此外，无论是 SIMS 还是 HR TEM 研究，都不能在 SiC 上大量热生长的氧化物中发现大量的碳[37-39]。

基于这些论点和重要的实验证据，可以指出，SiC 基 MOS 结构中较高数量的早期失效发生次数很可能与 SiC 较大的电缺陷密度有关。该缺陷模型也与近十年来观察到的 SiC MOS 结构的栅极氧化物可靠性逐渐提高的趋势相一致。假设栅极氧化物外部缺陷的发生至少部分地与衬底缺陷有关，我们可以理解，由于 SiC 衬底和外延层质量的显著改善，它们发生的次数最近确实减少了。

综上所述，SiO_2 在 SiC 和 Si 上的内在质量和性能几乎是相同的。因此，具有相同面积和氧化物厚度的 Si MOSFET 和 SiC MOSFET 可以同时承受大致相同的氧化物场，只要被测器件不包含任何与缺陷相关的杂质。对 Si MOSFET 进行了广泛的统计研究，结果表明，无缺陷的 SiO_2 可以在 150℃下平均承受 10MV/cm 范围内的电场约 1h[33,40,41]。在如此高的电场下，SiO_2 键受到很大的应力，很有可能在氧化物中产生陷阱。由于应力的作用，陷阱的密度增大，直到达到临界密度，形成渗滤层。在那之后，局部增大的电流密度立即导致了一个临界的热失控，从而完成了介电击穿。在 10MV/cm 左右的电场下，内在击穿时间可能随栅极氧化物的厚度、面积和处理条件（如，致密化温度和时间）而略有变化。

7.2.3　威布尔统计和氧化物减薄模型 ★★★

在威布尔统计的框架下，SiO_2 在 SiC 和 Si 上的内在氧化物性质相同，意味着具有相同氧化物厚度和面积的 Si 和 SiC MOSFET 的“内在分支”一致（见图 7.3）。然后，“唯一”剩余的差异是 SiC MOSFET 器件中更大的外在缺陷密度，这决定了芯片生命周期内的失效率，并限制了当前在没有适当筛选的情况下销售 SiC MOSFET。

下面，我们将讨论早期栅极氧化物失效与宏观衬底或氧化物缺陷之间的联系。众所周知，与 Si 相比，SiC 具有更大的衬底缺陷密度和更多的衬底缺陷。宏观衬底缺陷，如微管、位错团簇或外延层颗粒，会导致严重的表面形状扭曲，从而导致氧化物生长/沉积过程中引起空间受限的加工不稳定性和瓶颈。这些扭曲可能导致局部氧化物变薄或小器件区域的氧化物质量减小（见图 7.4）。

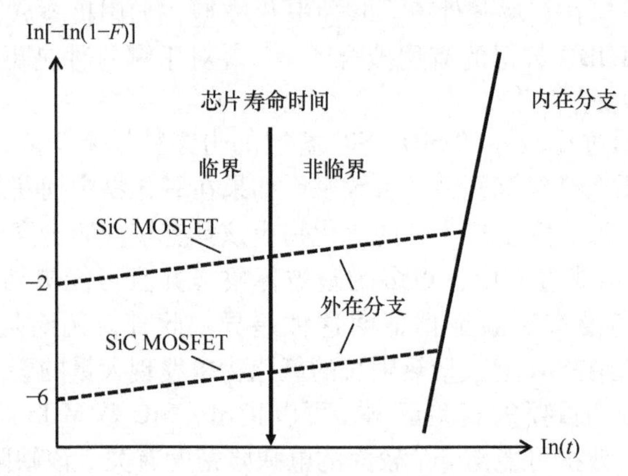

图 7.3　具有相同氧化物厚度和面积的 SiC MOSFET 和 Si MOSFET 的外在和内在威布尔分布示意图。由于更大的电缺陷密度，SiC MOSFET 表现出高 3 ~ 4 个数量级的外在缺陷密度

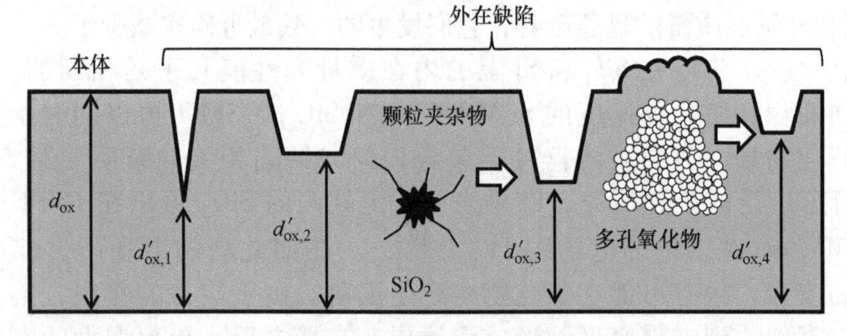

图 7.4　SiO_2 中外在缺陷的示意图。外部缺陷可能是由于真正的物理氧化物变薄，或由于颗粒夹杂物或孔隙率导致的介电场强度下降而导致的电氧化物变薄

由于致密化不足或在氧化物沉积过程中或在热氧化过程中混入体氧化物中的杂质或金属污染，也可能出现氧化物质量减小的区域。这些粒子/缺陷附近的扭曲区域可能具有规则的或更大的物理氧化物厚度，但与无缺陷的体氧化物相比，由于介电强度降低，在较低的电场下被击穿。在氧化物减薄模型的框架中，这种

缺陷区域可以被视为在常规电场下击穿的较薄的电氧化物[42,43]。因为最弱的环节决定了芯片的寿命，所以在使用条件下触发击穿的电场为

$$E_{\text{ox}}^{\text{on}'} \approx \frac{V_{\text{G,use}}}{d'_{\text{ox}}} \tag{7.3}$$

式中，$E_{\text{ox}}^{\text{on}'}$是氧化物场；$d'_{\text{ox}}$是器件内最薄的外部点的电氧化物厚度。如果在器件中不存在外在缺陷，则d'_{ox}等于大块电氧化物的厚度d_{ox}，器件出现在威布尔分布的内在分支中。外部缺陷减少的击穿时间（t'）可以用线性 E 模型来近似

$$t' = t_{\text{intr}}\exp\left(\gamma\left[\frac{V_{\text{G,use}}}{d_{\text{ox}}} - \frac{V_{\text{G,use}}}{d'_{\text{ox}}}\right]\right) = t_{\text{intr}}\exp(\gamma[E_{\text{ox}}^{\text{on}} - E_{\text{ox}}^{\text{on}'}]) \tag{7.4}$$

式中，常数γ是电压加速因子。最弱的外部点的氧化物厚度越小，$V_{\text{G,use}}$处的最大电场越高，击穿时间越早。考虑到这个模型，威布尔分布中的外部分支可以被理解为具有不同电氧化物厚度（$d'_{\text{ox},i}$）的外在缺陷的器件的集合。图 7.3 中外部分支的平坦斜率由外在缺陷的电氧化物厚度的分布决定。由于渗流路径的形成所涉及的统计过程和体氧化物厚度（d_{ox}）的轻微变化，内在分支的斜率虽然陡得多，但仍然是有限的。

为了完整起见，需要注意的是，温度也会加速氧化物的击穿。在全线性 E 模型中，这被一个附加的阿伦尼乌斯项所考虑

$$t(T_i) = t(T_j)\exp\left[\frac{\Delta E}{k_{\text{B}}}\left(\frac{1}{T_i} - \frac{1}{T_j}\right)\right] \tag{7.5}$$

式中，ΔE 为活化焓（通常称为活化能）；k_{B} 是玻尔兹曼常数；T_i 和 T_j 是开尔文温度[29]。文献中 ΔE 的值为 0.5～1.0eV[25,26,44]。假设温度加速度（ΔE）对于内在和外在的击穿都是相同的。改变温度会导致图 7.3 中时间轴上的威布尔图发生水平偏移。因此，在工作/应力温度升高时，失效概率增大。然而，应该注意的是，温度加速比电压加速要小。

在接下来的两节中，我们将解释如何通过扩大体氧化物厚度，以及选用适当的筛选措施来定制在加工结束时显示出较大外在缺陷密度的 SiC MOSFET 器件集成的可靠性。

7.2.4　临界外在物的定义和减少 ★★★

正如在引言中已经提到的那样，SiC MOSFET 的栅极氧化物的可靠性在过去十年中逐渐提高。假设目前典型的电缺陷密度为 0.1～1 个缺陷/cm^2，则可以预计电活性栅极氧化物面积为 10mm^2 的 SiC MOSFET 的集成中，有 1%～10% 外在缺陷。这意味着 90%～99% 的 SiC 器件是完好的，并表现出内在栅氧化物可靠性。然而，尽管有所改进，但潜在早期失效的剩余比例（1%～10%）仍然比 Si

要高出 3~4 个数量级，比较见图 7.3。

在这一点上，重要的是要认识到，并非所有出现在威布尔分布的外在失效分支中的器件都一定是临界的。事实上，只有在预期产品寿命内失效的器件才是线性可靠的。使用线性 E 模型，我们可以假设一个器件在 t'时刻、电压 $V_{G,i}$、一定的外在氧化物厚度 $d'_{ox,i}$条件下发生外在失效。

$$t_i = 3600 \cdot \exp\left(\gamma E_{BD}^{1h} - \frac{\gamma}{d'_{ox}} V_{G,i}\right) \tag{7.6}$$

$$d'_{ox} = \frac{\gamma V_{G,i}}{\gamma E_{BD}^{1h} - \ln\left(\frac{t_i}{3600}\right)} \tag{7.7}$$

在式（7.6）和式（7.7）中，参数 E_{BD}^{1h}是固有的 SiO_2 场强。它描述了 SiO_2 可以承受 1h 的平均氧化物电场，例如，在 150℃下为 10MV/cm。外在点的氧化物越薄，在 $V_{G,use}$处的局部电场越高，而该器件就会越早出现失效。从可靠性的角度来看，最关键的外部失效会在所需的芯片寿命结束前不久出现。假设一个典型的芯片寿命为 20 年，推荐的栅极使用电压为 15V，伽马因子为 $\gamma = 3.5$cm/MV [1.5dec/(MV/cm)][44]，式（7.7）得出的临界外延的氧化物厚度上限约为 23nm。在本例中，所有具有有效氧化物厚度小于 23nm 的外在缺陷的器件在应用过程中都会失效。如果器件不是在 +15V 下运行，而是在 +20V 下运行，所有具有有效氧化物厚度小于 31nm 的外在缺陷的器件将在产品寿命内失效。很明显，MOSFET 器件的体氧化物厚度的绝对下限必须安全地高于这个临界氧化物厚度值。

通过在一定范围内增加体氧化物厚度，可以延长固有寿命（见图 7.5）。

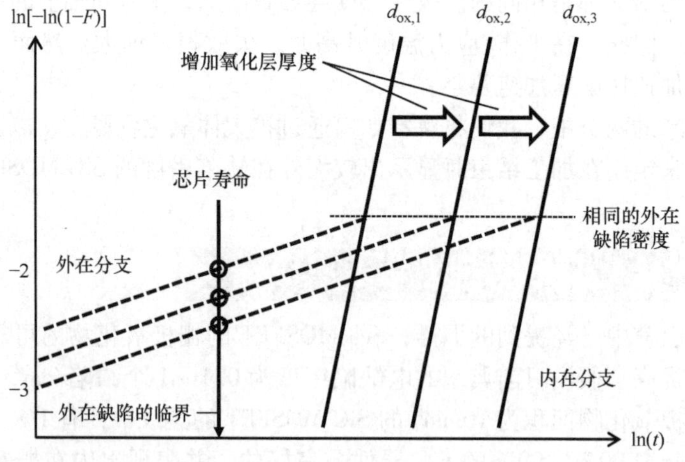

图 7.5　增加体氧化物厚度时，外在和内在分支的示意图（$d_{ox,1} < d_{ox,2} < d_{ox,3}$）

然后，将相同数量的外物分别分布在更长的时间和氧化物厚度范围内。因此，临界外物的数量减少，因为出现比临界氧化物厚度更薄的外部氧化物的风险更小。然而，仅采取这一措施并不会导致失效概率减少 3 ~4 个数量级。

还有一种额外的处理方法可以用于进一步减少关键外物的数量（即栅极氧化物老化筛选）[45,46]。因此，每个器件都受到具有规定振幅和时间的栅极应力脉冲。应力脉冲必须进行调整，使其损坏具有临界外物的器件，而没有外物或只有非临界外物的器件能够得以保存。为了保证老化幸存的器件不被筛选脉冲损坏，块状的栅极氧化物必须足够厚。被应力脉冲损坏的器件可以从分布中移除。这样，潜在的可靠性风险就转移到良率损失。这是外部筛选的关键思想。

7.2.5 筛选后的失效率和失效概率 ★★★

从初始分布中删除所有关键的外部因素后，在下一个即将到来的芯片寿命内失效的机会显著减少，但不是零。请注意，老化幸存的芯片没有受到损坏，而是因为受到老化脉冲而老化。因此，稍厚氧化物的新的临界外物可能在筛选后生效。下面，将从威布尔分布中得出筛选后的失效率和失效概率。

在统计学中，累积分布函数（CDF）描述了一个随机变量 X 的值小于或等于 x 的概率。威布尔分布的 CDF 描述了在给定时间 t 之前的失效概率[47]

$$F(t) = 1 - \exp\left[-\left(\frac{t}{\tau}\right)^{\beta}\right] \tag{7.8}$$

式中，τ 是表示 63.2% 的器件失效时的特征时间的尺度参数；β 是表示外在或内在分布斜率的形状参数。$\beta<1$ 的故障率（早期失效率）随时间降低是威布尔分布的一个特征。失效率（也称为失效函数）$h(t)$ 被定义为一个样本在下一刻失效的概率，假设该样本直到现在还没有失效。

$$h(t) = \frac{\frac{\mathrm{d}F(t)}{\mathrm{d}t}}{1 - F(t)} = \frac{\beta}{\tau}\left(\frac{t}{\tau}\right)^{\beta-1} \tag{7.9}$$

失效函数的一个图形表示是所谓的浴盆曲线。图 7.6 显示了筛选和未筛选的 SiC MOS 结构的浴盆曲线。需要注意的是，图 7.6 中的“未筛选”浴盆曲线并没有显示出分布中间典型的恒定危险（$\beta = 1$）平坦平台[48]。由于不同电氧化物厚度的外在缺陷分布广泛，早期失效率（$\beta < 1$）直接毗邻寿命结束磨损阶段（$\beta > 1$）。

电筛选进入了早期失效规律，其中失效函数随时间逐渐减少（$\beta < 1$）。

$$h(t + t_{\mathrm{scr},i}) = \frac{\beta(t_{\mathrm{scr},i})^{\beta-1}}{\tau^{\beta}}\left(1 + \frac{t}{t_{\mathrm{scr},i}}\right)^{\beta-1} \tag{7.10}$$

式中，$t_{\mathrm{scr},i}$是筛选的寿命。只要筛选出的芯片寿命明显大于后续的芯片寿命

($t_{scr,i} \gg t$)，式（7.10）产生一个常数失效函数（对比见图7.6）。老化脉冲振幅越大，筛选后的失效危害越小，筛选效率越高。

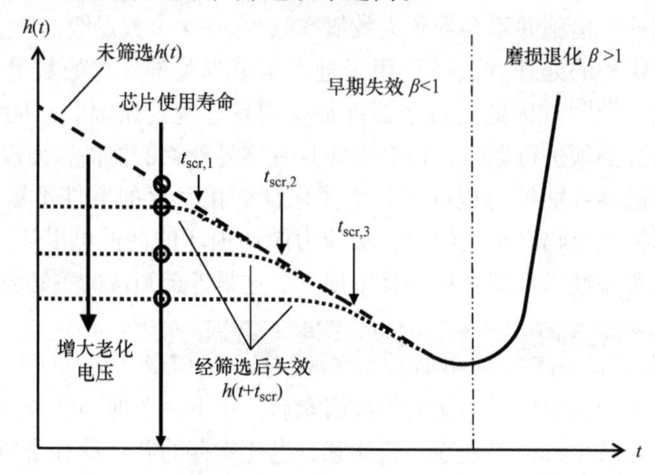

图7.6　当增大老化脉冲电压时，未筛选和筛选硬件的SiC MOS危险函数（浴盆曲线）示意图

筛选后的失效概率为 $t + t_{scr,i}$ 时的累积失效概率，鉴于该器件已经存活了一段时间的 $t_{scr,i}$，条件概率为

$$F(t+t_{sci,i} \mid t_{sci,i})1 - \frac{S(t+t_{scr,i})}{S(t_{scr,i})}$$

$$=1-\exp\left\{-\left[\left(\frac{t_{scr,i}+t}{\tau}\right)^{\beta}-\left(\frac{t_{scr,i}}{\tau}\right)^{\beta}\right]\right\} \tag{7.11}$$

在式（7.11）中，$S(t+t_{scr,i})$ 和 $S(t_{scr,i})$ 是描述器件存活到特定时间概率的存活/可靠性函数

$$S(t+t_{scr,i}) = 1 - F(t+t_{scr,i})$$

和

$$S(t_{scr,i}) = 1 - F(t_{scr,i})$$

比值 $S(t+t_{scr,i})/S(t_{scr,i})$ 是存活的条件概率，假定这个器件已经存活了 $t_{scr,i}$s。

在威布尔图中，$\ln[-\ln(1-F)]$ 通常绘制为 y 轴，$\ln(t)$ 绘制为 x 轴，生成

$$\ln\{-\ln[1-F(t+t_{scr,i} \mid t_{scr,i})]\} = \ln\left[\left(\frac{t_{scr,i}+t}{\tau}\right)^{\beta}-\left(\frac{t_{scr,i}}{\tau}\right)^{\beta}\right] \tag{7.12}$$

对于 $t_{scr,i} \gg t$，式（7.12）可以进行扩展

$$\ln\left[\left(\frac{t_{scr,i}+t}{\tau}\right)^{\beta}-\left(\frac{t_{scr,i}}{\tau}\right)^{\beta}\right] = \ln\left(\frac{t_{scr,i}}{\tau}\right)^{\beta} + \ln\left[\left(1+\frac{t}{t_{scr,i}}\right)^{\beta}-1\right]$$

$$\approx \ln\left(\frac{t_{scr,i}}{\tau}\right)^{\beta} + \ln\left(\beta \cdot \frac{t}{t_{scr,i}}\right)$$

经过筛选后，得到的威布尔分布的斜率为

$$\ln\{-\ln[1-F(t+t_{\mathrm{scr},i} \mid t_{\mathrm{scr},i})]\} \approx \ln\left[\left(\frac{t_{\mathrm{scr},i}}{\tau}\right)^{\beta} \cdot \frac{\beta}{t_{\mathrm{scr},i}}\right]+\ln(t) \quad (7.13)$$

图 7.7 显示了已筛选硬件和未筛选硬件的威布尔分布。对于 $t>t_{\mathrm{scr},i}$，筛选后的分布接近于原始的（未筛选的）外在分支。可以明显看出，图 7.7 只有当老化脉冲引起的老化对应于多个芯片的寿命（$t_{\mathrm{scr},i} \gg t_{\mathrm{use}}$）时，筛选才有效。这只能通过施加一个振幅远大于该器件的推荐使用电压（$V_{\mathrm{G,use}}$）的老化脉冲来实现。为了能够在 90% ~99% 的良好芯片不老化的情况下做到这一点，体积氧化物必须比通常只显示内在失效的硬件需要的厚度更厚。从这个角度来看，较厚的体氧化物直接对应于更高的可靠性。使用筛选，即使是具有 10% 或更多关键外显物的硬件也可以变得可靠。

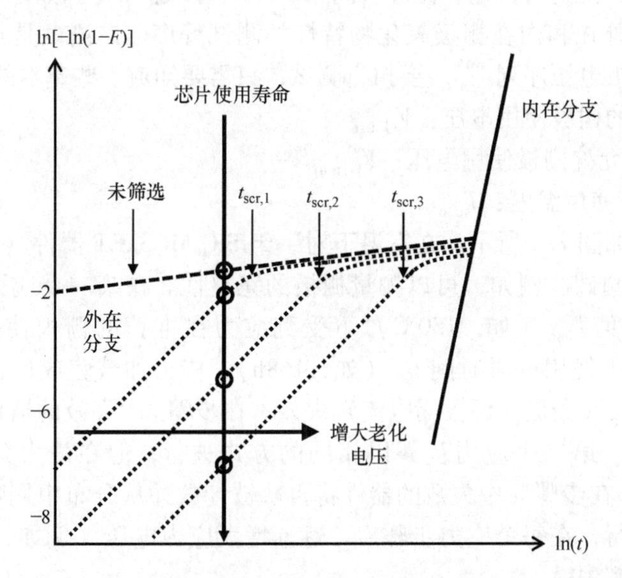

图 7.7　当增大老化脉冲电压时，未筛选和筛选硬件的 SiC MOS 外在和内在威布尔分布示意图

7.2.6　R_{ON}和 d_{ox}的权衡 ★★★

正如在前面的内容中已经提到的，较厚的体氧化物意味着与 R_{ON}进行权衡，将在下面演示。在大功率 SiC MOSFET 器件中，R_{ON}通常由三个主要组件组成

$$R_{\mathrm{ON}}=R_{\mathrm{ch}}+R_{\mathrm{JFET}}+R_{\mathrm{epi}} \quad (7.14)$$

式中，R_{ch}是器件的沟道电阻；R_{JFET}是 JFET 电阻；R_{epi}是漂移区的外延层电阻。

由于 SiC MOSFET 较低的反转载流子迁移率，沟道电阻对 R_{ON} 的影响很大。在一阶近似中，MOSFET 的沟道电阻为

$$R_{ch} = \frac{L}{W \cdot \mu_n \cdot C_{ox} \cdot (V_{G,use} - V_{TH})} = \frac{L \cdot d_{ox}}{W \cdot \mu_n \cdot \varepsilon_0 \cdot \varepsilon_{r,SiO_2} \cdot (V_{G,use} - V_{TH})} \tag{7.15}$$

式中，W 为沟道宽度；L 为沟道长度；μ_n 为自由电子迁移率；$V_{G,use}$为栅极使用电压；V_{TH}为器件的阈值电压；d_{ox}为块状栅极氧化物的厚度。式（7.15）表明 R_{ch}随 d_{ox}呈线性增加。因此，通过使整体栅极氧化物更厚，更高的可靠性是以 R_{ON}增大为代价的。

7.2.7 逐步增大栅极电压的测试过程和测试结果 ★★★

在本节中，我们将讨论和比较不同 SiC MOSFET 器件（例如，来自不同制造商的器件）的外在和内在栅极氧化物特性的测试程序。该测试是基于在高温下进行的阶跃栅极电压序列[49]。要执行测试，只需要知道一些基本的数据表值：

（i）推荐的栅极使用电压：$V_{G,use}$

（ii）最大允许栅极使用电压：$V_{G,max}$

（iii）推荐使用温度：T_{use}

测试过程如图 7.8 所示。在室温下对一组 SiC MOSFET 器件（如，100 个样品）进行了预测试。例如，可以测量栅极的完整性。在第一个应力步骤中，所有器件都在温度 T_{use}（如，150℃）下受到应力在推荐的栅极使用电压 $V_{G,use}$（如，+15V）下使用一段时间 t_{str}（如，168h）。应力加载完成后，检查所有器件是否存在 I_{GSS}（栅极 - 源极漏电流）失效。在步骤 i 中失效的器件将被计数并从分布中剔除。第二个应力步骤以相同的方式进行，但在最大允许使用电压 $V_{G,max}$下进行。在步骤 ii 中失败的器件将再次被计数并从分布中剔除。测试以这种方式继续进行，在每个应力步骤后，逐渐增大应力电压（例如，通过 +2V），直到所有器件都失效。

在测试结束时，每个应力步骤后的失效器件在威布尔图中进行分析。在实验中，CDF 可以用伯纳德近似来确定

$$F_i = \frac{i - 0.3}{N + 0.4} \tag{7.16}$$

式中，i 是一个运行指数，表示故障设备的数量；N 是被测试设备的总数。威布尔图的 y 轴是通过式（7.8）中 CDF 的线性化计算出来的

$$\ln[-\ln(1 - F_i)] = \beta \cdot \ln\left(\frac{t_{use}}{\tau}\right) \tag{7.17}$$

使用线性 E 模型，寿命在式（7.17）（通常是威布尔图的 x 轴）可以表示为差值

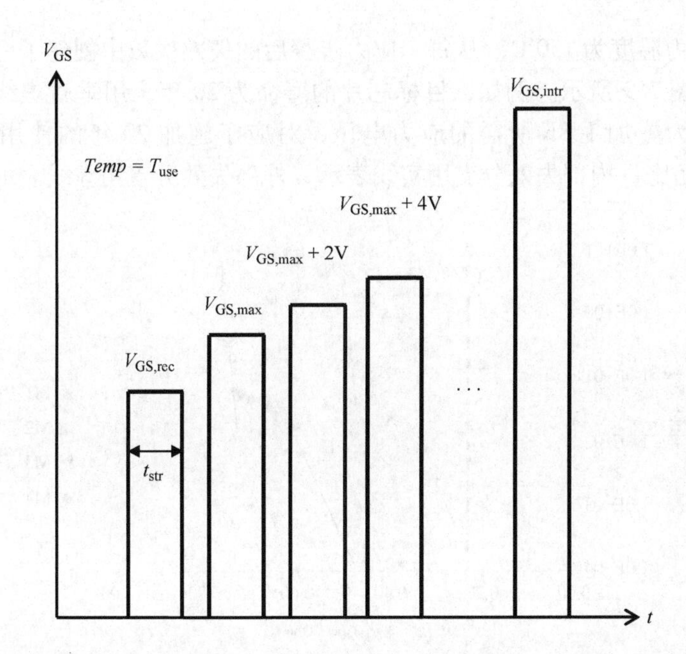

图 7.8　建议的栅极电压阶跃测试过程[49]。在每个应力序列之前和之后，通过 I_{GSS}（栅极 - 源极泄漏）测试来检查每个芯片的栅极完整性。该过程是一种使用寿命终止测试

$V_{G,str}-V_{G,use}$的函数，对应于具有电氧化物厚度 d'_{ox}的外部点

$$t_{use}=t_{str}\exp\left[\frac{\gamma}{d'_{ox}}(V_{G,str}-V_{G,use})\right] \tag{7.18}$$

在式（7.7）之后，d'_{ox}与压力时间（t_{str}）以及有缺陷的器件出现故障时的应力电压（$V_{G,str}$）有关，导致有缺陷的器件出现失效。将式（7.7）代入式（7.18）得

$$t_{use}=t_{str}\exp\left\{\left[\gamma E_{BD}^{1h}-\ln\left(\frac{t_{str}}{3600}\right)\right]\left(1-\frac{V_{G,use}}{V_{G,str}}\right)\right\} \tag{7.19}$$

将式（7.19）代入式（7.17）得

$$\ln[-\ln(1-F_i)]=\beta\left[\ln\left(\frac{t_{str}}{\tau}\right)\right]+\beta\left[\gamma E_{BD}^{1h}-\ln\left(\frac{t_{str}}{3600}\right)\right]\left(1-\frac{V_{G,use}}{V_{G,str}}\right) \tag{7.20}$$

在双对数（y 轴）表示中，在式（7.20）中描述的威布尔分布，如果选择 1 减去使用电压和应力电压的比值作为横坐标（x 轴），则双对数函数值随时间呈线性增长。请注意，斜率仅取决于材料参数和应力循环时间。在式（7.20）中的常数项包括依赖于外在缺陷密度的尺度参数 τ。

用四家 SiC MOSFET 制造商（M1 ~ M4）的 100 个器件进行了实验验证。样品采用上述测试过程进行测试。每个周期的应力时间（t_{str}）选择为 1 周

(168h)，应力温度为150℃。从每个应力步骤后的失效次数中创建了一个威布尔图。结果如图7.9所示。例如，目标芯片的寿命为20年，用垂直虚线表示。该线可以理解为施加168h所需的应力电压，对应于施加20年的使用电压［与式（7.19）相比］内部失效分支用实线表示，外部失效分支用虚线表示。

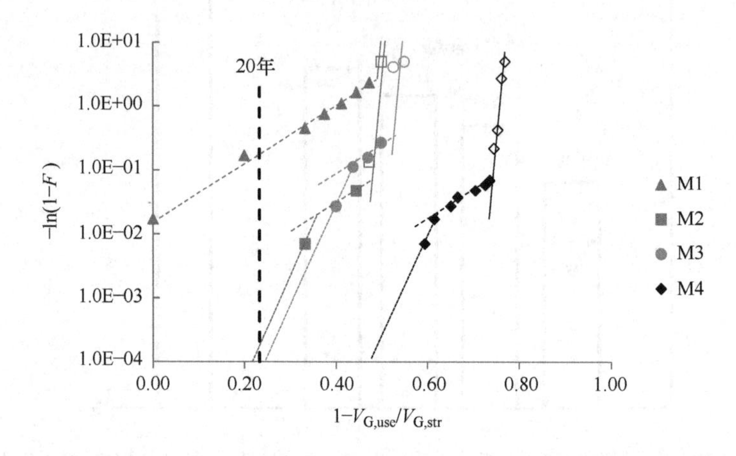

图7.9　来自四家不同的SiC MOSFET器件制造商的内在和外在失效率的威布尔图。空心符号对应于内在击穿的器件，实心符号对应于外在击穿的器件。虚线表示外在分支，直线表示内在分支（彩图见插页）

图7.9显示了M1、M2和M3相似的内在分解分支，表明了类似的体积氧化物厚度。然而，与M1相反，M2和M3显示的外部失效数量要少得多。这表明M1没有使用任何老化材料，而M2和M3使用了如7.2.4节所述的电子外部筛选。很明显，制造商M4比其他三个制造商有一个更大的内在击穿电压，表明具有一个相当厚的体氧化物。较厚的体积氧化物使M4能够使用更积极的筛选，这导致在芯片寿命为20年时产生更低的外在缺陷密度。因此，M4的器件是迄今为止最可靠的。M2、M3和M4使用外部筛选的假设进一步得到了外部分布中的微弱扭结的支持（比较见图7.7和图7.9）。为了使这种扭结更明显，人们必须使用比100个样本量更大的样本量。

7.2.8　结论 ★★★

在过去的十年里，衬底质量和电缺陷密度的显著提高是几家制造商能够成功地将SiC MOSFET商业化的原因。在栅极氧化物可靠性领域，Si有大量的专有技术，但也有一些SiC的特性需要考虑。SiC和Si MOSFET之间最重要的差异是在工艺结束时，SiC MOS结构的缺陷密度高了3～4个数量级。这种更大的缺陷密度很可能与衬底缺陷、金属污染和颗粒有关。本章的一个目标是强调，尽管最初

的电缺陷密度较大，但通过应用智能筛选措施，可以将 SiC MOSFET 降低到与 Si MOSFET 或 IGBT 相同的低 ppm 率。实现有效的栅极氧化物筛选的方法是一个比通常需要满足内在寿命目标更厚的体积氧化物。较厚的氧化物允许充分加速老化，这可以作为标准晶片测试的一部分进行应用。这样，外在的可靠性问题就可以被转移到良率损失中。通过检查来自不同制造商的 SiC MOSFET 器件的失效分布，发现 4 家测试制造商中有 3 家可能已经使用了外在缺陷筛选，从而大大降低了使用寿命内的失效概率。在所需的芯片寿命和固有寿命（即具有最厚的氧化物）之间裕度最大的器件也显示出最突出的可靠性。最后，实验结果与栅极氧化物的外在缺陷模型一致，并与在 SiC 上生长的 SiO_2 的内在缺陷模型相矛盾。

7.3　高温反向偏置测试

高温反向偏置（HTRB）测试有时也被称为热反向测试，用来验证芯片泄漏电流的长期稳定性。在 HTRB 测试期间，在接近最大允许结温的环境温度下，半导体芯片受到反向直流电压的作用，该电压等于或略低于器件的关断能力。测试条件要求施加的电应力比典型应用要高得多。在大多数应用系统中，标称直流链路电压将为指定器件关断电压的 50% ~67%，超过临时电压峰值。此外，该器件在正常应用中只会偶尔达到最高工作温度。因此，该测试是一个高度加速的程序，可以在 1000h（6 周）的测试持续时间内产生电应力，也验证了器件持续工作 20 年以上的能力。

失效标准限制了测试后允许的泄漏电流的增大，即当器件与电源断开并冷却时，以防止这种退化效应。此外，大多数半导体器件制造商也在 1000h 的测试过程中持续监测泄漏电流，并在整个测试过程中需要一个稳定的泄漏电流。

在这些温度下，器件的体半导体本身不会发生退化，但该测试能够揭示器件边缘场耗尽结构和钝化过程中的弱点或退化效应。

电场必须在功率器件的边缘进行扩展，以通过场损耗结构来减少芯片表面的切向场。在 SiC 中，场环结构是可能的。在大多数情况下，这种结终止是一种“还原表面场”（RESURF）结构，是一种低掺杂的 p 层。在 Si 器件的结终端处，表面电场强度通常为 100 ~150kV/cm。由于 SiC 的材料特性，临界电场强度 > 3MV/cm[3]。高临界场强目前在 SiC 中还没有得到充分的应用，与 Si 相比，在设计中使用了更高的安全冗余度。然而，表面的 SiC 电场预计在 >1MV/cm 的数值范围。

此外，注入结终端区域的受体通常受 SiC 的六角形轴极性（Si 表面或 C 面各向异性）和工艺处理（如氧化或干刻蚀工艺过程，见参考文献［50］）产生的表面电荷部分补偿（或增强）影响。这些表面电荷通常在 $10^{12}cm^{-2}$ 左右范围

（即，对最佳结终端设计有影响），以允许一个最佳的击穿电压。移动离子可以在这些高场区域积累，并可以改变初始的表面电荷。这些离子的来源可以是在芯片化合物中、在封装过程中的污染或工艺剂的残留物，如焊料焊剂残留。高温环境增大了这些离子的迁移率从而加速了这一过程。表面电荷可以改变器件内的电场，并改变结终端的击穿电压。根据初始状态的不同，电压增大和减少都是可能的。如图 7.10 所示，显示了在 SiC 器件设计时对 JTE 剂量的依赖性。

如果一个器件被设计为在晶胞电场有雪崩失效[3]，通过移动离子的 JTE 电荷变化甚至可能导致雪崩从晶胞电场向外围移动，并伴随着雪崩电流承受能力的下降。如果这种效应在芯片周围不是均匀分布的，而是在导致点状雪崩位置的特定位置上更强，情况就会变得更糟。

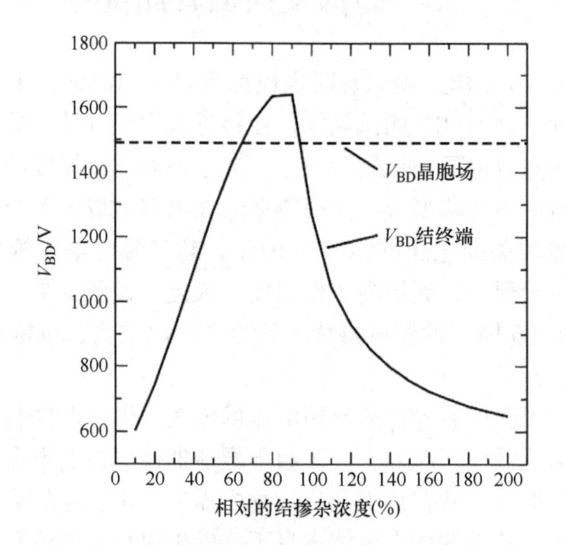

图 7.10 模拟击穿电压 JTE 与边缘剂量的关系与晶胞电场击穿（1200V 器件）的比较，表明了单区 JTE 注入的工艺窗口。
（来自 R. 埃尔佩尔特，英飞凌）

在刻蚀终止区，这样的表面电荷甚至可以在低掺杂密度的器件区域产生反型沟道，并产生穿过 pn 结的短路路径。因为在相同的关断电压下，SiC 中的基底掺杂比 Si 中的高 100 倍左右，所以也需要 100 倍以上的表面电荷来产生反型沟道。因此，一般来说，在成熟的 SiC 器件设计中，HTRB 测试中的硬失效不太可能发生，但仔细监测由应力测试引发的击穿电压和泄漏电流的任何变化也很重要。这样的漂移是一个很好的指标，可用于验证对 JTE 的设计是否不够坚固。这不仅适用于 HTRB 测试，而且更明显地适用于高压 H3TRB 电应力测试（见下一章）。

7.4　高温高湿反向偏置测试

温度湿度偏置测试，也称为高温高湿反向偏置（H3TRB）测试，重点研究湿度对功率组件长期可靠性的影响。

封装模压是一种无缺陷的对环境完全密封的技术[2]。然而，这不是大多数功率模块封装所采用的情况。虽然键合线和芯片可以完全嵌入硅胶软芯片中，但这种材料有很高的渗透湿度。因此，湿气可以侵入封装体，并可以到达芯片表面和结钝化层。本测试旨在检测芯片钝化工艺中的弱点，并揭示封装材料与湿气相关的退化过程。

在测试过程中所施加的电场作为在半导体表面积累离子或极性分子的驱动力；另一方面，泄漏电流所产生的功率损耗不会导致芯片及其环境温度升高，从而降低相对湿度。因此，有一定的限制，标准要求芯片温度升高不超过 2℃。因此，在过去的低关断电压 MOSFET 下，反向电压被限制在关断电压的 80%，而在更高的关断能力下被限制在最大 80V。

过去几年的一些现场经验表明，这种测试条件并不适用于所有的应用条件。现场失效显然归因于湿度的影响，引起了关于 80V 最大施加电压的讨论。由于现代半导体芯片的泄漏电流足够小，即使在 1200V 及以上的标称关断电压的 80% ~90% 时，也能保持允许的 2℃温度升高，因此对 80V 的限制已经过时了。参考文献［51］中显示了高偏置水平的 Si IGBT 显著加速了水分诱导的退化。对于功率半导体，由湿度暴露引起的最突出的腐蚀机制是电迁移和 Al 腐蚀[52]。另一方面，湿度也可以提高由加工、聚酰亚胺钝化或环氧树脂塑封料所产生的可移动离子的迁移率[53]。这可能导致比在 HTRB 测试中更快地引起 JTE 阻断能力的改变。同时，制造商在接近击穿电压的电压下进行测试。然而，到目前为止还没有定义一个新的标准。

图 7.11 显示了一个对 1200V 模块的某一部分的测试，其中 SiC MOSFET 在 1080V 下执行，这是额定电压的 90%。在持续 122h 后，泄漏电流（85℃）低于测量分辨率。134h 后会发现泄漏电流不断增大，随后出现快速增大，模块失效。

如上所述，H3TRB 测试需要一个新的标准。施加的电压可以不同，也可以小于额定电压的 90%。特别是在高压应用中，直流链路电压通常不超过最大值。还必须考虑额定电压的 66% 和应用条件（湿度、温度、电压）。电力设备器件的许多应用都是户外应用，如光伏逆变器。当变换器外壳和模块外壳内的温度随每日温度变化和天气限制而变化时，湿度可能更加关键[54]。在参考文献［54］中进行了一个测试，一半的功率模块放置在室内，另一半放置在室外，两者都在逆变器模式下运行。缺点是失效机制没有加速。参考文献［55］中提出了一个模

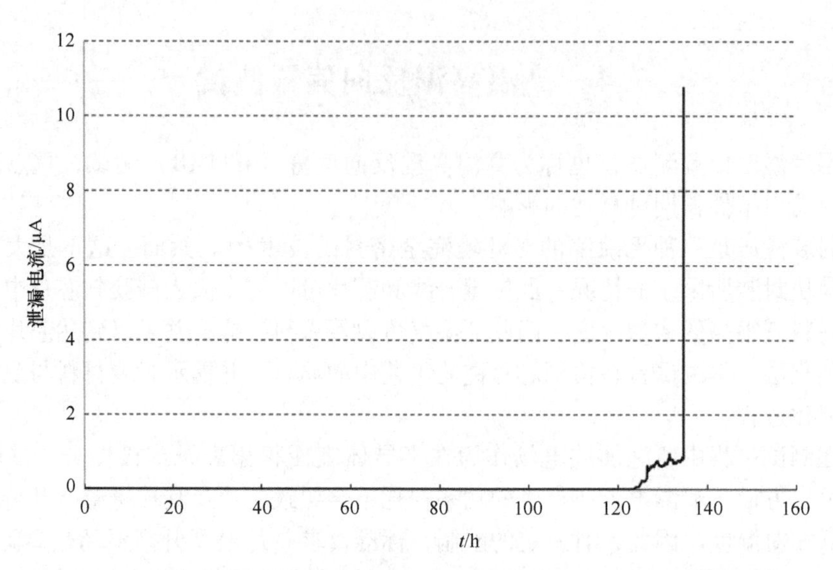

图 7.11　一个 1200V SiC MOSFET 模块的一部分的泄漏电流。相对湿度 85%，温度 85℃，直流电压 1080V。测试由开姆尼茨大学执行

拟变换器和功率模块内部湿度的模型。结果表明，变换器柜内的湿度会明显超过环境条件。对于宽禁带器件也需要类似的模型。

7.5　温度循环

温度循环测试和温度冲击测试是模拟现场寿命期间环境温度的两种测试方法。通过外部温度记录的变化速率用来区分测试条件。如果温度变化速率在 10～40℃/min 范围内缓慢进行，则将测试称为温度循环测试。在温度冲击测试中，环境温度在 1min 内发生变化。对于功率模块，这个试验通常使用双腔室来实现，其中空气被永久加热或冷却到最高或最低测试温度，而携带被测器件的电梯在低于 1min 的时间间隔内在两个腔室之间移动。由于气体环境的热交换速率相当慢，模块内达到平衡温度分布的时间可以从 30min 到 2h 不等，这取决于被测器件的总热容量。

有一个更极端的温度冲击测试是液体 - 液体热冲击测试。在这个测试中，环境由适当的液体构成，加热或冷却到所需的温度极限（如 150℃或以上的油和 -196℃的液氮）。这种测试条件对于模块并不常见，但通常对作为封装基材的 DBC 衬底执行。在液体环境中，传热的速度比在其他气体环境中要快得多，因此可以在几 min 内达到平衡的温度分布。

参数的变化通过初始和最终性能测量进行评估，并要求必须符合失效标准。

不同热膨胀系数的不同材料组合导致系统中较大的机械应力。更重要的是，双金属效应引起了模块的循环变形。对功率模块的热力学行为的模拟表明，如果减少这种双金属弯曲（例如，通过将模块安装在散热器上），应力减小，寿命延长[56]。因此，在测试过程中，模块应安装在装配板上，以尽可能接近地模拟应用条件。

由于材料层膨胀系数的差异，温度循环产生的循环机械变形导致功能层本身和互连层产生应力。随着时间的推移，这将导致裂纹的产生，并导致这些层的分层。扫描声学显微镜（SAM）是一种用于识别功率半导体模块分层的合适的检测方法。

温度循环测试显示了与封装相关的典型效应。最敏感的是大面积接头，例如，在功率模块中的衬底和基板之间。如果使用 Si 或宽禁带器件，通常不会发现差异。然而，在分立器件的情况下，较高的 SiC 弹性模量可能会导致更明显的双金属效应，特别是在较大的芯片和薄引线框架的情况下，如 TO－252 和一些其他 SMD 封装。

7.6　功率循环

7.6.1　测试设置和结温测定 ★★★

与温度循环测试相反，在功率循环测试中，功率芯片由于功率器件本身产生的损耗而导致温度升高。在功率循环试验中，被测试的器件安装在散热器上，就像在实验应用中一样。负载电流由功率芯片传导，功率损耗使芯片发热。在每个周期中，模块内部都会产生相当大的温度梯度。而在温度循环测试中，试验对象中的所有层都具有相同的温度；在功率循环试验中，不同的层将具有不同的温度和不同的热膨胀。因此，可以触发不同的失效机制。

一个典型的 Si IGBT 建立的示例性测试设置如图 7.12 所示。

负载电流会导致器件发热。当达到更高的结温 T_{vjhigh} 时，负载电流关闭，器件冷却。当达到结温 T_{vjlow} 的下限时，再次打开负载电流，并重复该循环。功率循环测试的一个特征参数是温度差值 ΔT。它由加热阶段结束时的最大结温 T_{vjhigh} 与冷却间隔结束时的最小结温 T_{vjlow} 之间的温差给出：

$$\Delta T = T_{vjhigh} - T_{vjlow} \tag{7.21}$$

图 7.12 中，ΔT 可读取为 78K。

功率循环试验的另一个重要参数是介质温度 T_m：

$$T_m = T_{vjlow} + \frac{T_{vjhigh} - T_{vjlow}}{2} \tag{7.22}$$

除 T_m 外，T_{vjhigh} 或 T_{vjlow} 也可以用作特征参数，因为它们与 ΔT 相关。其他相关的参数（例如，周期的持续时间）也是重要的，如图 7. 12 所示。较长的加热时间 t_{on}（图 7. 12 中的 15s）通常表示短 t_{on} 时器件受到的应力较大。

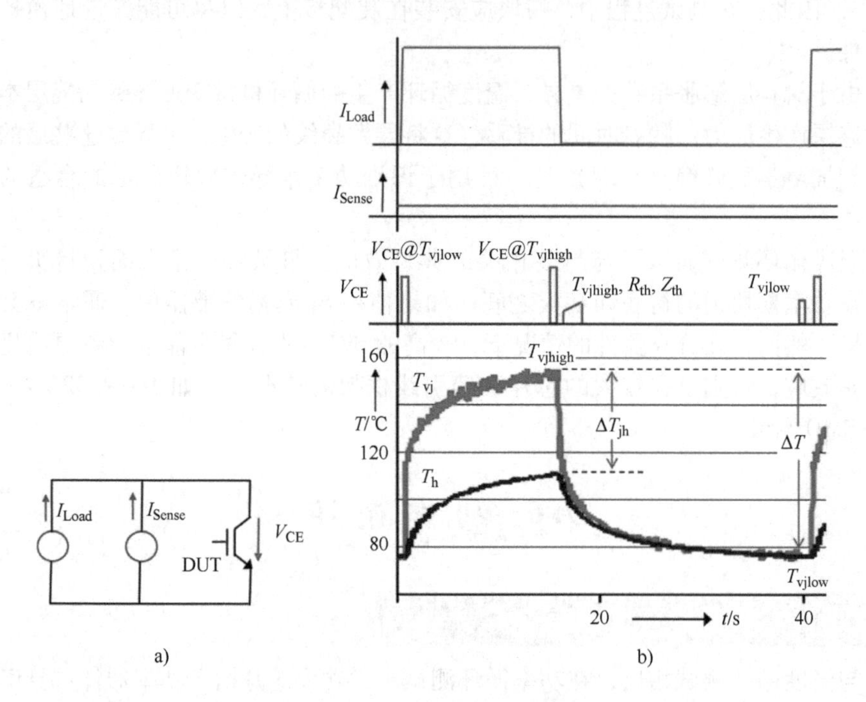

图 7. 12　一个典型的 Si IGBT 建立的示例性测试设置（彩图见插页）
a）基本测试设置　b）一个功率循环测试周期的负载电流、
感应电流、执行电压测量、虚拟结温和散热器温度的时间过程

结温的测量是用检测电流 I_{Sense} 来执行的，它必须足够小，以产生可以忽略的损失，$I_{Sense} \approx 0.001 I_{Load}$。采用 pn 结作为温度传感器，其结电压为温度敏感电参数（TSEP）。这种方法被称为虚拟结温 T_{vj} 的测定。它是基于 pn 结的物理特性，其特性被描述为

$$j = j_s \cdot \left(e^{\frac{q \cdot V}{n \cdot k \cdot T}} - 1 \right) \tag{7.23}$$

式中，n 是一个“理想性因子”，应该接近于 1；j_s 是 p^+n^- 结的饱和泄漏电流，由式（7. 24）给定

$$j_s = q \cdot n_i^2 \cdot \left(\frac{D_p}{L_p \cdot N_D} \right) \tag{7.24}$$

式中，D_p 是扩散常数；L_p 是空穴的扩散长度；N_D 是背景掺杂。式（7. 24）表示的温度依赖性取决于每个半导体的本征载流子密度 n_i，它随温度呈指数增长。

式（7.23）可以针对较小的电流密度 $j_{Sense} = I_{Sense}/A$ 的 pn 结处的电压 V_j 重新排列

$$V_j = \frac{n \cdot k \cdot T}{q} \ln\left(\frac{j_{Sense}}{j_s} + 1\right) \tag{7.25}$$

这就说明了 V_j 与 T 的线性依赖关系，由于在式（7.24）中占主导地位的是本征载流子密度 n_i，这种依赖关系正在削弱。如果考虑到基极的电压降，那么线性依赖关系就会消失。

首先，需要确定一个校准函数 $V_j(T)$。当应用 I_{Sense} 时，可以读出温度，在图 7.12b 中，就在关闭 I_{Load} 之后，以确定 T_{vjmax}，然后在下一个打开之前，以确定 T_{vjmin}。对 T_{vj} 的测定方法从功率器件的发展开始就已经建立起来了。参考文献中使用了二极管的 pn 结或双极晶体管的基极 - 发射极结[57]。欧洲制造商的数据表中的热阻是用 V_j（T）方法确定的。在参考文献［58］中对 Si IGBT 重新进行了详细的研究。

这样确定的 T_{vj} 明显偏离真实温度。在整个芯片上有一个温度梯度（特别是对于暴露在外的面积大于 1cm^2 的芯片，在强制水冷却的条件下，芯片中心位置的温度比用 $V_j(T)$ 方法测量的温度高 20K，边缘位置的温度大于 40K，比用 $V_j(T)$ 方法测量的温度低。使用红外摄像机，当聚焦在芯片中心时，可以测量到相当高的温度。红外摄像机确定的面积平均值接近于用 $V_j(T)$ 方法确定的温度。

在 IGBT 关断时 I_{Load} 的测量细节如图 7.13 所示。就在关断前，测量到 I_{Load}（$=I_{CE}$）和 V_{CE}，从而测得 $P_v = I_{CE} \cdot V_{CE}$。在关断和一段时间间隔 t_d 后，测量 I_{Sense}（$=V_j$）处的 V_{CE}。借助于校准函数，它给出了 $T_{vjhigh} = f(V_{CE})$。外壳温度 T_{case} 或散热器温度 T_h 是用热电偶测量的，因此得到 $\Delta T_{jc} = T_{vjhigh} - T_{case}$、$\Delta T_{jh} = T_{vjhigh} - T_h$，如图 7.12 所示。热阻系数的计算公式：

$$R_{thjc} = \Delta T_{jc}/P_v, R_{thjh} = \Delta T_{jh}/P_v \tag{7.26}$$

通过在 t_d 后收集更多的测量点，可以从冷却曲线中计算出热阻抗。

必须设置时间延迟 t_d，因为在关断时可能出现振荡，也由于在使用双极器件时的内部复合过程。对于一般功率密度的 Si 器件，在此时间间隔内的冷却在 2K 范围内，对于大功率密度和先进冷却系统的模块，冷却高达 4K。通常，这种冷却方式就被忽略了。可以用仿真模型进行修正，但是，它应该在测试评估中被提及，如果做了详细的评估，就应该给出 t_d。

德国汽车标准[59]与国际 JEDEC 标准相比，在测量过程中规定了更多的细节。它声称

- 被测器件的虚拟结温 T_{vj} 必须根据参考文献[58]的 $V_{CE}(T)$ 方法确定。
- 对失效标准的监督，必须使用参数电压降（IGBT V_{CE}，MOSFET V_{DS}，二

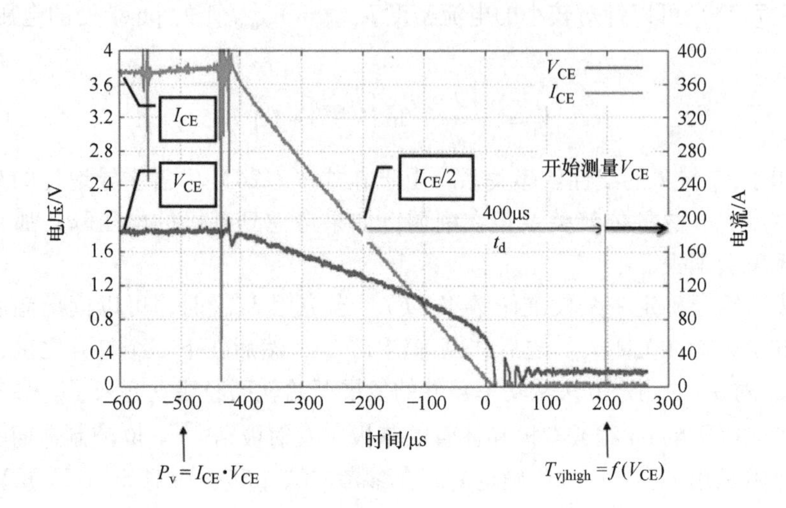

图 7.13　图 7.12 中负载电流关闭时的测量细节

极管 V_F）和 T_{vj}的温度波动来完成。在每个周期的整个测试过程中，必须监测这两个参数，并相应地记录下来。

- EOL 标准将通过持续监测进行评估。必须注意，测量数据根据预期的使用寿命具有足够的样本，以确保有价值和准确的 EOL 测定。

失效标准为

- $V_{CE}/V_{DS}/V_F$ 的值增加 5%。
- R_{th}值增加 20%。
- 该器件的某一功能出现失效，例如，关断能力出现失效或 IGBT 和 MOSFET 的栅极到发射极（栅极到源极）绝缘能力失效。

也有不同的方法用于控制测试[60]：

方法 1：常数 t_{on}和 t_{off}，功率循环试验以参数 T_{vjhigh}、T_{vjlow}依次调节 ΔT_j、加热时间 t_{on}和冷却时间 t_{off}。在老化后，不允许进行进一步的参数修正。监测参数 T_{vjhigh}、T_{vjlow}的演化过程。

方法 2：外壳温度和散热器温度分别为恒定情况。外壳温度或散热器温度用热电偶控制。当散热器温度到达 $T_{heatsink\ max}$时，电源关闭，冷却直到散热器温度 $T_{heatsink\ min}$下一个周期开始。也可以使用外壳温度 T_{case}代替散热器温度 $T_{heatsink}$。

方法 3：恒定功率密度。如果在测试期间由于电压降增加而导致损耗增加，则必须修正栅极电压或负载电流以保持功率的恒定。

方法 4：恒定结温。参数 T_{vjhigh}和 T_{vjlow}被测量，如果它们发生了改变，修正 t_{on}、t_{off}或者 V_G、I_{load}以保持温度波动的恒定。

如参考文献［60］所述，与方法 1 相比，方法 3 导致 220% 的失效，方法 4 导致 320% 的失效。因此，参考文献［59］只允许控制方法 1 在小于 5s 的时间内的功率循环。方法 3 和方法 4 被明确地排除在外。

材料在温度波动过程中因不同的热膨胀系数在界面上产生机械应力。从长远来看，这种热应力会导致材料和互连的疲劳。根据失效标准，确定失效的循环次数 N_f。

对于宽禁带器件，同样的方法也适用于肖特基结，对于肖特基二极管保持的饱和泄漏电流计算等式如下，而不是式（7.24）

$$j_s = A^{**} \cdot T^2 \cdot e^{-\frac{q \cdot V_{BN}}{kT}} \tag{7.27}$$

式中，A^{**} 为半导体材料的有效理查森常数；V_{BN} 为接触材料的潜在势垒。对于 MOSFET，它更具挑战性，见 7.6.3 节。

7.6.2　热模拟结果 ★★★

由于热膨胀系数（CTE）的不同，芯片和封装材料之间存在热失配。温度波动和热失配会导致热应力进入封装，从而导致疲劳。表 7.1 显示了 Si 和 SiC 的热 - 机械材料参数。代表材料刚度的弹性模量，SiC 也是 Si 材料的三倍左右。

为了评估焊料层的预期效果，采用了根据达沃[61]方法的塑性应变能密度 ΔW，即应变 - 应力滞后所封闭的面积。热 - 机械有限元模拟研究的模型[62]是一种半导体芯片焊接在标准 DBC 衬底上，其 Al_2O_3 厚度为 630μm，两侧有 300μm 的 Cu 层，焊接在衬底上。模拟了在 ΔT 为 120K 时的功率循环，从 T_{min} = 40℃（313K）开始。

图 7.14 显示了 Si 和 SiC 芯片在功率循环过程中模拟的应变能密度 ΔW，如图所示为 5mm×5mm 芯片的 1/4，芯片中心在左下角。对于 SiC，必须施加较大的负载电流，才能在芯片中心获得类似的最高温度 433K。虽然芯片的角落在 Si 中比在中心低 35K，但由于 SiC 的导热性更好，在 SiC 中只比在中心低 27K。

由于较大的温度波动和较高的弹性模量，在 SiC 芯片角下方的芯片焊点中会出现较高的 ΔW。ΔW 从中心到角的对角线图如图 7.15 所示。最后，应变能密度是原来的 3.5 倍。与 7mm×7mm 芯片相比，也是如此。然而，在较小的芯片中，功率密度更大，因为更好的热量扩散。

因此，可以假设在 SiC 芯片的焊接层中裂纹扩展速度将快 3.5 倍，并且，如果我们使用反比作为第一近似，功率循环寿命将更短。由此产生的应力也取决于芯片的厚度。更薄的 SiC 芯片将降低芯片角处的应力。

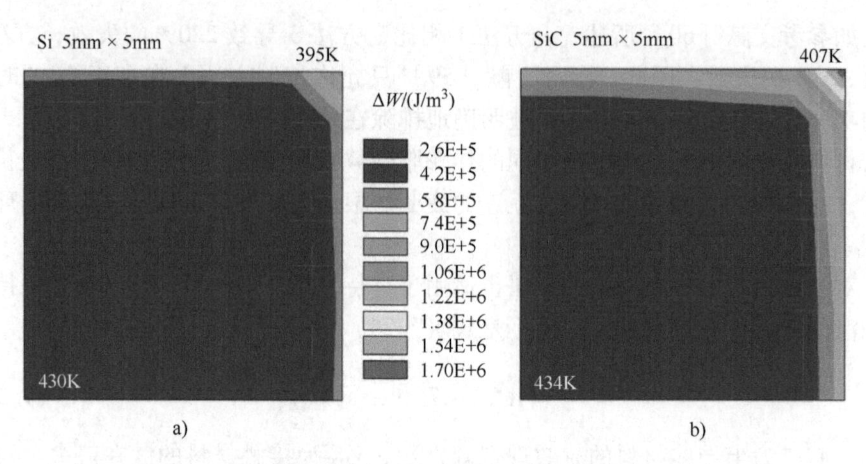

图 7.14 模拟了相同厚度为 380μm 的 Si 和 SiC 芯片（1/4）在功率循环中的应变能密度 ΔW（彩图见插页）

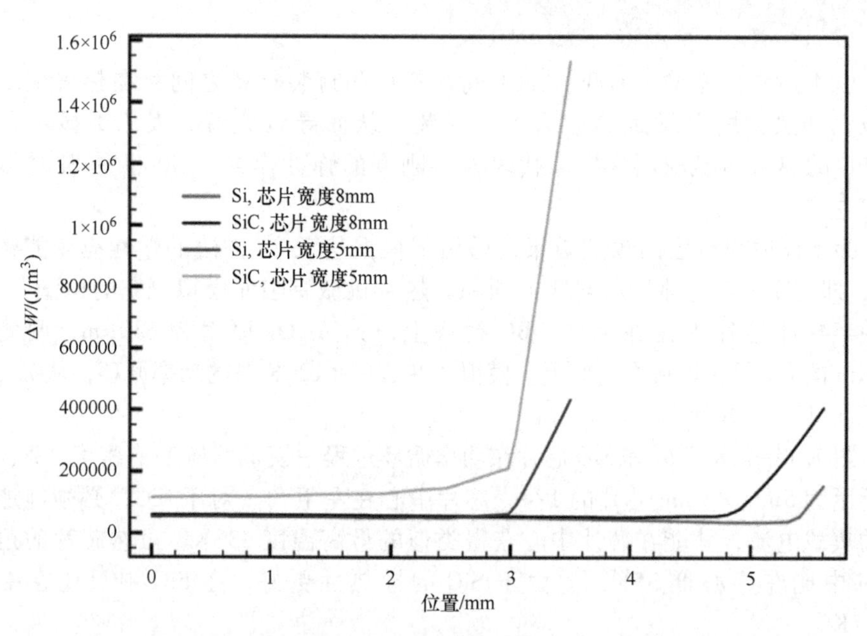

图 7.15 图 7.14 中模拟的应变能密度 ΔW 沿着从中心到角的对角线绘制。图类似于参考文献［62］（彩图见插页）

7.6.3 通过 SiC MOSFET 的电气参数进行主动加热和温度传感 ★★★

对于 MOSFET 的功率循环，汽车标准[59] 允许使用反向二极管。然而，在 Si 和 SiC 的 MOSFET 中，反向二极管的导通损耗随着温度的升高而降低，而在正向

运行中，损耗随着温度的升高而增大。当温度升高时，使用反向二极管会导致功率负载释放。这与典型的应用过程完全不同。因此，建议使用漏极-源极正向电流来产生功率负载。

对于SiC MOSFET，定义合适的温度敏感电参数（TSEP）是困难的，因为一些参数显示出漂移，这使得它们不适合作为可靠的温度指示器[63]。导通电阻$R_{DS,on}(T)$不合适，因为当键合线失效时，它会增大，退化效应的分离也会很复杂。此外，根据式（7.15），进入$R_{DS,on}$的$V_G - V_{Gth}$受栅极阈值电压$V_{Gth}(T)$漂移的影响。

栅极阈值电压V_{Gth}与温度有密切的关系，但受捕获现象的影响，在功率循环后，发现MOSFET需要数秒才能恢复到初始V_{Gth}值。其效果如图7.16所示。对于制造商#1的MOSFET，发现增加了30mV（功率脉冲后1ms测量），对于制造商#2，即使检测到140mV的增量，衰减到初始值需要几秒钟。作为TSEP使用，测量误差为26K。此外，使用SiC MOSFET进行功率循环诱导的V_{Gth}波动是可能的。基于这些发现，我们认为V_{Gth}不适合作为TSEP。

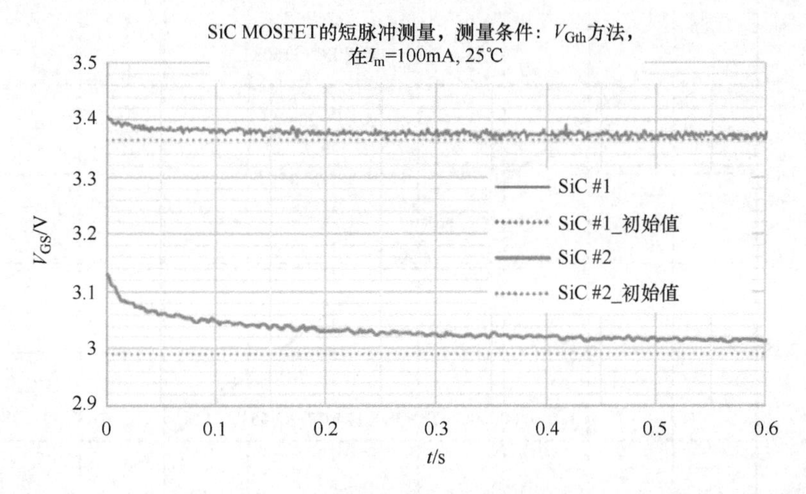

图7.16 V_G=15V的短负载脉冲后测量两个SiC MOSFET的阈值电压（彩图见插页）
（来自J. 孙，开姆尼茨理工大学）

接下来，在低测量电流条件下，存在反向二极管的电压降$V_{SD}(T)$。然而，SiC MOSFET的栅极沟道在V_G=0V时并没有完全关断。当电压降至pn结的内置电压时，会部分打开沟道，并使部分电流通过略微反转的沟道。反向二极管的电流-电压特性取决于栅极电压，如图7.17所示。这表明，只有当栅极电压为-6V或更低时，二极管的特性不再改变，可以测量结电压为$V_j(T)$。

因为通过MOS沟道的电流将取决于阈值电压，所以必须确保沟道处于关断态。因此，建议负栅极电压低于-6V。图7.18显示在V_G=-10V条件下测量的

SiC MOSFET 的 $V_j(T)$。

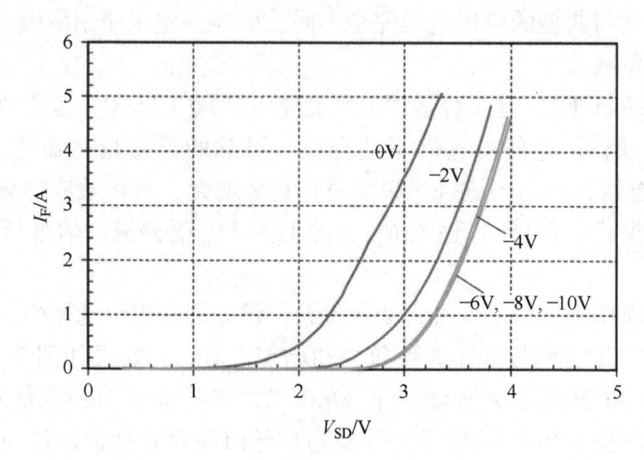

图 7.17　不同栅极电压下 SiC MOSFET 反向二极管的正向特性，$T=25$℃

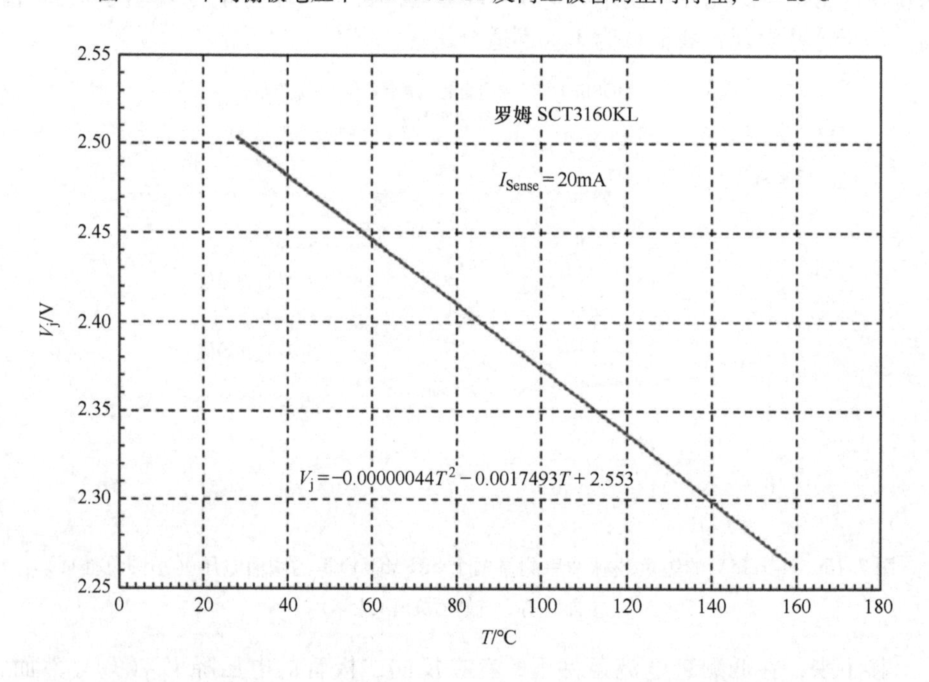

图 7.18　在 $V_G=-10$V 条件下，17A 1200V SiC MOSFET（罗姆）的校准函数 $V_j(T)$

7.6.4　推荐测试方法：正向加载，反向检测 V_j ★★★

推荐的测试方法是在正向模式下产生功率损耗，并在反向模式下测量 $V_j(T)$。图 7.19a 显示了一个被测器件（DUT）的设置，可能由多个设备串联布

置。与 I_{Sense} 串联的是一些用于保护的二极管。图 7.19b 显示了控制信号的运行过程。首先，用制造商规定的电压 V_{Guse} 设置 V_G。接下来，辅助开关被关闭。现在，负载电流正在流动，辅助开关已关闭。短暂延迟 1～50μs 后，施加负电压（例如，通过反向二极管的 V_j 进行温度测量，施加 -7V）。

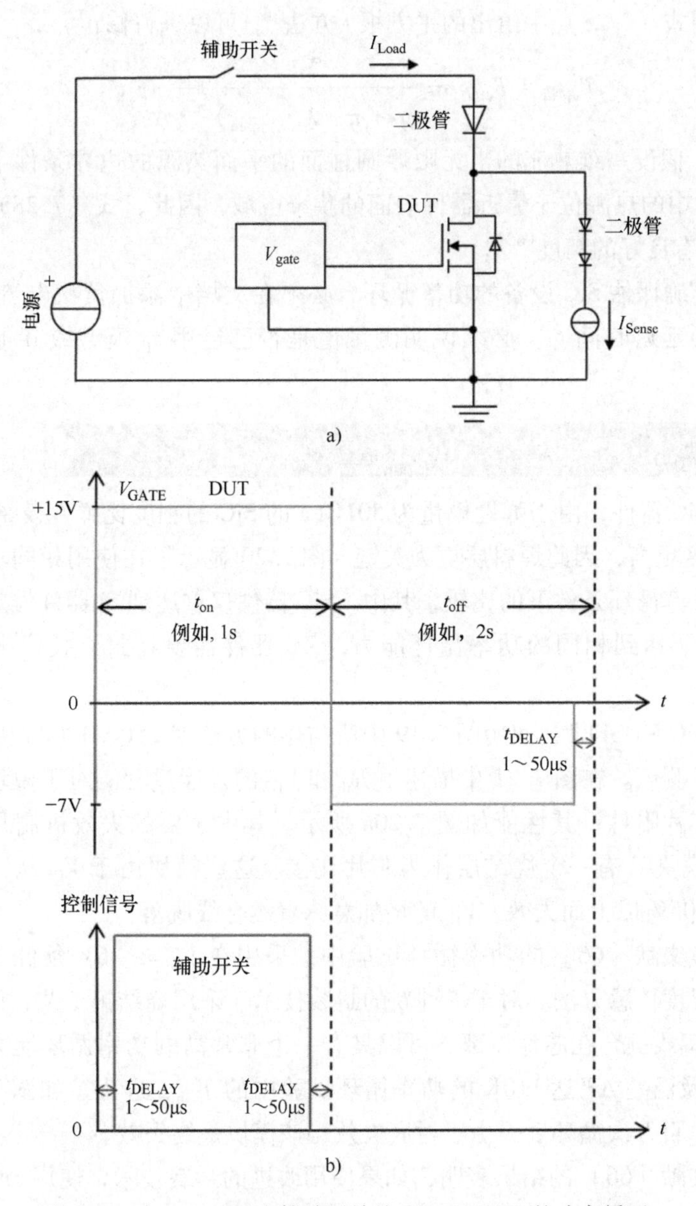

图 7.19　在 MOSFET 和辅助开关处 SiC MOSFET 的功率循环

a）测试设置　b）脉冲模式

对于测量 V_j，在关闭负载电流和测量时刻之间再次存在一个延迟时间 t_d，如图 7.13 所示。与 Si 器件相比，SiC 器件在 t_d 期间的冷却时间更长。对于 SiC，由于 SiC 具有较高的热导率和通常较大的功率密度，因此其温度在 4 ~ 5K 范围内，对于 1ms 的 t_d 甚至可达到 6K。这是现在很重要的，特别是在比较 SiC 和 Si 封装时。用式（7.28）中给出的平方根 t 方法[64]可以进行修正

$$T_{vj(t)} - T_{vj(0)} = \frac{2 \cdot P_v}{(\rho \cdot \pi \cdot \lambda \cdot c_{spec})^{\frac{1}{2}} \cdot A} \cdot t^{\frac{1}{2}} \tag{7.28}$$

式（7.28）假设一维热流的半无限厚圆柱面的平面热源的边界条件下成立。由于 SiC 器件中的热源位于靠近器件表面的狭窄区域，因此，式（7.28）被发现对 SiC 设备具有良好的精度[65]。

为了准确评估 SiC 设备的功率循环，必须在文档中添加负载电流和 T_{vj} 测量之间使用的延迟时间 t_d。必须说明测量值是否已经用 z_{th} 模型或其他方法进行校正。

7.6.5 SiC 二极管和 MOSFET 的测试结果 ★★★

对于 SiC 器件，由于弹性模量为 501GPa 的 SiC 的刚度比弹性模量为 162GPa 的 Si 的刚度更高，因此焊料层更为关键。图 7.20 显示了在使用相同功率模块封装的类似功率循环条件下的比较，其中，SiC 器件仅仅达到 Si 器件失效周期寿命的 1/3。为了达到相同的功率循环能力，SiC 器件需要在封装技术上付出更多努力。

对于 SiC MOSFET，使用图 7.19 中所描述的方法对 250A 1200V 功率模块的原型进行了测试。在图 7.21 中描述了 R_{th} 和 V_{DS} 的发展过程。对于模块#1，使用焊料作为芯片附件，其性能如图 7.20a 所示。其中主要的失效机制是 R_{th} 增加。模块#2 和模块#3 有一个烧结层作为芯片连接。这些模块由于 V_{DS} 从冷态增加到初始值的 105% 以上而失效，V_{DS} 的增加意味着键合线脱落。

在参考文献［66］的功率循环试验中，采用在 $V_G = -6V$ 条件下的 $V_j(T)$ 方法作为温度传感方法。对于一种新的封装技术，采用烧结银工艺，以及将直径为 125μm 铝线键合在芯片顶部，可以具有一个非常高的功率循环能力。恒定的 t_{on} 和 t_{off} 以及温差 ΔT 达 110K 的功率循环试验中的 T_{vjhigh} 进程，如图 7.22 所示。在大于 1.1 百万次循环后，由于衬底失效，该模块最终失效。

参考文献［66］的结果表明，如果使用改进的封装技术，使用 SiC 器件可以实现优秀的功率循环能力。然而，在器件被设计为适合用于对可靠性敏感的应用之前，功率循环能力需要被验证。

德国汽车公司的功率循环标准定义了测试方法和条件[59]。我们需要一个能被该领域的主要成员都接受的国际标准。关于来自 Si 和 SiC 的 MOSFET，该标准需要进行改进和扩展。

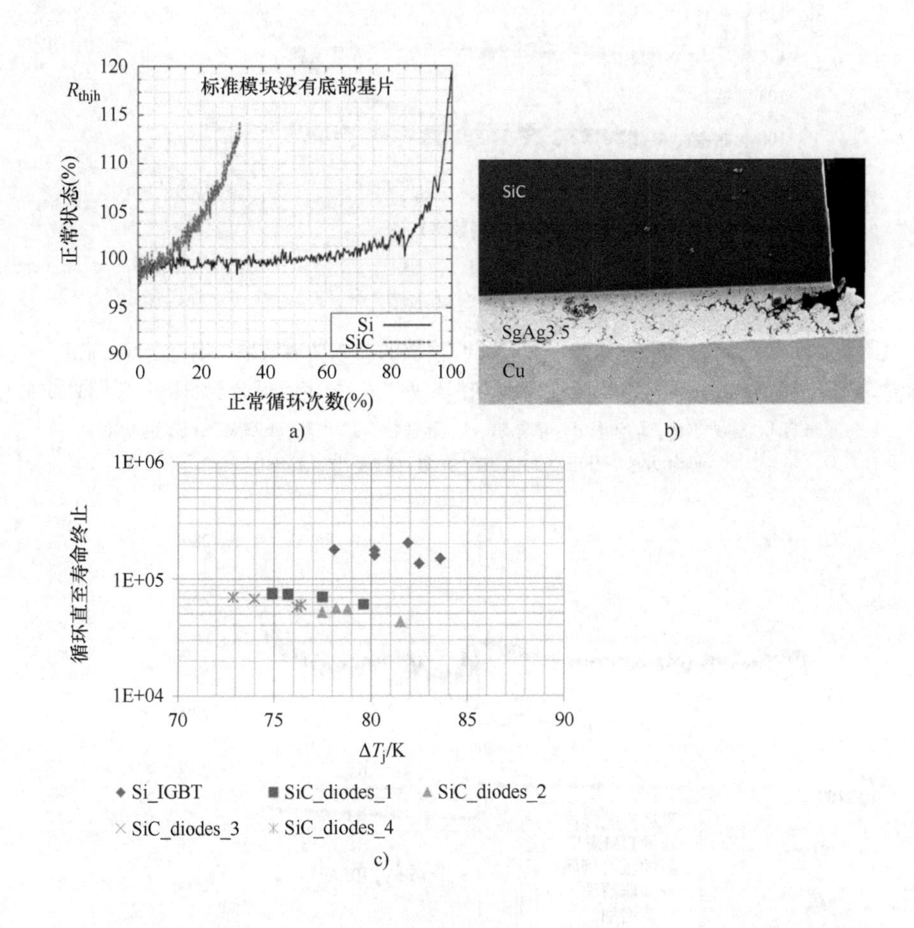

图 7.20　采用钎焊工艺的 600V SiC 肖特基二极管的功率循环，与采用相同工艺的 1200V IGBT 比较，在 ΔT_j = 81K ± 3K 和 T_{jmax} = 145℃条件下（彩图见插页）

a）热电阻 R_{thjh} 取决于循环次数　b）失效 SiC 器件中焊料层的金相制备　c）循环次数与寿命终止的比较

［b）来自英飞凌的瓦尔施泰因。c）来自 C. 赫罗尔德、T. 波勒、J. 卢茨、M. 舍夫费尔、F. 绍尔兰、O. 席林，带有 SiC 二极管的模块的功率循环能力，见论文集 CIPS 2014，2014，36－41 页］

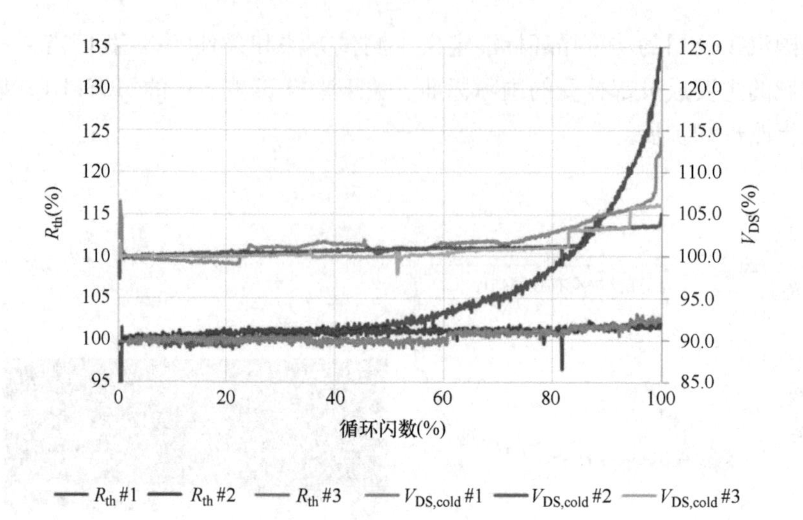

图 7.21　带基板、原型的 1200V/250A SiC 模块的功率循环结果。铝键合线，芯片钎焊连接（#1）银烧结（#2、#3）。烧结模块#2、#3，R_{th}恒定，键合线脱落（彩图见插页）

［来自 C. 赫罗尔德，J. Sun、P. 塞德尔、L. 廷舍特、J. 卢茨，SiC MOSFET 的功率循环方法，ISPSD 2017 年论文集（接受出版 ISPSD）］

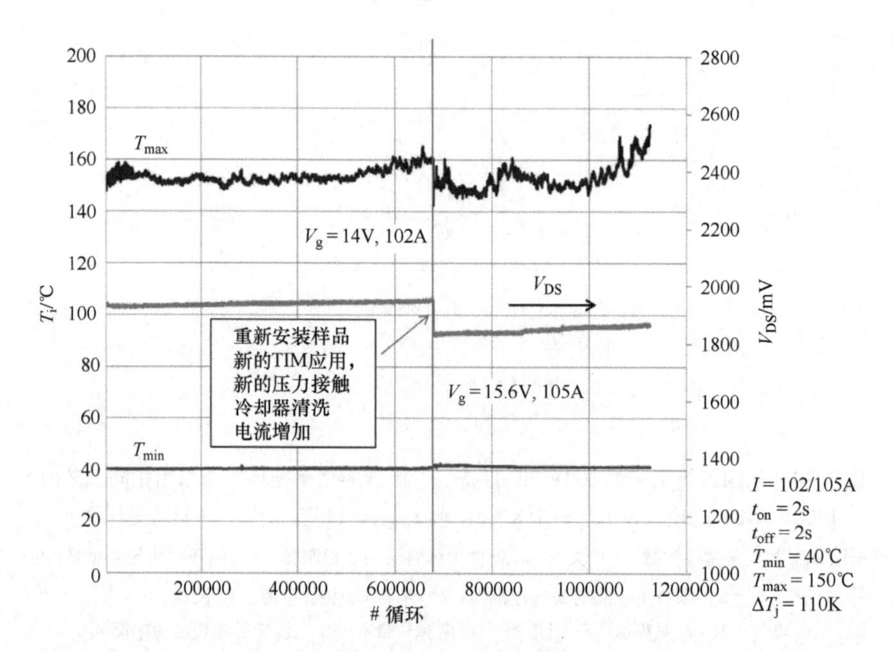

图 7.22　采用 SiC MOSFET 模块进行的功率循环试验：V_{DS}、T_{vjlow} 和 T_{vjhigh} 的演化

［来自 R. 施密特、R. 沃纳、J. 卡萨迪、B. 赫尔，烧结 SiC MOSFET 的功率循环测试，PCIM 欧洲 2017 论文集（将发表在论文集 PCIM）］

7.7　重复性双极工作测试

双极退化的影响被发现是由于基平面位错（BPD）。它们从衬底被复制到外延层。在双极运行过程中，BPD 膨胀形成堆叠失效，降低了双极电流的能力。为了降低 BPD 密度[67]，人们已经做了大量的工作。

到目前为止，市面上还没有在中间层中具有载流子淹没的真正双极模式下工作的器件。合并的引脚 - 肖特基（MPS）二极管通常在单极模式下工作。只有在所谓的“非重复”浪涌电流条件下，它们才会进入双极模式。它被发现具有非常高的浪涌电流能力[68,69]，SiC MPS 二极管能够承受高达额定电流 15 倍的高 di/dt 和 dv/dt 关断[69]，这到目前为止还没有在 Si 二极管器件上发现有类似情况。此外，SiC MPS 二极管已经被证明具有承受雪崩应力的能力，如无箝位电感开关测试所示[70]。SiC MPS 二极管极强的坚固性是由于较低的本征载流子密度 n_i（见表 7. 1），这允许它在非常高的温度下短时间内运行。

SiC MOSFET 以单极模式工作。如果使用反向二极管，通常会打开沟道，以避免结阈值电压在 2. 7V 范围内产生的较大损耗，即 SiC MOSFET 反向二极管也大多在单极模式下工作。

7.8　进一步的可靠性方面

耐受宇宙射线的稳定性是另一个重要的可靠性标准。来自太空的高能初级宇宙射线粒子与大气粒子发生碰撞，在那里，它们产生各种二次高能粒子。一个初级高能粒子可以产生多达 10^{11} 个次级粒子。因为质子等带电粒子很容易被屏蔽，中子是产生器件损伤的主要原因。为了评估宇宙射线的失效率，在较高直流电压下对大量器件进行了测试。首先，测试安排在高海拔地区，因为地球宇宙粒子通量随着海拔的升高而增加，高度超过 11km[71]。加速度系数在 3000m 内达到 10，在 5000m 内达到大约 45[72]。采用粒子加速器进行了平行试验，还使用了发射具有类似大气光谱的中子束的中子源。这样的中子源可以在核物理研究中心（RC-NP）（日本大阪大学）、洛斯阿拉莫斯中子科学中心（LANSCE）（美国）找到，而另一个经常使用的中子源位于瑞典的乌普萨拉。如今，宇宙射线的稳定性大多采用粒子加速器或中子源来进行评估，因为这可以在短时间内提供相关的结果。

今天的常识是，对于 SiC，也可以假定与 Si 相同的加速因子，尽管对这一点的最终证明尚未发表。这意味着在 SiC 器件上进行的中子辐照实验结果与在 Si 基器件上的结果相比，在特定区域的失效概率与应力电压方面可以达到 1∶1。

与 Si 器件相比，SiC 器件的宇宙射线稳定性特别重要。对于 1200V Si IGBT，宇宙射线失效在阈值电压高于 V_{rated} 的70%以上急剧增加[73]，根据参考文献［74］。在1200V SiC MOSFET 的阈值电压达到 V_{rated} 的85%时，会检测到第一次失效[75]。这一点已被参考文献［74］所证实，这里的阈值电压大约高出10V，并且 SiC MOSFET 的失效率随电压的增加幅度较小。然而，发现1200V Si 二极管的阈值电压超过100%额定关断电压[73]。具体设计的影响较大。

详细的比较报告见参考文献［76］。这些器件不仅比较额定电压，而且比较了测量的击穿电压。与1200V Si IGBT 测量的击穿电压 V_{BD} 相比，额定电压为88%~89%，1200V SiC MOSFET 的额定电压为73%。对于1700V 的器件，Si IGBT 使用79%的击穿电压作为额定电压，SiC MOSFET 则使用64%。这表明，SiC 的高临界场强（见表7.1）在所研究的 SiC 设计中仅被部分利用。与测量的击穿电压 V_{BD} 相比，根据 V_{DC}/V_{BD}（即标准化为施加的直流电压 V_{DC}）分析的结果如下：对于1200V 器件，SiC MOSFET 有一个小的优势（见图7.23a）。对于1700V 的器件，失效率在类似的 V_{DC}/V_{BD} 条件下变得显著（见图7.23b）。

关于 Si 和 SiC 物理学的宇宙射线失效的似乎非常相似。然而，随着未来晶体质量的提高，对于 SiC，也将发挥该材料的全部潜力。更多关于 SiC 和 Si 的数据是非常值得关注的。对于相同的额定电流，SiC 的器件面积较小。因此，它可能仍然是 SiC 的一个小优势。

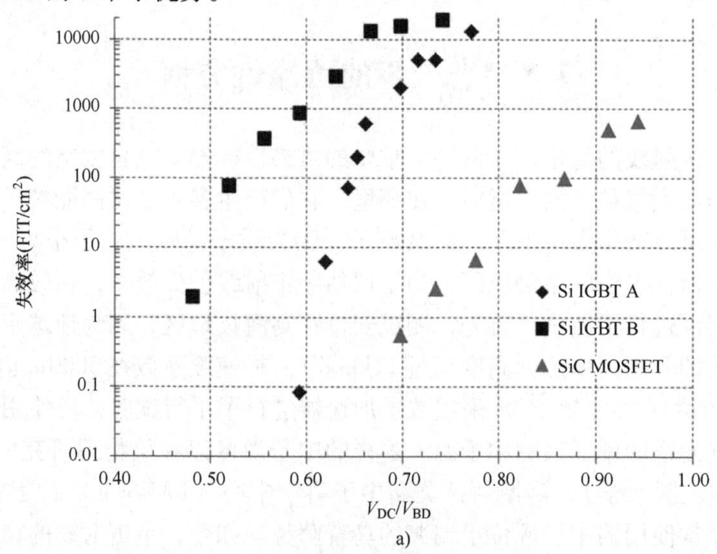

图7.23　Si IGBT 和 SiC MOSFET 的宇宙射线失效率比较与测量的击穿电压 V_{BD} 相比，标准化到应用的直流电压 V_{DC}（彩图见插页）

a）1200V 额定器件　b）1700V 额定器件

（数据来自 C. 费尔吉马赫，S. V. 阿拉霍，P. 扎卡里亚斯，K. 奈塞曼，A. 格鲁伯，Si 和 SiC 功率半导体的宇宙辐射强度，见第28届 ISPSD 论文集，布拉格，2016年，235-238页）

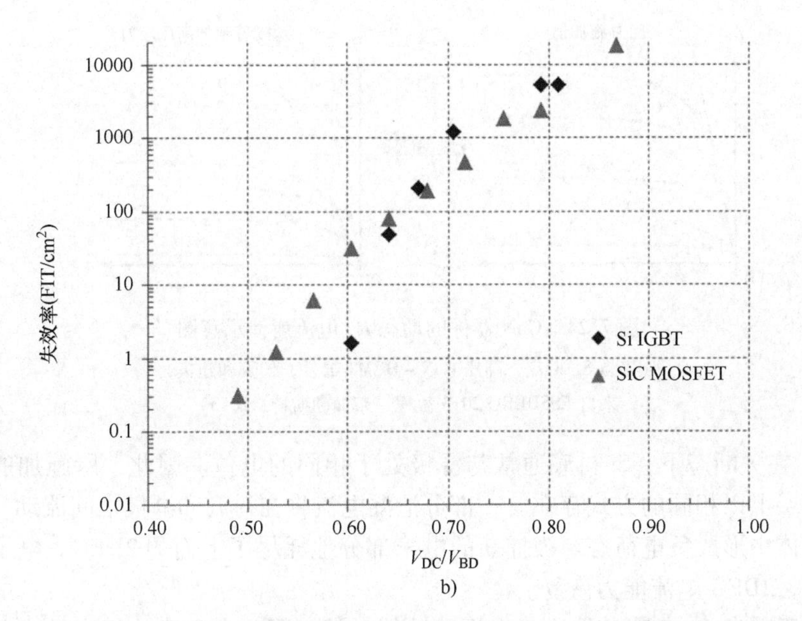

b)

图 7.23　Si IGBT 和 SiC MOSFET 的宇宙射线失效率比较与测量的击穿电压 V_{BD} 相比，标准化到应用的直流电压 V_{DC}（续）（彩图见插页）

a）1200V 额定器件　b）1700V 额定器件

（数据来自 C. 费尔吉马赫，S. V. 阿拉霍，P. 扎卡里亚斯，K. 奈塞曼，A. 格鲁伯，Si 和 SiC 功率半导体的宇宙辐射强度，见第 28 届 ISPSD 论文集，布拉格，2016 年，235－238 页）

7.9　GaN 可靠性评估知识状态

如今，所有可用的 GaN 功率器件都是横向器件。它们的功能是基于二维电子气（2DEG），它连接着源极和漏极，并由栅极控制开关。横向 GaN 器件的一个众所周知的问题是所谓的电流崩溃：在施加阻断电压后，2DEG 的电导率暂时下降，导致电流能力 I_{Dsat} 的下降。2DEG 电导率降低的影响也导致了导通电阻 R_{on} 的增加。如果发生去饱和，该器件也许不再能承载所施加的电流，因此它被命名为“电流崩溃”。近年来，为了描述同样的效应，人们经常使用“动态 R_{on}”一词，其效应如图 7.24 所示。

这种效应很大程度上取决于在导通前施加的阻断电压的值和时间。这种效应是可逆的。有两种解释：

－在关断态阻断时，来自栅极的电子被注入到栅极旁边的陷阱态。在应力后的导通状态下，被捕获的电子就像一个负偏置的栅极。随时间变化的负电荷脱离陷阱，2DEG 电流能力恢复。

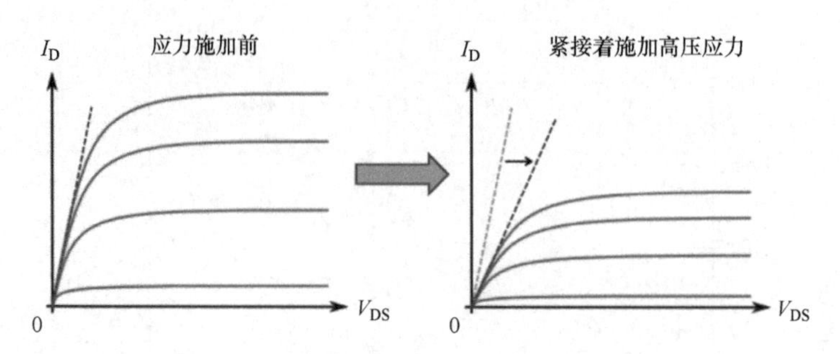

图 7.24　GaN 器件的动态 R_{on} 电流崩溃示意图

（来自 S. 斯克，高压 GaN－HEMT 器件，仿真和建模，
来自 ESSDERC 2013 教程，布加勒斯特，2013）

－ 在关断态下，Si 衬底通常与源极处于相同的电位。因此，所施加的电压在垂直层上以相同的方式存在。一部分泄漏电流将在衬底和漏极之间流动。电子被困在体中形成负电荷态。被捕获的电子部分地耗尽了上面的 2DEG。电子脱离陷阱后，2DEG 电流能力恢复。

由于动态 R_{on} 的影响取决于电压脉冲的时间，因此在高开关频率的应用中可以有所降低，在损耗计算中也可以予以考虑。据报道，在所谓的混合漏极嵌入式 GIT（栅极注入晶体管）中，HD－GIT 完全消除了电流崩溃。在漏极附近形成了一个额外的 p－GaN 区域[77]，并与漏极电连接。在关断态下，从 p－GaN 注入的空穴释放出被捕获的电子。

对于 GaN，由于物理性质的不同，仅仅使用 Si 和 SiC 的可靠性测试矩阵是不够的。根据应用频率和反向偏置的时间间隔，对当前的电流崩溃及其发生有一定的理解，可以在应用中考虑。参考文献［78］中还指出了进一步的退化机制。反向压电效应、反向偏置和正向偏置下的时间依赖性退化、Si_3N_4 可靠性和 ESD 失效。

参考文献［78］给出了一种极性材料的压电效应：当施加压缩或拉伸机械应力时，它在其边缘显示出电压差。反向压电效应是在极化矢量方向上施加给极性材料的外部电压，它可能导致膨胀或收缩[78]。

一方面，反向压电效应在栅极的边缘是敏感的，在那里发生了高电场。该场产生的机械应变最终可能导致晶体缺陷，并发现临界电压[79]。在增加的栅极漏电流中，首先可见晶体缺陷。退化是渐进的，并可能导致器件的长期失效。

另一方面，压电效应可能会产生一定的影响，因为器件在功率循环过程中由于温度梯度和封装材料的热膨胀系数不同而发生变形。图 7.25 给出了一个例子，半导体芯片在功率密度为 $219W/cm^2$ 时加热后的变形在 10s 内发生，温度从 65℃上升到 156℃。

变形将使 GaN－AlGaN 界面的活性层暴露在机械应力下，其中，压电效应是

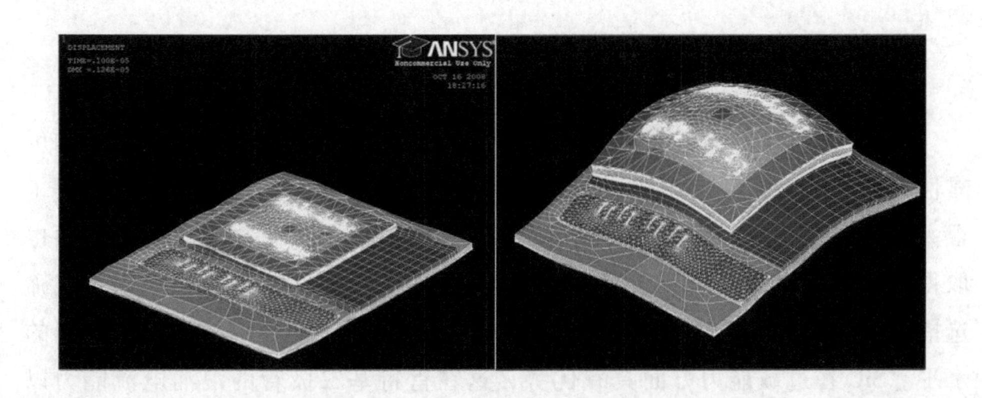

图 7.25　带 Si 器件的衬底（左）以及器件和衬底在功率循环下的完全变形（右），变形超过原始尺寸的 1000 倍（彩图见插页）

（T. 波勒的模拟，开姆尼茨理工大学）

导致 2DEG 形成的主要原因，这可能会影响电特性。到目前为止，在文献中还没有发现详细的 GaN 功率循环测试结果。

通过在 AlGaN 层中产生陷阱态来解释栅极隔离能力的退化[80]。栅极电流变为有噪声；在临界电压为 $V_G = -35V$ 时，退化随之发生。然而，在这个临界电压以下也发现了栅极漏电流的剧烈增加：在一个较低的约为 -15V 电压加载应力约 55h 之后[78]。

在正栅极电压下的栅极绝缘测试对于栅极注入晶体管（GIT）非常重要，它是一种正常关闭的器件，在正 V_G 的导通模式下工作。为了使注入的栅极电流保持在 10μA/mm 以下，正栅极电压通常限制为 5V[81]。在增大的正栅极电压下，如果施加 8～9V 电压，则会根据正 V_G 发现栅极泄漏失效。失效率的评估方法见参考文献［82］。在 $V_G = 5V$ 时推测寿命为 20 年。

进一步的研究工作是关于表面高电场的影响、降低表面电场峰值的设计，以及在较大反向电压作用下的直流电压测试中失效的时间模型[82]。

对于功率循环，必须找到一个合适的温度敏感参数。对于 GaN HEMT，没有可以用作 TSEP 的 pn 结。此外，由于 Si MOSFET 通常采用共源共栅配置，因此只能考虑 Si MOSFET 的栅极。GaN 器件的导通电阻 R_{on} 对温度是敏感的，然而，R_{on} 可能会受到不同效应的影响，如阈值电压漂移、捕获效应等。因此，必须为 GaN 找到一个合适的功率循环测试方法。通常，GaN 横向器件是在 Si 衬底上利用 GaN 制造的，其热机械特性主要由 Si 衬底决定。因此，从热 - 机械可靠性的角度来看，预计不会出现显著的新效应。

7.10 宽禁带器件可靠性研究的综述

对于 SiC，Si 的测试方法矩阵可以被广泛应用。SiC 器件在功率循环的可靠性方面更具挑战性，需要一种更先进的封装技术。然而，目前已经取得了很大的进展，一些问题正在得到解决。此外，在栅极氧化物的可靠性方面也取得了很大的进展。尽管最初氧化物中的缺陷密度较大，但通过应用智能筛选措施，可以将 SiC MOSFET 的失效率降低到与 Si MOSFET 或 IGBT 相同的水平。SiC 在过载能力方面具有优势，这在肖特基二极管的浪涌电流能力以及肖特基二极管和 MOSFET 的雪崩测试中得到了证明。在进行与可靠性相关应用的设计之前，建议进行强化测试，因为不同的制造商有完全不同的失效时间结果，并且存在不同的可靠性。然而，这也适用于 Si 器件。综上所述，SiC 器件已经逐渐走向成熟。

基于 GaN 的器件是未来电力应用中非常有前途的器件。关于可靠性的主要问题是电荷捕获，导致阈值电压变化、动态电阻 R_{on} 和退化的影响。现有的可靠性在很大程度上依赖于外延质量和芯片的制造工艺。来自 Si 的可靠性测试方法矩阵不足以满足 GaN 的可靠性要求。能够理解导致失效的物理学并开发出合适的测试方法是至关重要的。

参考文献

[1] Ioffe Institute, Physical Properties of Semiconductors, *http://www.ioffe.ru/SVA/NSM/Semicond/index.html* (Accessed February 2017).

[2] J. Lutz, H. Schlangenotto, U. Scheuermann, R. De Doncker, Semiconductor Power Devices, Springer, Heidelberg, 2011.

[3] R. Rupp, R. Gerlach, A. Kabakow, R. Schörner, Ch. Hecht, R. Elpelt, M. Draghici, Avalanche behaviour and its temperature dependence of commercial SiC MPS diodes: influence of design and voltage class, in: Proc. of the 26th ISPSD, 2014, pp. 67–70.

[4] R. Bhojani, J. Kowalsky, T. Simon, J. Lutz, Gallium arsenide semiconductor parameters extracted from pin diode measurements and simulations, IET Power Electron. 9 (4) (2016) 689–697.

[5] A.K. Agarwal, R.R. Siergiej, S. Seshadri, M.H. White, P.G. McMullin, A.A. Burk, L.B. Rowland, C.D. Brandt, R.H. Hopkins, in: A critical look at the performance advantages and limitations of 4H-SiC power UMOSFET structures, Proc. ISPSD, 1996.

[6] J.W. Palmour, L.A. Lipkin, R. Singh, D.B. Slater Jr., A.V. Suvorov, C.H. Carter Jr., SiC device technology: remaining issues, Diam. Relat. Mater. 6 (1997) 1400–1404.

[7] M.K. Das, S.K. Haney, J. Richmond, A. Olmedo, Q.J. Zhang, Z. Ring, SiC MOSFET reliability update, Mater. Sci. Forum 717–720 (2012) 1073–1076.
[8] S. Krishnaswami, M. Das, B. Hull, S.H. Ryu, J. Scofield, A. Agarwal, J.W. Palmour, in: Gate oxide reliability of 4H-SiC MOS devices, Proc. IRPS, 2005.
[9] L.A. Lipkin, J.W. Palmour, Insulator investigation on SiC for improved reliability, IEEE Trans. Electron Devices 46 (3) (1999) 525–532.
[10] M. Treu, R. Schörner, P. Friedrichs, R. Rupp, A. Wiedenhofer, D. Stephani, H. Ryssel, Reliability and degradation of metal-oxide-semiconductor capacitors on 4H- and 6H-silicon carbide, Mater. Sci. Forum 338–342 (2000) 1089–1092.
[11] L. Yu, K.P. Cheung, J. Campbell, J.S. Suehle, K. Sheng, in: Oxide reliability of SiC MOS devices, Proc. IEEE International Integrated Reliability Workshop, 2008.
[12] M.M. Maranowski, J.A. Cooper, Time-dependent-dielectric-breakdown measurements of thermal oxides on N-type 6H-SiC, IEEE Trans. Electron Devices 46 (3) (1999) 520–524.
[13] M. Treu, R. Rupp, P. Blaschitz, K. Ruschenschmidt, T. Sekinger, P. Friedrichs, R. Elpelt, D. Peters, in: Strategic considerations for unipolar SiC switch options: JFET vs. MOSFET, Proc. Industry Applications Conference, 2007.
[14] R. Rupp, R. Gerlach, A. Kabakow, R. Schörner, C. Hecht, R. Elpelt, M. Draghici, in: Avalanche behaviour and its temperature dependence of commercial SiC MPS diodes: influence of design and voltage class, Proc. ISPSD, 2014.
[15] Z. Chbili, A. Matsuda, J. Chbili, J.T. Ryan, J.P. Campbell, M. Lahbabi, D.E. Ioannou, K.P. Cheung, Modeling early breakdown failures of gate oxide in SiC power MOSFETs, IEEE Trans. Electron Devices 63 (9) (2016) 3605–3613.
[16] R. Singh, A.R. Hefner, Reliability of SiC MOS devices, Solid State Electron. 48 (2004) 1717–1720.
[17] J. Sameshima, O. Ishiyama, A. Shimozato, K. Tamura, H. Oshima, T. Yamashita, T. Tanaka, N. Sugiyama, H. Sako, J. Senzaki, H. Matsuhata, M. Kitabatake, Relation between defects on 4H-SiC epitaxial surface and gate oxide reliability, Mater. Sci. Forum 740–742 (2013) 745–748.
[18] J. Senzaki, K. Kojima, K. Fukuda, Effects of n-type 4H-SiC epitaxial wafer quality on reliability of thermal oxides, Appl. Phys. Lett. 85 (25) (2004) 6182–6184.
[19] J. Senzaki, K. Kojima, T. Kato, A. Shimozato, K. Fukuda, Correlation between reliability of thermal oxides and dislocations in n-type 4H-SiC epitaxial wafers, Appl. Phys. Lett. 89 (2006) 022909.
[20] S. Tanimoto, Impact of dislocations on gate oxide in SiC MOS devices and high reliability ONO dielectrics, Mater. Sci. Forum 527–529 (2006) 955–960.
[21] T. Suzuki, H. Yamaguchi, T. Hatakeyama, H. Matsuhata, J. Senzaki, K. Fukuda, T. Shinohe, H. Okumura, Effects of surface morphological defects and crystallographic defects on reliability of thermal oxides on C-face, Mater. Sci. Forum 717–720 (2012) 789–792.
[22] O. Ishiyama, K. Yamada, H. Sako, K. Tamura, M. Kitabatake, J. Senzaki, H. Matsuhata, in: Gate oxide reliability on large-area surface defects in 4H-SiC epitaxial wafers, Proc. International Conference on Solid State Devices and Materials, 2013, pp. 1058–1059.
[23] M. Hayashi, K. Tanaka, H. Hata, H. Sorada, Y. Kanzawa, K. Sawada, in: (CD-5) TDDB breakdown of th-SiO_2 on 4H-SiC: 3D SEM failure analysis, Proc. IRPS, 2014.
[24] L.C. Yu, K.P. Cheung, G. Dunne, K. Matocha, J.S. Suehle, K. Sheng, Gate oxide long-term reliability of 4H-SiC MOS devices, Mater. Sci. Forum 645–648 (2010) 805–808.
[25] Z. Chbili, K.P. Cheung, J.P. Campbell, J. Chbili, M. Lahbabi, D.E. Ioannou, K. Matocha, Time dependent dielectric breakdown in high quality SiC MOS capacitors, Mater. Sci. Forum 858 (2016) 615–618.

[26] M. Gurfinkel, J.C. Horst, J.S. Suehle, J.B. Bernstein, Y. Shapira, K.S. Matocha, G. Dunne, R.A. Beaupre, Time-dependent dielectric breakdown of 4H-SiC/SiO_2 MOS capacitors, IEEE Trans. Device Mater. Reliab. 8 (4) (2008) 635–641.
[27] K. Matocha, Challenges in SiC power MOSFET design, Solid State Electron. 52 (2008) 1631–1635.
[28] J.W. McPherson, D.A. Baglee, in: Acceleration factors for thin gate oxide stressing, Proc. IRPS, 1989.
[29] J.W. McPherson, H.C. Mogul, Underlying physics of the thermochemical E model in describing low-field time-dependent dielectric breakdown in SiO_2 thin films, J. Appl. Phys. 54 (3) (1998) 1513–1523.
[30] J.W. McPherson, V. Reddy, K. Banerjee, H. Le, in: Comparison of E and 1/E TDDB models for SiO_2 under long-term/low-field test conditions, Proc. IEEE IEDM, 1998, pp. 171–174.
[31] I.-C. Chen, S.E. Holland, C. Hu, Electrical breakdown in thin gate and tunneling oxides, IEEE Trans. Electron Devices 32 (2) (1985) 413–422.
[32] K.F. Schuegraf, C. Hu, in: Hole injection oxide breakdown model for very low voltage lifetime extrapolation, Proc. IRPS, 2002.
[33] Y.C. Yeo, Q. Lu, C. Hu, MOSFET gate oxide reliability: anode hole injection model and its applications, Int. J. High Speed Electron. Syst. 11 (3) (2001) 849–886.
[34] M. Kimura, Field and temperature acceleration model for time-dependent dielectric breakdown, IEEE Trans. Electron Devices 46 (1) (1999) 220–229.
[35] J.B. Bernstein, M. Gurfinkel, X. Li, J. Walters, Y. Shapira, M. Talmor, Electronic circuit reliability modeling, Microelectron. Reliab. 46 (2006) 1957–1979.
[36] U. Schwalke, M. Pölzl, T. Sekinger, M. Kerber, in: Reliability issues of ultra-thick gate oxides, Proc. IEEE International Integrated Reliability Workshop, 2000.
[37] T. Hatakeyama, H. Matsuhata, T. Suzuki, T. Shinohe, H. Okumura, Microscopic examination of SiO_2/4H-SiC interfaces, Mater. Sci. Forum 679–680 (2011) 330–333.
[38] E. Pippel, J. Woltersdorf, H.Ö. Olafsson, E.Ö. Sveinbjörnsson, Interfaces between 4H-SiC and SiO_2: microstructure, nanochemistry, and near-interface traps, J. Appl. Phys. 97 (2005) 034302.
[39] J. Fronheiser, K. Matocha, V. Tilak, L.C. Feldman, 4H-SiC oxide characterization with SIMS using a 13C tracer, Mater. Sci. Forum 615–617 (2009) 513–516.
[40] R.-P. Vollertsen, E.Y. Wu, Voltage acceleration and t63.2 of 1.6–10 nm gate oxides, Microelectron. Reliab. 44 (2004) 909–916.
[41] A. Teramoto, H. Umeda, K. Azamawari, K. Kobayashi, K. Shiga, J. Komori, Y. Ohno, H. Miyoshi, in: Study of oxide breakdown under very low electric field, Proc. IEEE IRPS, 1999.
[42] J.C. Lee, I.-C. Chen, H. Chenming, Modeling and characterization of gate oxide reliability, IEEE Trans. Electron Devices 35 (12) (1988) 2268–2278.
[43] H. Wendt, H. Cerva, V. Lehmann, W. Pamler, Impact of copper contamination on the quality of silicon oxides, J. Appl. Phys. 65 (6) (1989) 2402.
[44] L.C. Yu, G.T. Dunne, K.S. Matocha, K.P. Cheung, J.S. Suehle, K. Sheng, Reliability issues of SiC MOSFETs: a technology for high-temperature environments, IEEE Trans. Electron Devices 10 (4) (2010) 418–426.
[45] R. Moazzami, C. Hu, Projecting gate oxide reliability and optimizing reliability screens, IEEE Trans. Electron Devices 37 (7) (1990) 1643–1650.
[46] J.C. King, W.Y. Chan, C. Hu, in: Efficient gate oxide defect screen for VLSI reliability, Proc. IEEE IEDM, 1994.
[47] W. Weibull, A statistical distribution function of wide applicability, ASME J. Appl. Mech.

18 (1951) 293–297.
[48] R.M. Kho, A.J. Moonen, V.M. Girault, J. Bisschop, E.H.T. Olthof, S. Nath, Z.N. Liang, Determination of the stress level for voltage screen of integrated circuits, Microelectron. Reliab. 50 (2010) 210–1214.
[49] M. Beier-Moebius, J. Lutz, in: Breakdown of gate oxide of 1.2 kV SiC-MOSFETs under high temperature and high gate voltage, Proc. PCIM, 2016.
[50] H. Yano, T. Kimoto, H. Matsunami, M. Bassler, G. Pensl, MOSFET performance of 4H-, 6H-, and 15R-SiC processed by dry and wet oxidation, Mater. Sci. Forum 338-342 (2000) 1109–1112.
[51] C. Zorn, N. Kaminski, in: Temperature humidity bias (THB) testing on IGBT modules at high bias levels, 2014 8th International Conference on Integrated Power Systems (CIPS), 2014, pp. 1–7.
[52] C. Zorn, N. Kaminski, in: Acceleration of temperature humidity bias (THB) testing on IGBT modules by high bias levels, 2015 IEEE 27th International Symposium on Power Semiconductor Devices IC's (ISPSD), 2015, pp. 385–388.
[53] A.J. Beuhler, M.J. Burgess, D.E. Fjare, J.M. Gaudette, R.T. Roginski, Moisture and purity in polyimide coatings, MRS Proc. 154 (1989) 73, https://doi.org/10.1557/PROC-154-73.
[54] D.-P. Sadik, H.-P. Nee, F. Giezendanner, P. Ranstad, in: Humidity testing of SiC power MOSFETs, 2016 IEEE 8th International Power Electronics and Motion Control Conference (IPEMC-ECCE Asia), 2016, pp. 3131–3136.
[55] R. Bayerer, M. Lassmann, S. Kremp, Transient hygrothermal-response of power modules in inverters—the basis for mission profiling under climate and power loading, IEEE Trans. Power Electron. 31 (1) (Jan. 2016) 613–620.
[56] J.J. Mikkelsen, in: Failure analysis on direct bonded copper substrates after thermal cycle in different mounting conditions, Proc. Power Conversion PCIM Nuremberg, 2001, pp. 467–471.
[57] F.F. Oettinger, R.L. Gladhill, in: Thermal response measurements for semiconductor device die attachment evaluation, 1973 International Electron Devices Meeting, vol. 19, 1973, pp. 47–50.
[58] U. Scheuermann, R. Schmidt, in: Investigation on the $V_{CE}(T)$-method to determine the junction temperature by using the chip itself as sensor, Proceedings PCIM 2009 Conference, Nuremberg, 2009.
[59] LV324: Qualification of power electronics modules for use in motor vehicle components, general requirements, test conditions and tests, supplier portal of BMW:GS 95035, VW 82324 Group Standard, Daimler, 2014.
[60] S. Schuler, U. Scheuermann, in: Impact of test control strategy on power cycling lifetime, Proceedings PCIM 2009 Conference, Nuremberg, 2009, pp. 355–360.
[61] R. Darveaux, Effect of simulation methodology on solder joint crack growth correlation and fatigue life prediction, J. Electron. Packag. 124 (3) (2002) 147–154.
[62] T. Poller, J. Lutz, in: Comparison of the mechanical load in solder joints using SiC and Si chips, Proceedings ISPS Prague, 2010.
[63] A. Ibrahim, J. Ousten, R. Lallemand, Z. Khatir, Power cycling issues and challenges of SiC-MOSFET power modules in high temperature conditions, Microelectron. Reliab. 58 (2016) 204–210.
[64] D.L. Blackburn, F.F. Oettinger, Transient thermal response measurements of power transistors, IEEE Trans. Ind. Electron. Control. Instrum. IECI-22 (2) (1975) 134–141.
[65] C. Herold, J. Franke, R. Bhojani, A. Schleicher, J. Lutz, Requirements in power cycling for precise lifetime estimation, Microelectron. Reliab. 58 (2016) 82–89 (Special Issue).
[66] R. Schmidt, R. Werner, J. Casady, B. Hull, Power cycle testing of sintered SiC-MOSFETs, Proceedings of the PCIM Europe, Núremberg 2017, (2017).

[67] P. Friedrichs, et al., ECPE Position Paper on Next Generation Power Electronics based on Wide Bandgap Devices-Challenges and Opportunities for Europe, *http://www.ecpe.org/roadmaps-strategy-papers/strategy-papers/*, 2016.
[68] S. Palanisamy, S. Fichtner, J. Lutz, T. Basler, R. Rupp, in: Various structures of 1200V SiC MPS diode models and their simulated surge current behavior in comparison to measurement, Proceedings of the 28st ISPSD, Prague, 2016, pp. 235–238.
[69] S. Fichtner, S. Frankeser, R. Rupp, T. Basler, R. Gerlach, J. Lutz, Ruggedness of 1200 V SiC MPS diodes, Microelectron. Reliab. 55 (2015) 1677–1681.
[70] T. Basler, R. Rupp, R. Gerlach, B. Zippelius, M. Draghici, in: Avalanche robustness of SiC MPS diodes, Proceedings of the PCIM Europe, Nuremberg, 2016.
[71] O.C. Allkofer, Physic Daten, Physics Data Nr 25-1, "Cosmic Rays on Earth", 1984.
[72] W. Kaindl, Modellierung höhenstrahlungsinduzierter Ausfälle in Halbleiterleistungsbauelementen (Dissertation), München, 2005.
[73] U. Scheuermann, U. Schilling, in: Cosmic ray failures in power modules—the diode makes the difference, Proceedings PCIM, 2015.
[74] C. Felgemacher, S.A. Vasconcelos, C. Nöding, P. Zacharias, in: Benefits of increased cosmic radiation robustness of SiC semiconductors in large power-converters, Proceedings PCIM, 2016.
[75] G. Consentino, in: Are SiC HV power MOSFETs more robust of standard silicon devices when subjected to terrestrial neutrons? Proceedings Proceedings PCIM, 2015.
[76] C. Felgemacher, S.V. Araújo, P. Zacharias, K. Nesemann, A. Gruber, in: Cosmic radiation ruggedness of Si and SiC power semiconductors, Proceedings of the 28st ISPSD, Prague, 2016, pp. 235–238.
[77] S. Kaneko, et al., in: Current-collapse-free operations up to 850 V by GaN-GIT utilizing hole injection from drain, Proceedings of the ISPSD Hong Kong, 2015.
[78] C. De Santi, et al., in: Field- and time-dependent degradation of power gallium nitride (GaN) high electron mobility transistors (HEMTs), Tutorial ESREF, 2016.
[79] J. Joh, J.A. del Alamo, Critical voltage for electrical degradation of GaN high-electron mobility transistors, IEEE Electron Device Lett. 29 (4) (2008) 287–289.
[80] M. Meneghini, A. Stocco, M. Bertin, D. Marcon, A. Chini, G. Meneghesso, E. Zanoni, Time-dependent degradation of AlGaN/GaN high electron mobility transistors under reverse bias, Appl. Phys. Lett. 100 (2012) 033505, https://doi.org/10.1063/1.3678041.
[81] O. Hilt, E. Bahat-Treidela, A. Knauer, F. Brunner, R. Zhytnytska, J. Würfl, High-voltage normally OFF GaN power transistors on SiC and Si substrates, MRS Bull. 40 (05) (2015) 418–424.
[82] M. Meneghini, I. Rossetto, F. Hurkx, J. Sonsky, J.A. Croon, G. Meneghesso, E. Zanoni, Extensive investigation of time-dependent breakdown of GaN-HEMTs submitted to oFF-state stress, IEEE Trans. Electron Devices 62 (8) (2015) 2549–2554, https://doi.org/10.1109/TED.2015.2446032.

进一步阅读

[1] C. Herold, T. Poller, J. Lutz, M. Schäfer, F. Sauerland, O. Schilling, in: Power cycling capability of modules with SiC-diodes, Proceedings CIPS 2014, 2014, pp. 36–41.
[2] C. Herold, J. Sun, P. Seidel, L. Tinschert, J. Lutz, Power cycling methods for SiC MOSFETs, in: Proceedings of the 29th ISPSD, Accepted for publication ISPSD, (2017).
[3] S. Sque, in: High-voltage GaN-HEMT devices, simulation and modelling, Tutorial at ESSDERC 2013, Bucharest, 2013.

第8章 计算机辅助模拟

阿米尔·萨贾德·巴赫曼，弗朗西斯科·伊安努佐
奥尔堡大学能源技术部，电力电子可靠性研究中心（CORPE），奥尔堡，丹麦

8.1 简 介

8.1.1 计算机辅助工程模拟

计算机辅助工程（Computer - Aided Engineering，CAE）是指使用计算机软件来模拟产品的性能，以改进设计或促进各行各业的工程问题的解决。软件的应用可能包括产品、过程和制造的模拟、验证和优化。

通常，CAE 过程包括预处理、求解和后处理步骤。在预处理阶段，工程师对设计的几何形状和物理特性进行建模，并以施加的载荷或约束的形式对设计的环境影响进行建模。在求解阶段，该模型采用基础物理的一个适当的数学公式进行求解。在后处理阶段，结果被提交给设计师进行审查和分析。

换句话说，CAE 可以用于产品开发的过程中，尽管它也可以用于产品的整个生命周期，并包括产品的维护和处置阶段。它指的是各种步骤，包括设计和开发计算机化的三维设计模型的过程，以及所有访问、增强和使用这些信息的系统。

CAE 的一些优势如下：

- 随着产品质量和使用寿命的提高，降低了产品开发成本，缩短了开发时间。
- 产品的设计可以被有效地实施、评估和改进。
- 基于计算机模拟的设计将替代物理原型测试，并节省成本和时间。
- CAE 可以在开发阶段之前提供关于产品性能的见解，而此时设计更改的成本较低。
- CAE 提供了有关产品设计的风险和可靠性工程的信息。

• 结合 CAE 数据和流程管理，可以有效地加强对性能的洞察力，并改进设计以实现更广泛的应用。

• 通过识别并消除潜在的问题，降低了维护成本。当正确地被集成到产品设计和制造开发中时，CAE 可以更早地发现问题，从而显著降低与产品磨损相关的成本。

在应用科学的许多分支中，人们处理的问题包括复杂的应力、应变、振动、传热、流体、电场和磁场系统等，这些问题通常使用难以解决的复杂微分方程系统来建模。因此，很难计算出应力、频率、温度、通量、电势等的值。工程师使用的一种方法是将复杂的几何系统分解成形状规则的小元素（例如，立方体），每个元素都很容易求解。每个元素基于物理方程与相邻元素相互作用，并依次求解这些元素。这可能需要做很多次，直到整个系统开始缩小（或收敛）到一组有用的答案。这种方法被称为有限元分析（Finite Element Analysis，FEA）。工程师们利用 CAE 来处理解决问题所需的大量计算，因为这些计算通常远远超出了人工方法所能实现的算力。

8.1.2 电力电子应用中的 CAE ★★★

为了优化电力电子系统，特别是在可靠性方面，必须首先建立一个全面的数学模型。该模型可以依赖于基于 CAE 的工具，该工具包括系统的热、电气和机械模型。该工具可以基于组件和电路方程，也可以基于数值模拟或两者兼顾。基于方程的模型可以提供快速的系统分析。这些基于方程的模型易于使用，且快速高效，但最终结果的准确性高度依赖于组件级模型的准确性，这是一个很大的挑战。当使用新的电力电子器件、拓扑结构或调制技术时，这一点尤其如此。此外，基于仿真的模型是完全灵活的，但可能需要强大的计算能力。

应用基于 CAE 的工具可以预测给定的电力电子系统的行为。该工具可以考虑几个变量，如器件的结温、关键位置的应力和/或应变、电路中的电寄生效应，以及电力电子电路的预期寿命。此外，这些工具可以减少系统开发的时间和成本，因为设计工具可以在软件模型而不是硬件中实现。此外，在早期设计阶段可以针对各种恶劣条件（如过电压、过载、短路等）识别出由部件温度和机械应力引起的失效机理。无需为可再生能源系统、混合动力汽车等应用构建复杂而昂贵的原型。

此外，使用基于 CAE 的工具，使设计工程师能够研究参数变化对整个变换器系统的影响。这样，变化就可以由多个目标来保持，例如，为了提高效率和功率密度，以保持成本尽可能低。此外，还可以比较不同的变换器拓扑结构，并确定各种拓扑的性能限制。利用工具开发的电路模型必须是准确和可靠的，能适应各种工作条件，如温度或负载。此外，设计模型的使用必须对设计工程师友好，

方便安装和参数设置。

电力电子器件和系统受到各种应力源的影响，如温度、过电压、过载、振动、电磁干扰（EMI）、湿度等。因此，设计过程必须包括多学科系统中的电气、热、机械、流体和控制问题。基于 CAE 的工具是解决可靠性问题和设计挑战的动态方法。在这个过程中，可以使用一个仿真工具来集成多个物理问题。该设计工具将使用基于有限元分析的多物理模拟环境的电气和热模型来进行开发。一般来说，使用基于 CAE 的设计来制造电力电子产品的方法被称为“虚拟原型设计”。对于设计优化，该方法使用仿真模型，在迭代过程中考虑了系统设计对性能的影响，减少了对测试物理原型的依赖，减少了设计时间和成本，并支持对多能量域耦合效应的分析。图 8.1 表示了电力电子学中的样本能量域重叠。

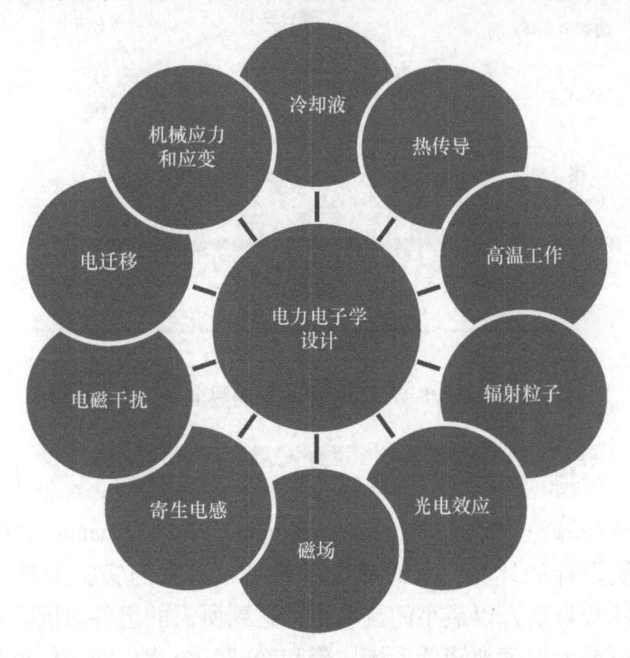

图 8.1 电力电子学中的样本能量域重叠

8.2 功率半导体的热模拟

8.2.1 热堆 ★★★

功率半导体器件是对电力电子电路的可靠性具有重要作用的关键部件[1,2]。极端的热循环或热负荷可能会导致可靠性问题，如热机械应力，从而导致器件封装内部的渐进式磨损和疲劳，例如，键合线脱落和焊料裂纹[3-5]。有一些数学模型，它们将器件的寿命与热循环联系起来[6,7]。此外，如果超出半导体制造商给出的最大结温，半导体芯片可能会被击穿[6]。因此，精确计算器件封装内部的温度对于确保准确的寿命估计和经济有效的功率变换器设计非常重要。此外，最近引入的宽禁带器件（SiC，GaN）给热管理带来了新的挑战，因为更高的结温，以及更小或更少的器件减少了发热面积[8,9]。

在常见的工作条件下，每个功率半导体芯片产生的热量流经封装内部的多层，直到热量在散热器中耗散，如图 8.2 所示。因此，功率半导体器件的热管理，例如，冷却系统的设计——对于可靠的性能至关重要[10-12]。这在设计用于封装功率器件的多芯片功率模块时更为关键，因为芯片的热耦合效应加剧了芯片上的热负荷[13]。冷却系统越小，有效的热管理就越重要。

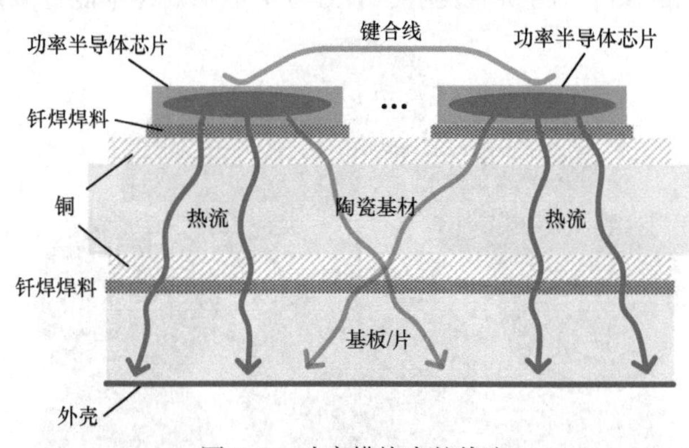

图 8.2　功率模块中的热流

8.2.2　电力电子学中对流体动力学的计算 ★★★

今天，商业计算流体动力学（Computational Fluid Dynamics，CFD）模拟器促进了冷却系统设计的计算，从而减少了耗时和昂贵的实验测试。CFD 使设计人员能够优化冷却系统，以最小的流动阻力达到所需的组件温度。这确保了最佳的热性能，同时最大限度地降低系统压降和冷却系统背后的任何可能会对下游组件的冷却产生不利影响的尾流效应。CFD 可以预测冷却系统流体通道中的流量，以识别正确的传热和压降条件[12]。热传递速率可用于功率器件动态运行中的结温计算。冷却系统通过使用扩展的表面积，可以更有效地将热量从热源传导到相邻的流体。在冷却系统设计中通常使用的性能指标是热阻。热阻是对材料抵抗热流的温差的测量，在传导传热（见图 8.3a）中被定义为

$$R_k = \frac{T_1 - T_2}{Q} = \frac{L}{kA}[\mathrm{K/W}] \tag{8.1}$$

式中，R_k 为传导传热中的热阻；T_1、T_2 为材料两个面的温度；Q 为热通量；k 为材料热导率；A 为横截面面积；L 为材料的厚度。

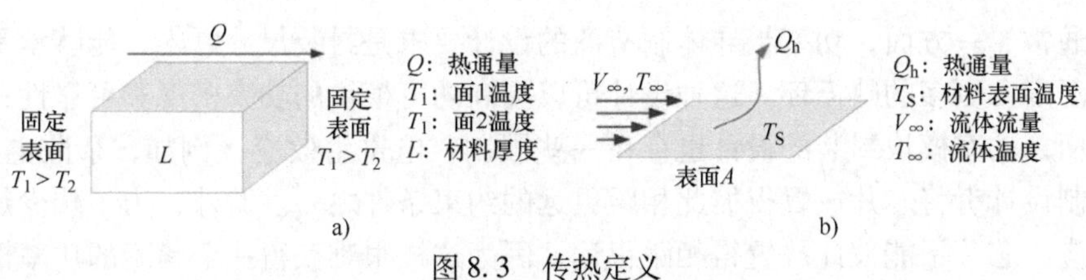

图 8.3　传热定义

a）传导传热　b）对流传热

对流传热过程中的热阻（见图 8.3b）被定义为

$$R_h = \frac{T_S - T_\infty}{Q_h} = \frac{1}{hA}[\mathrm{K/W}] \tag{8.2}$$

式中，R_h 为对流传热过程中的热阻；T_S 为材料的表面温度；T_∞ 为流体温度；Q_h 为对流传递的热通量；h 为传热系数；A 为表面积。

8.3　电热优化

8.3.1　功率模块的热耦合 ★★★

传统的热模型计算了由单个可工作的功率半导体芯片引起的器件自加热的结温偏移，但它们没有解释芯片之间的热路径的任何耦合[14]。因此，在这样简单的模型中，没有考虑温度从一个芯片到另一个芯片的升高效应，这可能会低估结温。事实上，任何将功率耗散到热交换器的芯片都会导致所有剩余芯片的温度升高，因为任何热流都会通过整个 IGBT 模块进行传输。因此，需要一个精确的热模型来解释这一现象。

相邻芯片的耦合效应与热源的距离和功率的大小有关[15]。需要指出的是，热耦合不仅存在于芯片之间，而且也存在于芯片下面的子层之间。图 8.4 显示了由基于商业有限元法（Finite Element Method，FEM）的热模拟软件 ANSYS Icepak[16] 建模的功率模块中温度分布的横截面图。可以看出，在不同的子层之间存在着较高的热耦合现象。

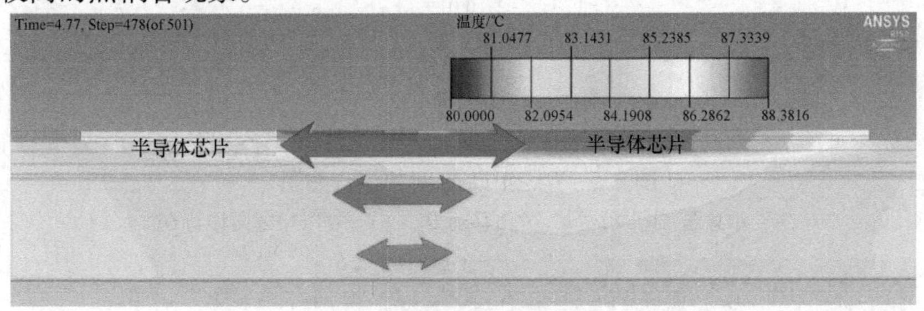

图 8.4　半导体芯片之间的热耦合（彩图见插页）

通常，一方面，功率半导体制造商的设计要求是封装尺寸紧凑，能够承受更高的温度和更多的热循环。这种设计可以提高功率模块的功率密度和可靠性；另一方面，功率模块封装的设计也存在一些限制。电寄生效应（例如，杂散电感）是限制设计者将芯片放置得彼此相距更远的约束条件之一。此外，为了减少热耦合效应，芯片不能彼此放置得相距很远，因为这样很难获得一个紧凑的功率模块设计。因此，定义随芯片位置的热耦合变化对功率模块封装的设计者很有用。为了量化热耦合效应，耦合热阻的定义如下：

$$R_{th(coupl)}=\frac{\Delta T_{1-2}}{P_{loss(2)}} \tag{8.3}$$

式中，$R_{th(coupl)}$是耦合热阻；ΔT_{1-2}是监测点所在的芯片和注入功率损耗的芯片的平均温度之差；$P_{loss(2)}$是从被监控的芯片注入到相反的芯片上的功率损耗。

在图 8.5 所示的样品功率模块（这里是 primepack 3 IGBT 模块）中，将脉冲功率损耗（50W）注入 $T1$ 的整个体积，并计算 $D1$ 和 $T1$ 之间的耦合热阻。$T2$ 和 $D2$ 不传导，以识别 $T1$ 和 $D1$ 之间的热耦合效应。$D1$ 垂直和水平移动，如图 8.5a 所示。“dx”表示水平移动 $D1$，所以 dx = 0 表示 $D1$ 和 $T1$ 成一直线的。“dz”表示垂直移动 $D1$，并表示 $D1$ 和 $T1$ 之间的距离，所以 dz = 0 表示 $D1$ 和 $T1$ 彼此相切。热阻结果如图 8.5b 和 c 所示。结果表明，当两个芯片成一直线且更接近时，热耦合较高。

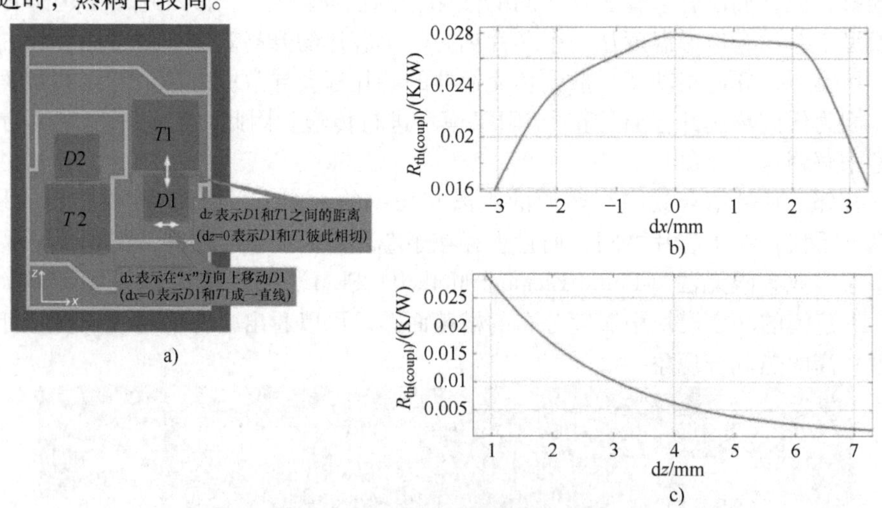

图 8.5　$D1$ 和 $T1$ 之间的耦合热阻

a）示意图　b）沿“x”方向移动 $D1$　c）沿“z”方向移动 $D1$

8.3.2　功率模块中的寄生电感 ★★★

理想情况下，制造商应该生产成本低、体积小、效率高和可靠性高的功率模

块。功率模块工作的开关频率决定了半导体开关可以调制以控制电流的速度。在较高的开关频率下，电容器、电感器和高频变压器等无源组件的尺寸可以被缩小，从而降低整个系统的成本，提高效率[17]。然而，随着开关频率的增加，根据半导体器件的特性，功率模块的开关损耗将克服效率的增益。此外，在较高的开关频率下，电寄生效应成为影响电力电子系统可靠性的一个重要问题。本章阐述了功率模块中电寄生效应的提取方法，并对最小电寄生效应的功率模块布局进行了优化。

功率模块中的电寄生现象是指在功率模块的铜迹线、端子和键合线中无意存在的电感、电阻和电容。电寄生现象可能会影响功率模块的使用寿命，甚至可能通过增加开关损耗、电压峰值和电磁干扰（EMI）问题而导致灾难性的故障。因此，通过将功率半导体芯片和控制电路集成在一个紧凑的封装中，从而减少了导体路径，可以减少寄生电感[18]。

在功率模块中存在的电寄生效应中，杂散电感占绝大多数。如图 8.6 所示，电流流动路径中存在杂散电感，包括端子、铜迹线和键合线。在换相时间内，当器件被关闭时，寄生电感上的电流减小，电压增大。在大杂散电感和高开关频率的情况下，出现一个大的电压尖峰，可能对半导体器件造成很大的压力。如图 8.6a所示，与具有两个半桥拓扑的功率 MOSFET 模块的漏极、源极和键合线相关联的杂散电感已用 L_D、L_S 和 L_L 标记。在设计过程中，由于终端在布置中位置固定，端子杂散电感没有显示。除了主回路电感外，开关的栅极驱动路径中的杂散电感（见图 8.6b）也会引起寄生效应，导致在器件关闭时产生振铃[19]。

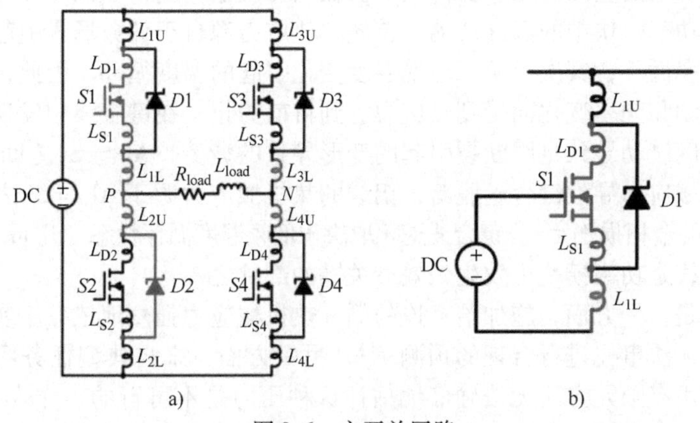

图 8.6　主开关回路

a）栅极驱动回路　b）回路中的杂散电感

为了模拟功率模块中的电寄生效应，我们认为衬底上的电流回路是具有相同厚度的均匀导体，这个厚度比轨迹的长度要小得多。在功率模块中，主要的换向路径是从一个总线开始并以另一个总线结束的开环。然而，利用部分电感的原理，通过在开环中添加一个闭合的路径来模拟轨迹中的杂散电感[20]。功率模块中单条直线的自感计算如下：

$$L \approx \frac{\mu_0}{2\pi} \cdot l \cdot [\ln(2l) - 1] \cdot 10^{-3} \tag{8.4}$$

式中，l 为导线的长度；μ_0 为真空渗透率；L 为回路电感。然而，在设计过程中计算这类方程是一个耗时的活动，需要基于 FEM 的 CAE。

8.4 案例研究

8.4.1 在 SiC 功率模块中的热应力 ★★★

SiC MOSFET 功率模块是大功率电子器件中有吸引力的器件，能够实现高温和高频工作，特别是在可再生能源系统、汽车和航空航天应用中。SiC 材料的性能（电气、热和机械）使它们能够克服 Si 基功率模块的缺点，并开发具有更多集成、更高效率和更大功率密度的电力电子系统[9]。然而，尽管与 Si 器件相比具有固有的材料特性，但满足产品设计规范仍然是一个挑战，因为对寿命要求和成本限制的需求不断增加。由于其更大的电流密度和更高的热导率，与在相同额定电流下的 Si 器件相比，在 SiC 器件中可以观察到更高的温度变化。

热循环是电力电子器件中最关键的应力来源之一[21,22]。这是由于不同材料之间的热膨胀系数（Coefficient of Thermal Expansion，CTE）不匹配，导致开裂，从而导致在一定数量的循环后器件失效。在风力发电应用中，风速和环境温度的变化会导致功率模块中的温度波动。首先，热应力源自于任务场景引起的负载变化导致的功率循环，其次，源于环境温度变化引起的温度循环。因此，功率模块通过温度波动和频率变化而受到热应力。到目前为止，在键合线中发现了三种老化现象：温度波动导致足跟断裂引起的变形导致的疲劳，Al 与 Si 之间的 CTE 失配引起的机械应力导致键合丝脱落，铝线的热机械应力源于 Al 与 Si 之间的 CTE 失配而导致的金相损伤[23]。键合线退化取决于低频温度循环状态（几 ms ~ 几十 s）。此外，键合线是功率模块中发生失效最关键的部件之一[23]。

不幸的是，一方面，施加给互连的循环热机械应力强烈地依赖于实际的任务场景，因此无法事先进行合理的预测[24]；另一方面，来自典型任务场景的大量数据使得使用有限元方法无法确信地估计这种压力是不可行的。作为案例研究，介绍了一种基于实际功率分布和环境温度计算键合线结温和热机械应力的系统简化方法。这个方法可用于研究任务场景对 SiC 功率模块退化和寿命估计的影响。

8.4.2 基于任务场景的分析方法之一 ★★★

风力发电变换器中 SiC 功率模块的可靠性评估方法如图 8.7 所示。该方法

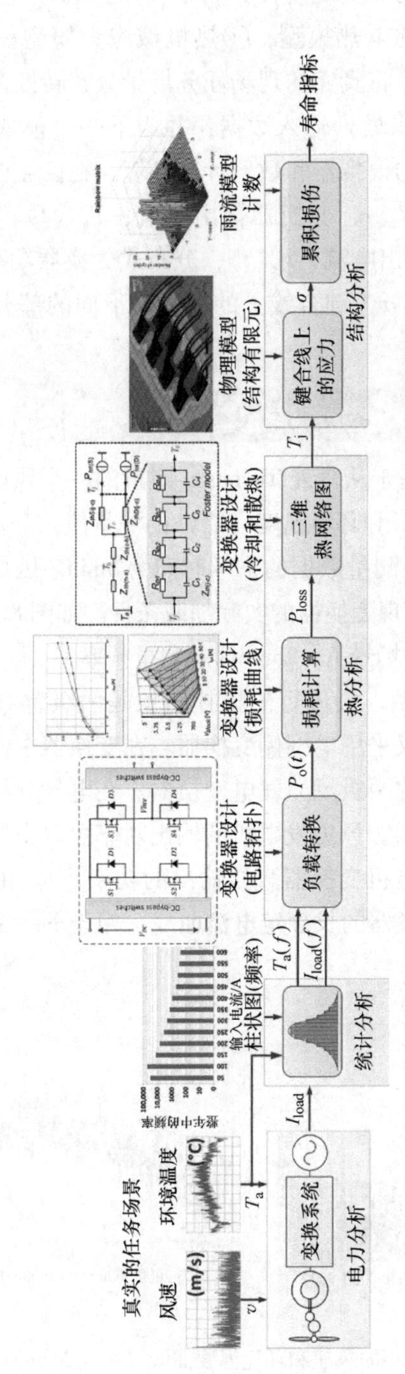

图 8.7 提出的基于任务场景的 SiC 功率模块可靠性分析方法（彩图见插页）

包括：①并网风力发电变换器的真实现场任务场景（风速和环境温度）；②统计分析模型；③基于3D热网络的电热模型；④热机械应力模型；⑤雨流分析模型。该方法包括几个分析模型，将真实的现场任务场景分解转换为寿命指标。每个模块都使用不同的分析工具来处理输入数据，并为下一个模块提供所需的数据：电路模拟器、基于有限元的模拟器和数值计算环境。在区域中使用的参数如下：v，风速；T_a，环境温度；I_{load}，变换器输出电流；T_a（f），分布式环境温度；I_{load}（f），分布式变换器输出电流；$P_o(t)$，分布式变换器功率；P_{loss}，器件的功率损耗；T_j，器件的结温；σ，键合线上的应力。下面的部分将介绍对每个模块的描述。

8.4.3 基于任务场景的分析方法之二 ★★★

所提出的可靠性分析模型基于从丹麦 Thyborøn 附近的一个风电场收集的80m轮毂高度的1年的平均风速（v）和环境温度（T_a）的测量值，开发了实际现场风力发电变换器运行的任务场景，测量数据的采样时间为5min。因此，考虑到长期运行和短时间数据测量，可以实现变换器的实际加载条件。如图8.8所示，采用1年的风速和环境温度曲线—任务场景A—5min内的测量频率。

对于风力发电变换器的类型，最流行的拓扑结构是两级背靠背电压源变换器，如图8.9所示。寿命研究仅采用电网侧变换器。在变换器中使用的参数列于表8.1中，它通常用于最先进的两级风力发电变换器。在电气分析模型中，包括了风力发电机、发电机和变换器。风力发电机的输出功率可以由制造商提供的功率曲线获得，并可作为风力发电机变换器直接输出的功率[25]。由于额定一次侧电压 V_P 为690V_{rms}，可提取变换器的长额定电流曲线，用于下一个分析模型。负载电流曲线如图8.10所示。

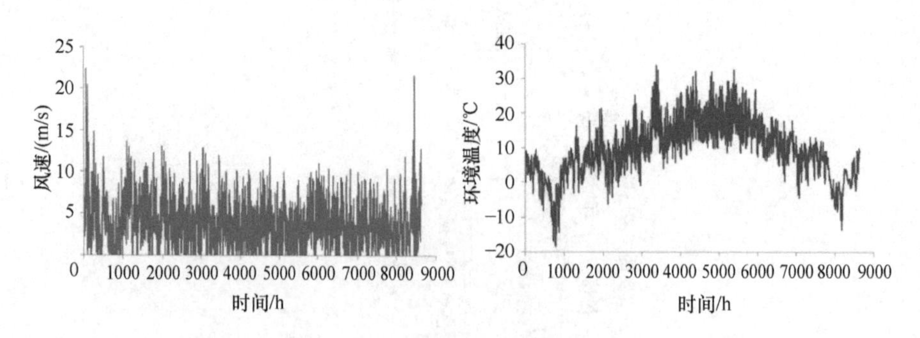

图8.8 风电场1年的风速和环境温度曲线（平均5min）

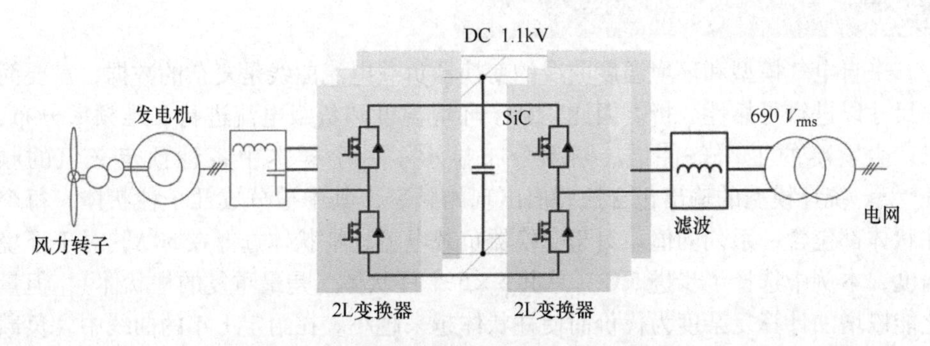

图 8.9　用于可靠性分析的风力发电变换器

表 8.1　变换器参数如图 8.9 所示

额定输出有功功率 P_o	500kW
输出功率因数 PF	1.0
直流母线电压 V_{DC}	DC 1100V
额定一次侧电压 V_p①	rms 690V
额定负载电流 I_{load}	rms 209A
基本频率 f_o	50Hz
开关频率 f_c	2kHz
滤波器电感 L_f	1.9mH（0.2p.u.）

① 变压器一次绕组中的线对线电压。

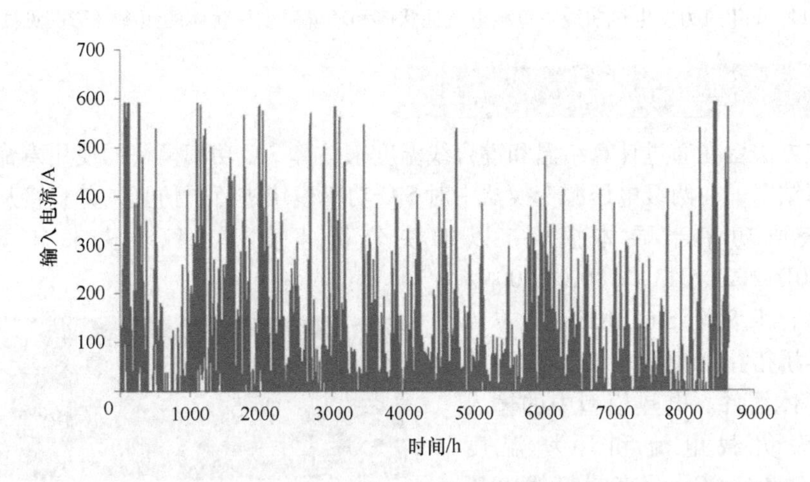

图 8.10　图 8.9 中显示的变换器 1 年的负载电流曲线和图 8.8 中显示的曲线

8.4.4 统计分析模型 ★★★

来自电气模型和环境温度曲线的变换器负载电流曲线是复杂的数据，需要简化尺寸以进行可靠性分析。因此，基于环境温度和负载电流进行二维频率分布，以产生紧凑的工作条件谱。频率分布显示了一个样本中各种预定义值的频率[26]。统计模型的输出包含这些值出现的频率，其中被分成几个柱状体，每个柱状体都包含一系列的值。对于变换器负载电流，柱状体选择在50A，对于环境温度，本例中选择了步进5℃（总共5×5个柱状体，是最重复的柱状体），但量化能以增加计算复杂度为代价而使柱状体越来越小。在给定1年的曲线中，负载电流柱状体和环境温度柱状体的频率如图8.11所示。

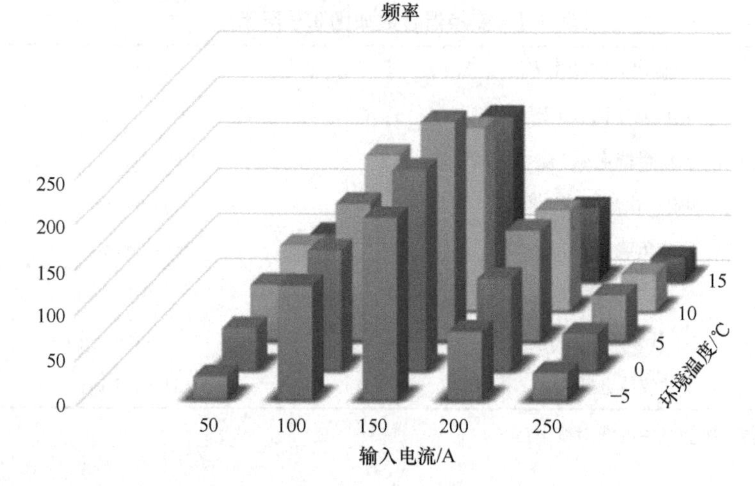

图8.11 1年风力发电机曲线中负载电流柱状体和环境温度柱状体的频率（彩图见插页）

8.4.5 电热分析模型 ★★★

该方法旨在通过计算结温和键合线温度来估算SiC功率模块的使用寿命。为了计算结温，在两级电压源变换器中对SiC功率模块进行了仿真，并直接从表中查找获取功率半导体损耗，以加快分析速度。功率模块来自ROHM BSM180D12P2C101（180A/1200V/150℃），由8个SiC MOSFET芯片组成半桥拓扑（见图8.12）作为功率半导体器件。电热模型中的输入数据为负载电流和环境温度［$I_{load}(f)$和$T_a(f)$］、直流母线电压（V_{DC}）和开关频率（f_{SW}）。为了实

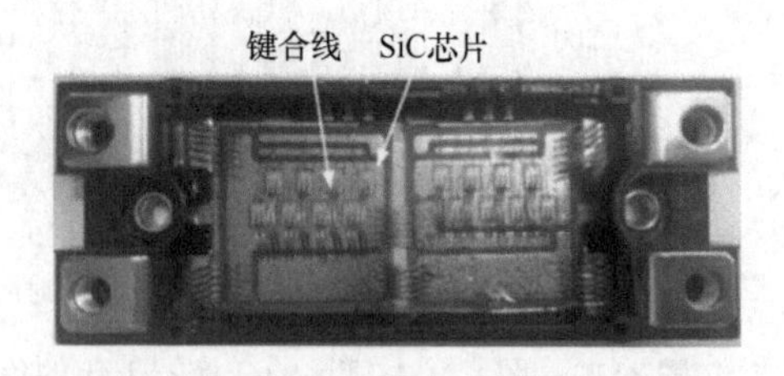

图8.12 正在开发中的SiC MOSFET功率模块

现温度依赖性，功率半导体损耗由输入变换器功率和结温决定。在电路模拟器中模拟了功率损耗，其中考虑了 SiC 模块的完整开关行为、传导损耗、开关损耗和反向恢复损耗。为了校准电路仿真结果，可以通过功率器件分析仪和双脉冲测试仪来测量功率损耗。然而，电热分析在所有的功率器件损耗表征方法中都遵循相同的方法。

热模型，即热阻和热网络，将功率损耗转移到功率模块的相应温度上，对于识别负载曲线至关重要。器件数据表给出的热模型通常是在特定的测试条件下进行表征的，因此当任务场景发生变化时，它是不准确的。因此，为了提高精度，建立了一种基于器件在不同环境和工作条件下的物理行为的热模型。首先利用有限元法模拟了该器件的详细几何形状。在基于物理的 3D 热模型中，将脉冲功率损耗输入 SiC 半导体芯片，用环境温度来估算散热器温度，计算键合线脚位置对应的芯片的结温[13]。芯片结区的温度响应 T_j 对应于键合线脚位置以及临界的下层，例如监控芯片焊料“T_{s1}”和基板焊料“T_{s2}”。然后，根据参考文献 [13] 中给出的方法，提取了上述点的局部福斯特网络的结。

此外，为了涵盖来自相邻功率芯片的交叉耦合热冲击，还增加了耦合热阻抗网络作为层间的受控电压源。需要注意的是，考虑到材料在实际工作条件中的非线性行为，热网络中的热阻和热容随环境温度和负载电流的变化而变化[27,28]。因此，开发了一个 3D 热网络，可以用来估计任何任务场景的键合线脚位置的温度。热网络的示意图如图 8. 13 所示。

热阻抗的值可能会由于 SiC 模块的退化，而逐渐增大，例如，焊料分层，这可以在热分析中被考虑到。在提出的热网络中，Z_{th} 是部分福斯特网络；$Z_{thcoupl}$ 是部分耦合福斯特网络；P_{self} 是输入芯片的功率损耗；P_{coupl} 是输入相邻芯片的功率损耗；T_j 是结层温度；T_{s1} 是芯片焊料的温度；T_{s2} 是基板焊料的温度；T_c 是外壳层中的温度；T_{ref} 是冷却温度；$t_1 \cdots t_9$ 是键合线脚位置考虑的几个温度点。

8. 4. 6　热机械模型 ★★★

电热模型的输出是负载电流柱状体和环境温度柱状体的 2D 温度曲线系列。温度曲线是纯数据，应转化为机械应力以进行可靠性分析。因此，在有限元机械环境下，对于每个柱状体，给了热机械模型的每个温度分布的一个循环。为了节省模拟时间，键合线脚位置的初始温度是每个柱状体中的稳态结温。有限元机械环境中所有材料的力学性能都与温度有关。图 8. 14 显示了具有以下柱状体的 SiC 模块的机械应力曲线：在负载电流区间（200 ~ 250A）和环境温度区间（5 ~ 10℃）下。观察到，应力最大的位置是 Al 键线与 SiC 芯片的互连，因此提取到所有任务场景中最高热应力键合线的机械应力。

对于每个柱状体，提取键合线脚位置的机械应力，并用作整个任务场景的每

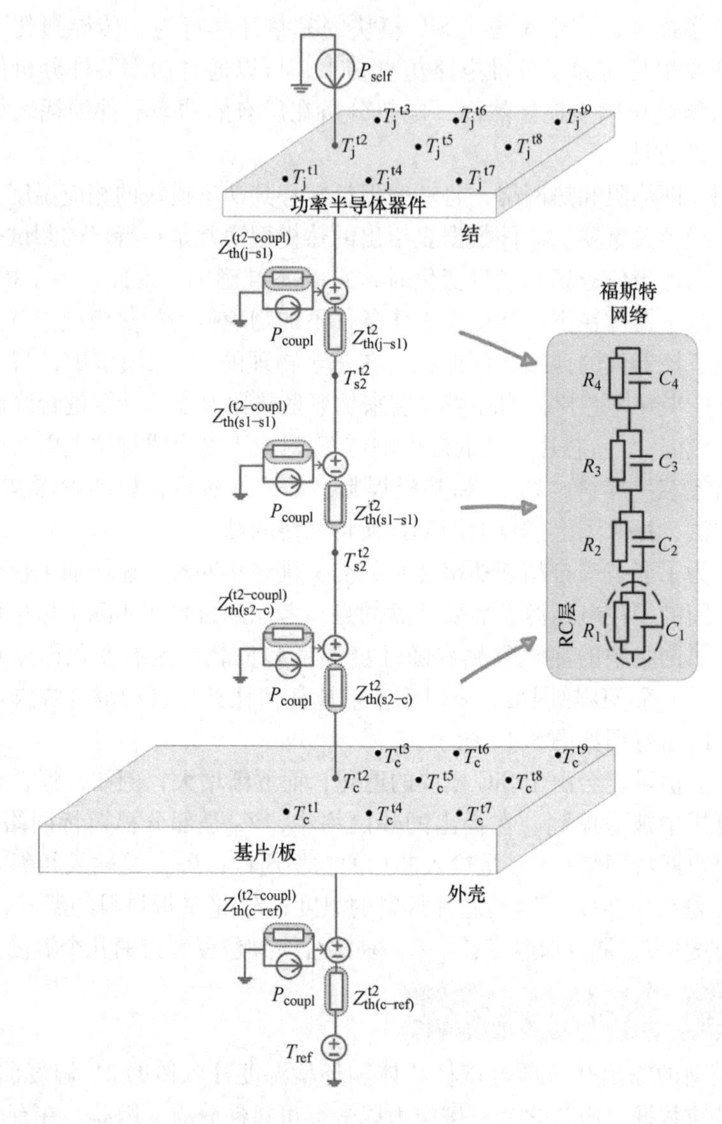

图 8.13　用于分析的从芯片（结）到参考（冷却系统）的 3D 热网络结构图（彩图见插页）

一个步骤的查找表，从而计算出应力任务场景。图 8.15 表示根据图 8.9 所示的任务场景计算的键合线应力。

为了进行不同载荷条件下的热机械应力比较，图 8.16 显示了另一个任务场景 B，与任务场景 A 有相同的环境温度曲线。有限元模拟计算出的相应键合线应力如图 8.17 所示。

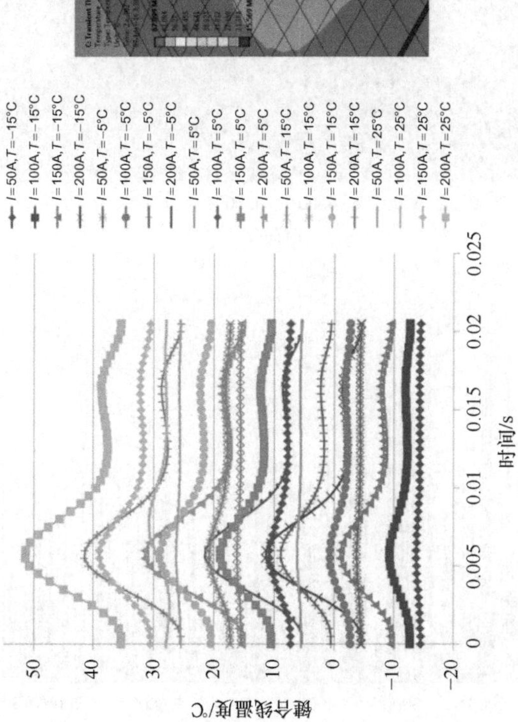

图 8. 14　键合线温度半周期。所研究的 SiC 功率模块的外形和模拟热机械应力分布：负载电流（200 ~ 250A）和环境温度（5 ~ 10℃）（彩图见插页）

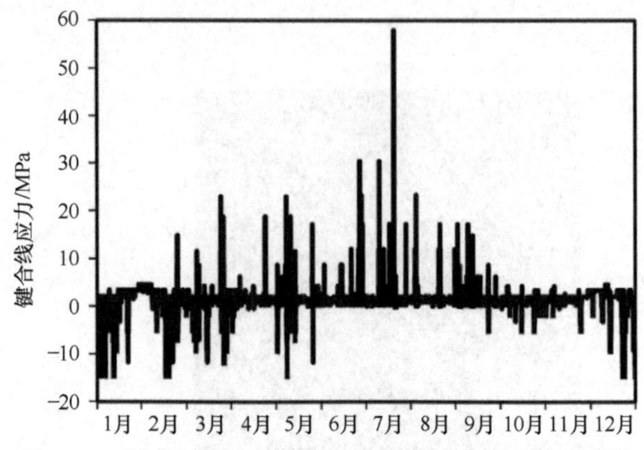

图 8.15　图 8.8 所示任务场景的键合线应力平均值曲线

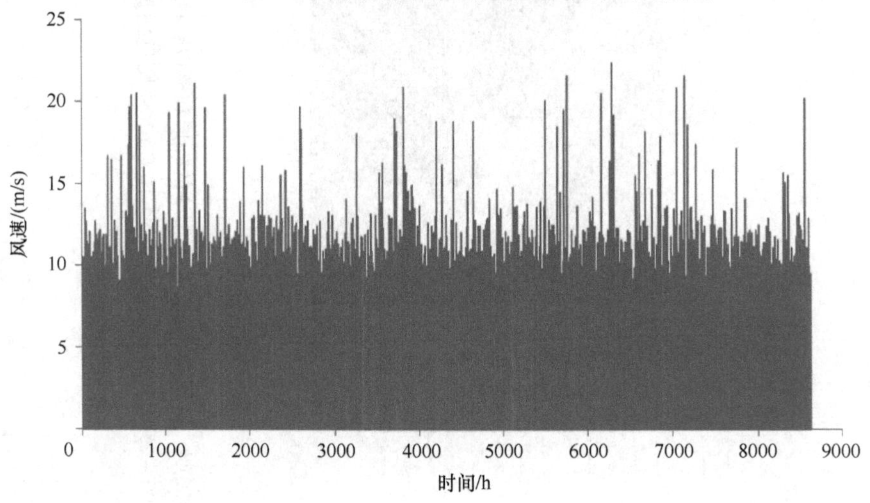

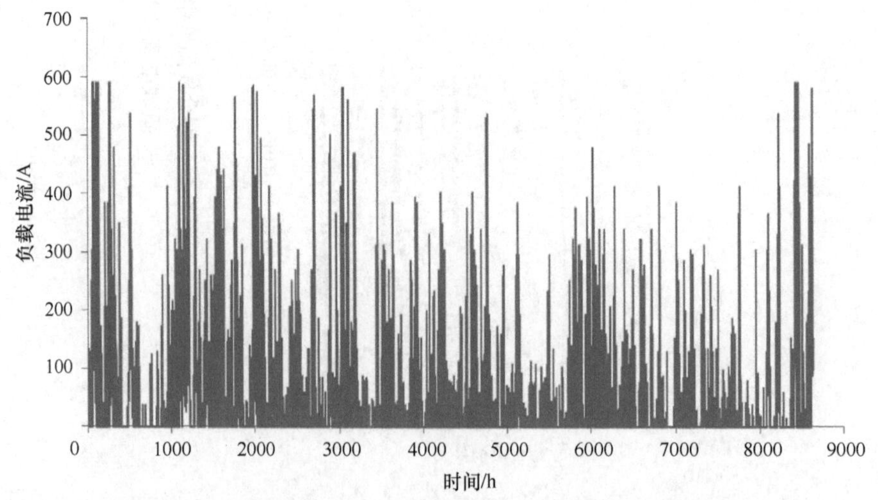

图 8.16　任务场景 B：1 年的风速（平均 5min）和负载电流

如图 8.17 所示，在任务场景 B 中，与任务场景 A 相比，键合线应力大，具有较大的应力波动，这将影响 SiC 功率模块在长期运行中的寿命。值得一提的是，为了校准有限元模拟，参考文献［29］中给出了一种位移控制的机械剪切试验方法，可用于表征键合线上的机械疲劳特性。

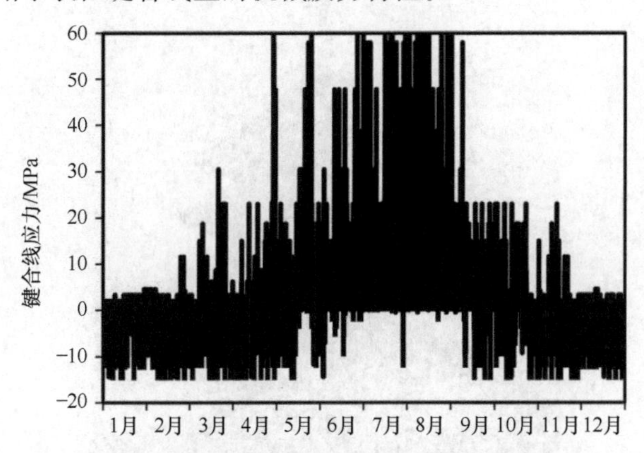

图 8.17　图 8.16 所示的任务场景的键合线应力平均值曲线

8.4.7　雨流计数方法 ★★★

尽管在 SiC 功率模块的功率循环测试中做了大量的工作，但仍然缺乏完善的退化和寿命模型，设计者正在使用 IGBT 可靠性模型进行寿命估计。此外，供应商提供的大部分的可靠性模型是基于加速功率循环和温度循环测试，这些加速测试只能涵盖非常有限的温度波动和频率范围，因为加速测试非常耗时。此外，一些测试条件相对难以实现，如非常快或非常慢的热循环[30-32]。因此，在该方法中，提出了一种预估 SiC 功率模块寿命的方法，将任务场景映射到精确的寿命估计中。

制造商提供的模型是基于加速功率循环和温度循环试验，由于加速试验非常有限，只能覆盖非常有限的温度翼和频率范围，因为加速试验非常耗时。此外，一些测试条件相对难以实现，如非常快或非常慢的热循环[30-32]。因此，在该方法中，提出了一种估计 SiC 功率模块寿命的方法，将任务场景映射到精确的寿命估计中。

在给定的任务场景中，温度循环在振幅和频率上不遵循重复机制，因此采用雨流计数方法来处理键合线的循环累积损伤[33]。雨流循环计数算法从测量或模拟获得的负载、应力或应变历史中提取循环。通过计数，得到了多个不同振幅和平均值的周期和半周期。该算法利用疲劳损伤累积假设的优点，使计算随机载荷条件下的预期疲劳寿命成为可能。该算法是由日本研究人员 Tatsuo Endo 和

M. Matsuishi 于 1968 年开发的，他们以雨水从日本宝塔式屋顶上落下的方式描述了这一过程，如图 8.18 所示[34]。

图 8.18　日本奈良县斋王町法隆寺[35]

雨流计数将时间历史简化为一系列拉伸峰和压缩谷（见图 8.19）。每一个拉伸峰或压缩谷被想象成“滴水”的水源。该方法通过寻找在以下情况发生时的水流的终止来计算半循环的数量：

- 它一直到了时间历史的尽头。
- 它与从较早的峰/谷开始的水流汇合。
- 当一个相反的峰/谷有较大的幅度时，它就会流动。

然后，它为每个半循环分配等于其开始和终止之间的应力差的幅度，并将相同幅度（但意义相反）的半循环配对来计算完整循环的数量。在该方法中，采用 Miner 规则（线性累积损伤规则）来评估在给定任务场景作用下部件的疲劳寿命[37]。两种任务场景的键合线应力平均值的雨流计数周期如图 8.20 所示。

SiC 模块的整个生命周期可以分为简化任务场景数据的每个柱状体的损伤分数。对于不同的柱状体（负载电流和环境温度），Miner 规则可以给出 SiC 模块寿命消耗（LC）的估计值，如下所示[37]：

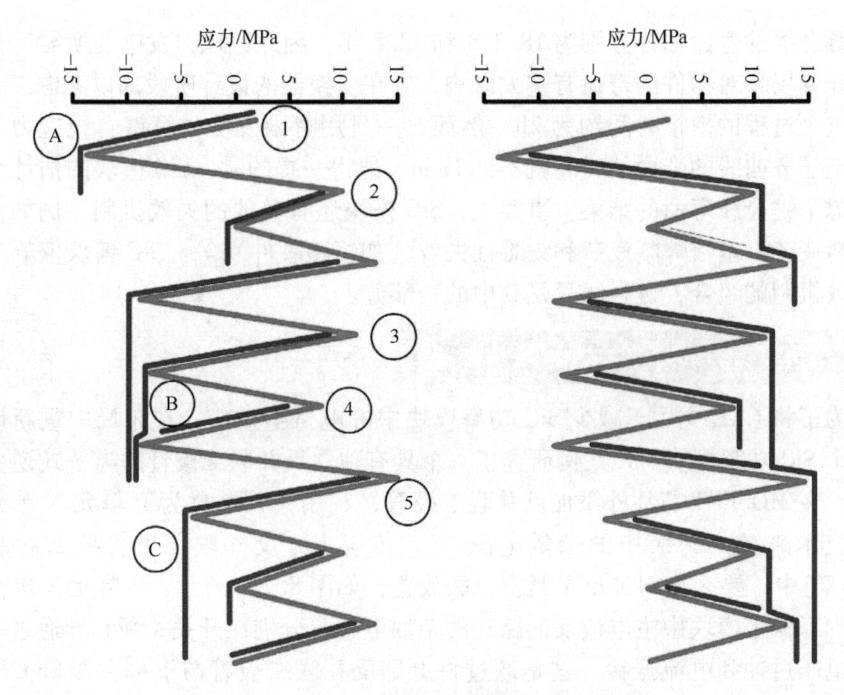

图 8.19　雨流计数[36]中的拉伸峰和压缩谷

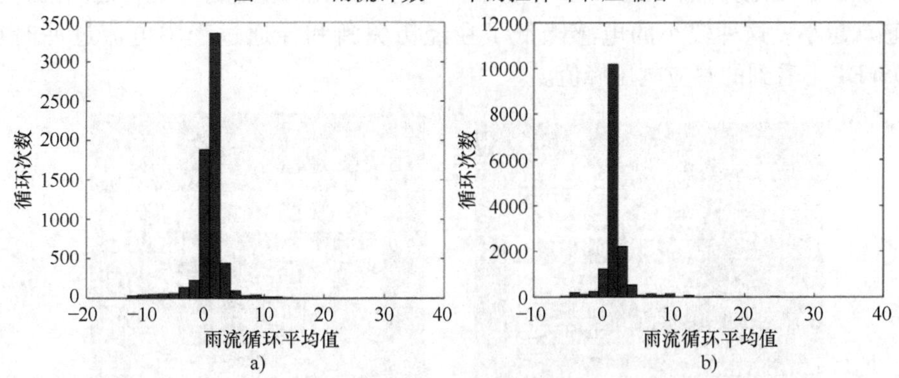

图 8.20　键合线应力平均值的雨流计数周期

a）任务场景 A　b）任务场景 B

$$LC = \sum_{i=1}^{k} \frac{n_i}{N_{fi}}$$

$$LC = \left[\frac{n_1}{N_1}\right]_1 + \left[\frac{n_2}{N_2}\right]_2 + \left[\frac{n_3}{N_3}\right]_3 + \cdots + \left[\frac{n_k}{N_k}\right]_k \tag{8.5}$$

式中，i 指不同的应用柱状体；n_i 和 N_{fi} 分别是在应力 S_i 下累积的循环次数，以及在应力 S_i 下失效的循环次数，为从 1 到 k 的每个不同的柱状体。一般来说，当损伤分数（LC）达到 1 时，就会发生失效。根据 Miner 规则，任务场景 A 和 B

中的键合线的寿命估计分别为18.2年和12.5年。因此，风力发电变换器运行现场的任务场景对器件的寿命有重大影响，应在变换器的设计阶段加以考虑。

整个过程的模拟时间约为2h。然而，一旦用有限元法计算键合线应力，计算给定任务曲线的寿命的时间就不到1min。值得一提的是，SiC模块的估计寿命只考虑了键合线寿命的结束。事实上，SiC模块还有其他的失效机制，例如，芯片焊料疲劳、基板焊料疲劳和灾难性失效（如短路事件）等。SiC模块依赖于所有失效机制的组合，键合线只是其中的一部分。

8.4.8 减少寄生电感 ★★★

为了将CAE应用于减少SiC功率模块中的电寄生效应，在布局中重新设计了一个SiC功率模块。该案例研究了一个具有独立反并联二极管的半桥式逆变器模块。在MOSFET芯片外添加反并联二极管，利用一种被称为P单元N单元布局的技术来减少封装中的杂散电感[38]。传统上，反并联二极管要么封装在MOSFET中，要么与MOSFET紧密并联放置，如图8.21a所示。P单元N单元布局技术降低了模块中主电流换向路径的杂散电感，分别在开关关断和导通过程中引起电压过冲和电流振铃。这是通过将上部反并联二极管与下部MOSFET配对来实现的，反之亦然，如图8.21b所示。这些器件配对得越近，器件之间的寄生电感就越小。这种较小的电感降低了在经历关断和导通过程中电流过冲时在MOSFET上看到的感应电压峰值。

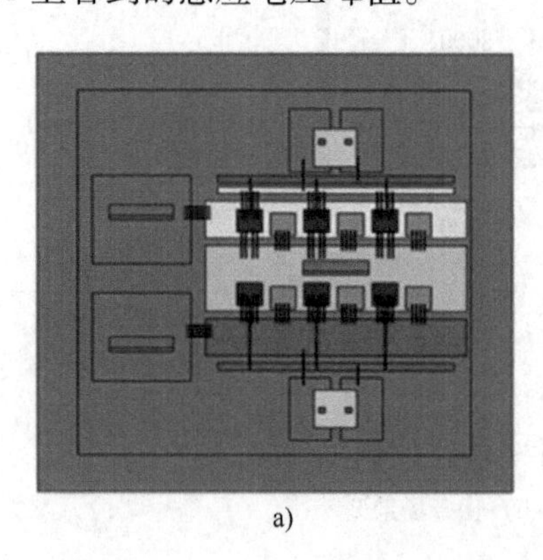

a)

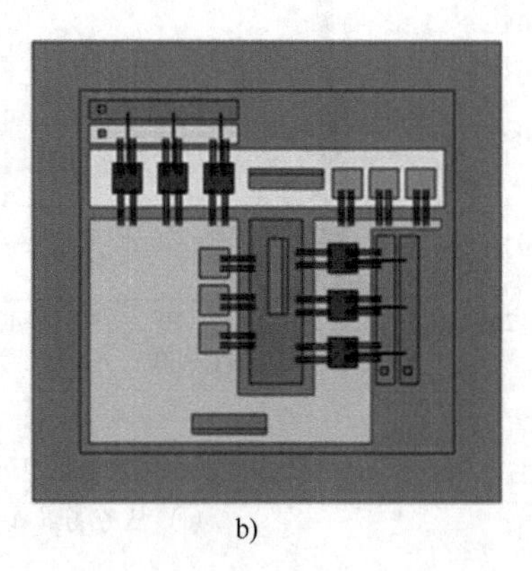

b)

图8.21 功率模块布局（彩图见插页）

a）常规布局 b）P单元N单元参数布局

本例子的目标包括最小化三个主要参数：从正极到负极端路径上的回路电感，以及上下开关位置的栅极-源极回路电感。通过最小化从正极到负极端的布局中的总回路电感，两个电流换向路径的电感同时最小化。这将性能度量的数量减少了一个，而不是度量两个路径。为栅极到源极的回路电感创建了两个独立的

性能指标。栅极回路电感的最小化有助于减少电流振铃，但在电流振铃和开关损耗能量方面，它们已被证明不如主回路电感重要[39]。

该模块的设计共包含了 6 个 MOSFET 和 6 个反并联二极管，其中每个上下开关位置都使用了 3 个 MOSFET。该模块是半桥，因此只实现一个逆变器相段。假设该模块以 50kHz 的开关频率工作。基板和衬底尺寸被限制在固定的尺寸。在设计过程中，允许修改器件的定位和轨迹尺寸。

图 8. 21a 和 b 是传统的布局，不考虑二极管和 MOSFET 的 P 单元 N 单元配对。第二种是基于 P 单元 N 单元的设计。传统的布局也位于比 P 单元 N 单元更大的衬底和基板上。在商业电磁模拟器 ANSYS Q3D 提取器中对两种布局进行建模，用于寄生分析。表 8. 2 总结了这些结果。与传统的布局风格相比，P 单元 N 单元布局配置显著降低了回路电感。基于电寄生效应提取有限元的软件可以作为该工具的一部分，设计出寄生参数最小的可靠的功率模块。

表 8. 2　布局性能结果

布局种类	回路电感/nH	下部栅极回路/nH	上部栅极回路/nH
常规	10. 5	9. 37	8. 08
P 单元 N 单元	7. 9	5. 41	5. 62

8.5　结　论

由于电力电子器件的应用不断增长，行业需要更高的功率密度、效率和可靠性，以及更集成的器件。因此，研究电、热、机械、磁学等器件的多学科特性具有重要意义。为了成功地研究复杂的物理行为，在电力电子设计中采用了计算机软件。本章介绍了 CAE 在电力电子器件设计中的基本概念。描述了对计算机建模非常重要的电参数和热参数的基本概念。在案例研究中，对 SiC 器件采用基于有限元的方法进行物理建模，以识别给定风力发电任务场景的热机械行为。此外，给出了雨流计数的概念，因为它被用于估计 SiC 器件的损伤，并根据 Miner 规则计算雨流计数的寿命。结果表明，CAE 是电力电子新兴器件可靠性导向设计的一种很有前途的方法，以时间和经济的方式考虑了多物理特性。

参考文献

[1] F. Blaabjerg, Z. Chen, S.B. Kjaer, Power electronics as efficient interface in dispersed power generation systems, IEEE Trans. Power Electron. 19 (2004) 1184–1194.

[2] A. Emadi, J.L. Young, K. Rajashekara, Power electronics and motor drives in electric, hybrid electric, and plug-in hybrid electric vehicles, IEEE Trans. Ind. Electron. 55 (2008) 2237–2245.

[3] I.F. Kovacevic, U. Drofenik, J.W. Kolar, New physical model for lifetime estimation of power modules, Proc. IPEC'10, 2010, pp. 2106–2114.
[4] U. Drofenik, D. Cottet, A. Musing, J.M. Meyer, J.W. Kolar, Computationally efficient integration of complex thermal multi-chip power module models into circuit simulators, Proc. PCC'07, Nagoya, Japan, 2007, pp. 550–557.
[5] N. Shammas, Present problems of power module packaging technology, Microelectron. Reliab. 43 (4) (2003) 519–527.
[6] H. Wang, M. Liserre, F. Blaabjerg, Toward reliable power electronics: challenges, design tools, and opportunities, IEEE Ind. Electron. Mag. 7 (2013) 17–26.
[7] K. Ma, F.B. Liserre, Lifetime estimation for the power semiconductors considering mission profiles in wind power converter, Proc. ECCE'13, 2013, pp. 2962–2971.
[8] J.A. Cooper, M.R. Melloch, R. Singh, A. Agarwal, J.W. Palmour, Status and prospects for SiC power MOSFETs, IEEE Trans. Electron Devices 49 (4) (2002) 658–664.
[9] A. Ibrahim, J.P. Ousten, R. Lallemand, Z. Khatir, Power cycling issues and challenges of SiC-MOSFET power modules in high temperature conditions, Microelectron. Reliab. 58 (2016) 204–210.
[10] S.S. Kang, Advanced cooling for power electronics, in: Proc. CIPS'12, 2012, pp. 1–8.
[11] K. Olesen, R. Bredtmann, R. Eisele, ShowerPower® new cooling concept, in: Proc. PCIM Europe'04, 2014, pp. 1–7.
[12] A.S. Bahman, F. Blaabjerg, Optimization tool for direct water cooling system of high power IGBT modules, in: Proc. EPE'16, 2016, pp. 1–10.
[13] A.S. Bahman, K. Ma, P. Ghimire, F. Iannuzzo, F. Blaabjerg, A 3D lumped thermal network model for long-term load profiles analysis in high power IGBT modules, IEEE J. Emerg. Sel. Top. Power Electron. 4 (3) (2016) 1050–1063.
[14] M.J. Whitehead, C.M. Johnson, Junction temperature elevation as a result of thermal cross coupling in a multi-device power electronic module, Proc. Conf. Electronics System Integration Technology, 2006, pp. 1218–1223.
[15] A.S. Bahman, K. Ma, F. Blaabjerg, Thermal impedance model of high power IGBT modules considering heat coupling effects, Proc. Int. Power Electron. Appl. Conf. Expo, 2014, pp. 1382–1387.
[16] ANSYS Icepak v. 15, ANSYS Inc., 2016.
[17] F.C. Lee, J.D. van Wyk, D. Boroyevich, G.-Q. Lu, Z. Liang, P. Barbosa, Technology trends toward a system-in-a-module in power electronics, IEEE Circuits Syst. Mag. 2 (4) (2002) 4–22 (Fourth Quarter).
[18] J.M. Homberger, S.D. Mounce, R.M. Schupbach, A.B. Lostetter, H.A. Mantooth, High-temperature silicon carbide (SiC) power switches in multichip power module (MCPM) applications, Proc. the IEEE-IAS Ann. Meeting, vol. 1, 2005, pp. 393–398.
[19] Z. Gong, Thermal and Electrical Parasitic Modeling for Multi-Chip Power Module Layout Synthesis, (M.S. Thesis)EE, Univ. of Arkansas, Fayetteville, AR, 2012.
[20] M.K. Mills, Self inductance formulas for multi-turn rectangular loops used with vehicle detectors, Proc. 33rd IEEE Vehicular Technology Conference, 1983, pp. 65–73.
[21] E. Wolfgang, Examples of failures in power electronics systems, Presented at ECPE Tuts. Rel. Power Electron. Syst., Nuremberg, Germany, 2012.
[22] S. Yang, A.T. Bryant, P.A. Mawby, D. Xiang, L. Ran, P. Tavner, An insustry-based survey of reliability in power electronic converters, IEEE Trans. Ind. Appl. 47 (3) (2011) 1441–1451.
[23] Y. Song, B. Wang, Survey on reliability of power electronic systems, IEEE Trans. Power Electron. 28 (1) (2013) 591–604.
[24] B. Czerny, M. Lederer, B. Nagl, A. Trnka, G. Khatibi, M. Toben, Thermo-mechanical

analysis of bonding wires in IGBT modules under operating conditions, Microelectron. Reliab. 52 (9–10) (2012) 2353–2357.
[25] Wind turbines overview, Website of Vestas Wind Power, 2016 Available from: *http://www.vestas.com* (online).
[26] Australian Bureau of Statistics, Available from: *http://www.abs.gov.au/websitedbs/a3121120.nsf/home/statistical+language+-+frequency+distribution* (online).
[27] A.S. Bahman, K. Ma, F. Blaabjerg, A lumped thermal model including thermal coupling and thermal boundary conditions for high power IGBT modules, IEEE Trans. Power Electron. 33 (3) (2018) 2518–2530.
[28] A.S. Bahman, K. Ma, F. Blaabjerg, General 3D lumped thermal model with various boundary conditions for high power IGBT modules, in: Proc. APEC'16, 2016, pp. 261–268.
[29] B. Czerny, G. khatibi, Interface reliability and lifetime prediction of heavy aluminium wire bonds, Microelectron. Reliab. 58 (2016) 65–72.
[30] A. Wintrich, U. Nicolai, W. Tursky, T. Reimann, Application Manual Power Semiconductors, SEMIKRON International GmbH, Nuremberg, Germany, 2011, pp. 127–129.
[31] J. Berner, Load-Cycling Capability of HiPak IGBT Modules, ABB Application Note 5SYA 2043-02(2012).
[32] U. Scheuermann, Reliability challenges of automotive power electronics, Microelectron. Reliab. 49 (9–11) (2009) 1319–1325.
[33] M. Andersen, G. Buticchi, M. Liserre, Study of reliability-efficiency tradeoff of active thermal control for power electronic systems, Microelectron. Reliab. 58 (2016) 119–125.
[34] M. Matsuishi, T. Endo, Fatigue of Metals Subjected to Varying Stress, Japan Soc. Mech. Engineering, 1968.
[35] Wikimedia Commons contributors, File:Buddhist Monuments in the Horyu-ji Area-122502.jpg, Wikimedia Commons, the Free Media Repository, *https://commons.wikimedia.org/w/index.php?title=File:Buddhist_Monuments_in_the_Horyu-ji_Area-122502.jpg&oldid=260172176* (Accessed 30 November 2017).
[36] Wikimedia Commons contributors, File:Rainflow fig 3.PNG, Wikimedia Commons, the Free Media Repository, *https://commons.wikimedia.org/w/index.php?title=File:Rainflow_fig* 3.PNG&oldid=190130501 (Accessed 30 November 2017).
[37] M. Miner, Cumulative damage in fatigue, J. Appl. Mech. 28 (2) (1945) 159–164.
[38] S. Li, L.M. Tolbert, F. Wang, F.Z. Peng, Stray inductance reduction of commutation loop in the P-cell and N-cell-based IGBT phase leg module, IEEE Trans. Power Electron. 29 (7) (July 2014) 3616–3624.
[39] Z. Chen, Characterization and Modelling of High-Switching-Speed Behavior of SiC Active Devices, (M.A. Thesis)Virginia Polytechnic Institute and State University, USA, 2009.

Wide Bandgap Power Semiconductor Packaging: Materials, Components, and Reliability, 1st edition

Katsuaki Suganuma

ISBN: 9780081020944

宽禁带功率半导体封装——材料、元件和可靠性（朱正宇　方幸泉　肖广源　译）

ISBN: 978-7-111-76317-8

北京市版权局著作权合同登记号　图字：01－2022－6467 号。

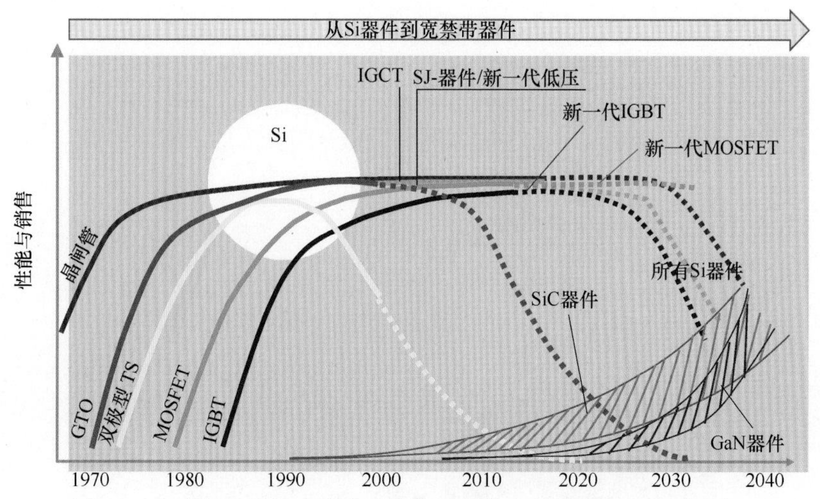

图 1.1　电力半导体技术的发展趋势：性能→市场导入→批量生产；功率器件技术生命周期；宽禁带器件替代 Si 器件的可能性

［来源：ABB，ECPE（L. 洛伦茨）］

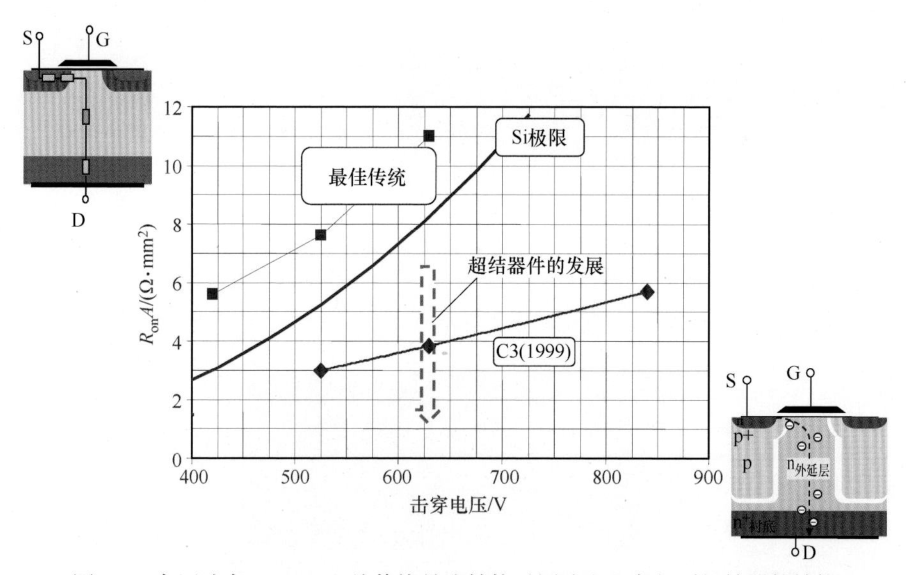

图 1.4　高压功率 MOSFET 从传统晶胞结构（图片左上角）到超结器件结构（图片右下角）的发展趋势。降低特定区域“超结器件的发展”的导通电阻

［来源：英飞凌科技公司（G . 德博伊）］

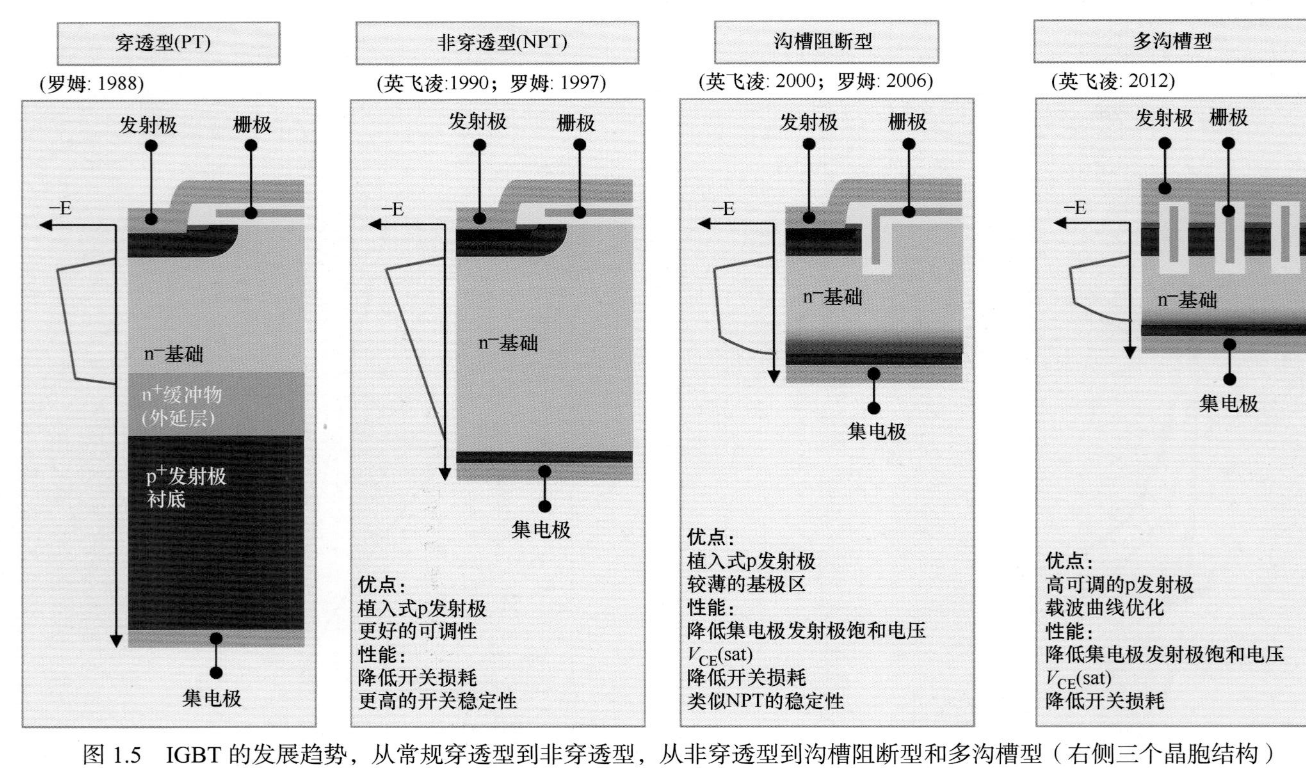

图 1.5　IGBT 的发展趋势，从常规穿透型到非穿透型，从非穿透型到沟槽阻断型和多沟槽型（右侧三个晶胞结构）
（来源：英飞凌科技公司）

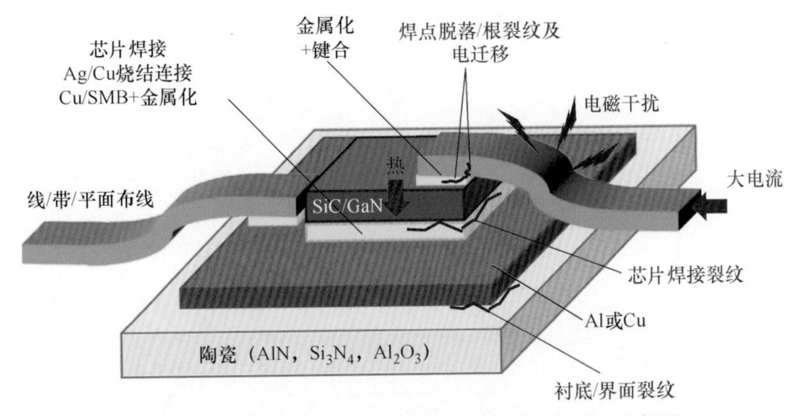

图 2.1　功率装置的金属互连和可能的失效原因示意图

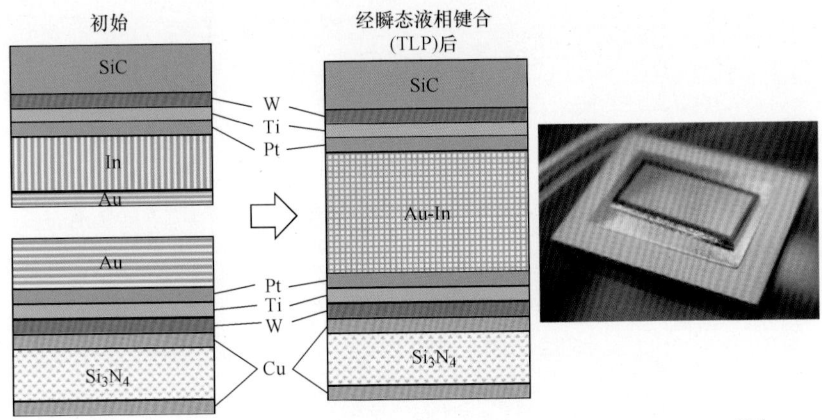

图 2.7　Au/In 在层压膜层结构的 TLP 键合概念及其芯片焊接样品[13]

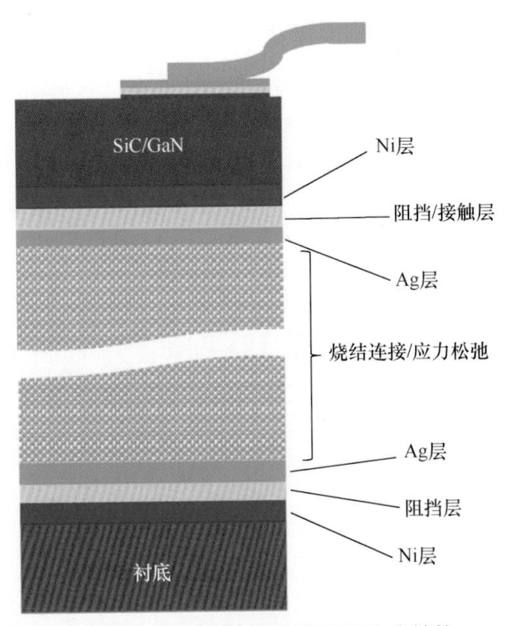

图 2.14　Ag 烧结连接的理想接头结构

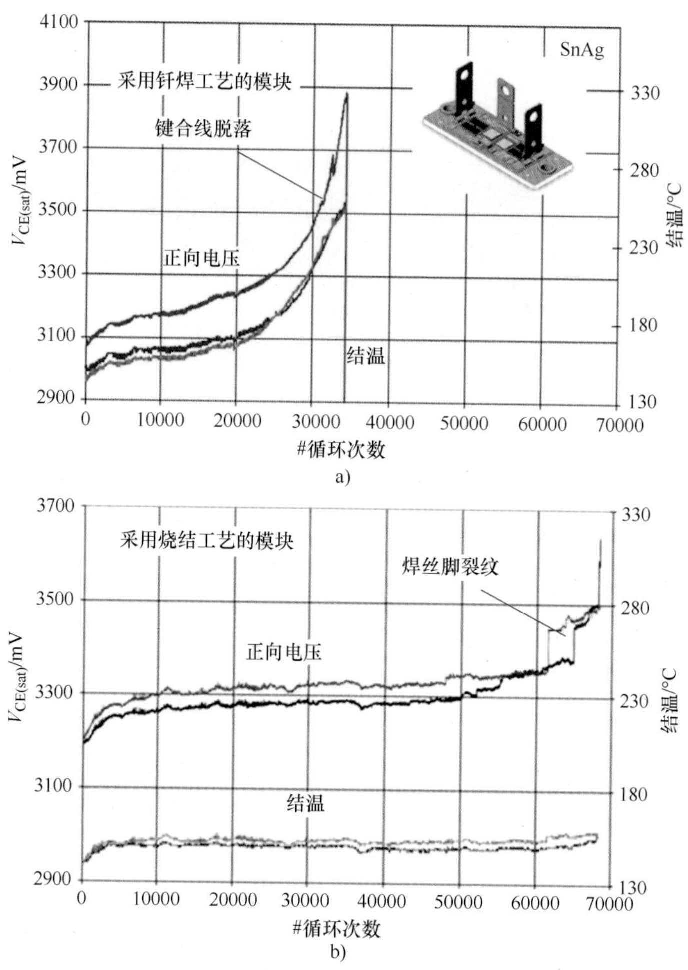

图 2.27　两个模块[29]功率循环正向电压升高的比较

a) SKiN　b) Sn-Ag 焊接

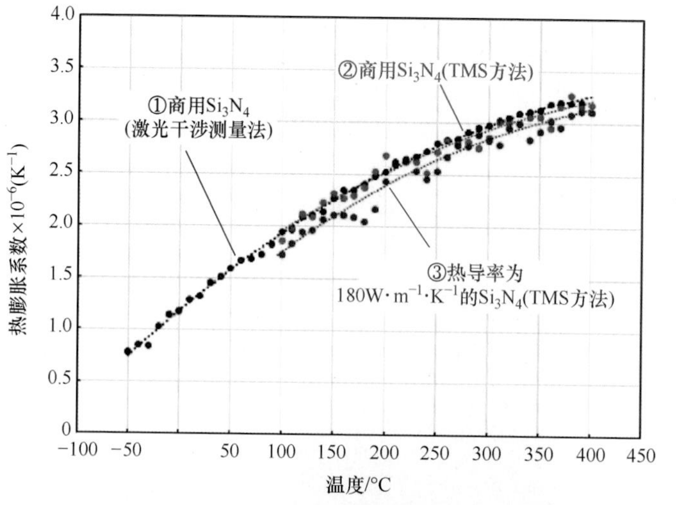

图 3.5　通过激光干涉测量法和 / 或热机械分析（TMA）测量的商用 Si_3N_4 和高热导率 Si_3N_4 的热膨胀系数的温度依赖性

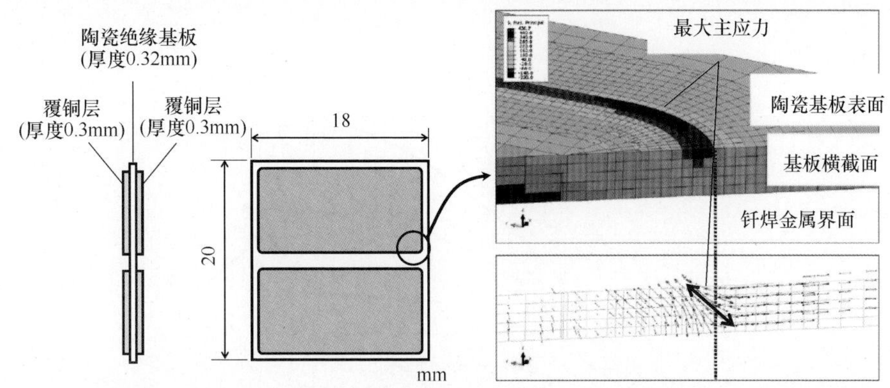

图 3.6 金属化基板形状（左）及有限元剩余应力分析：Si_3N_4 衬底上产生的最大主应力的等值线图（右上）、最大主应力矢量分布（右下）、省略了表面层上的 Cu 板

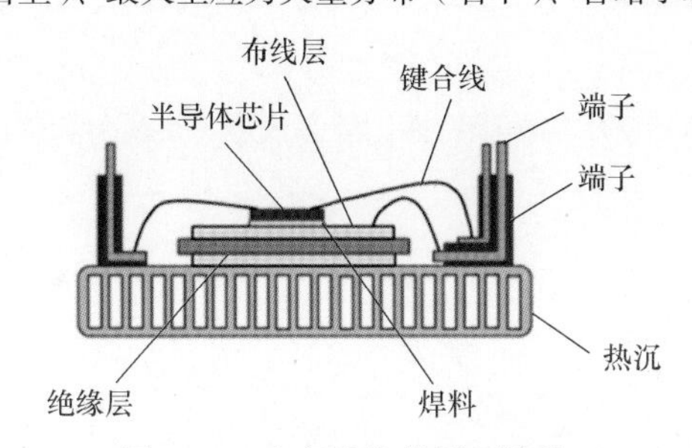

图 5.10 功率模块的侧面结构

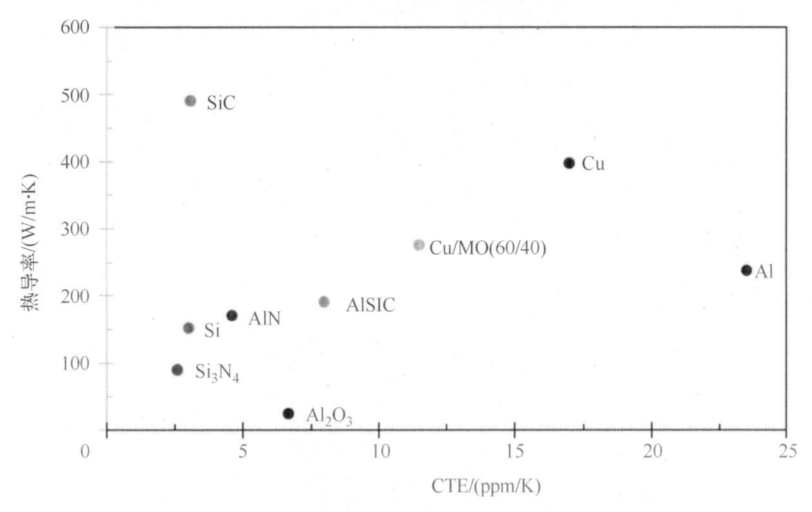

图 5.11 材料的 CTE 和热导率图

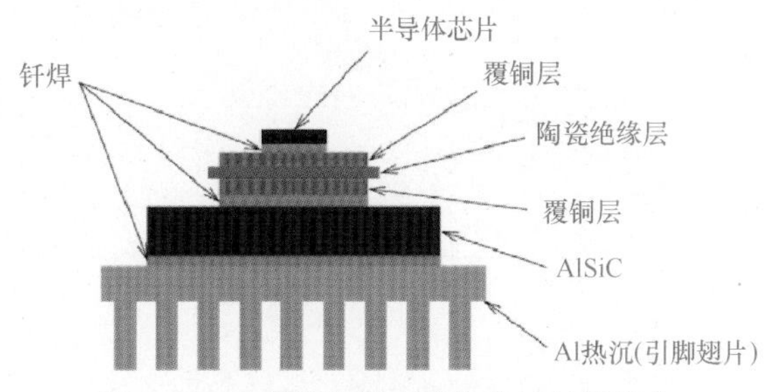

图 5.12 功率模块侧面结构中的材料组合

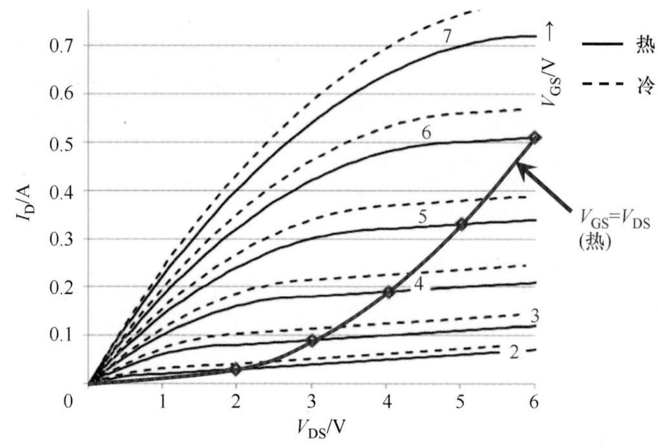

图 6.16 MOSFET 的输出特性，静态或热（实线）和脉冲或冷（虚线）

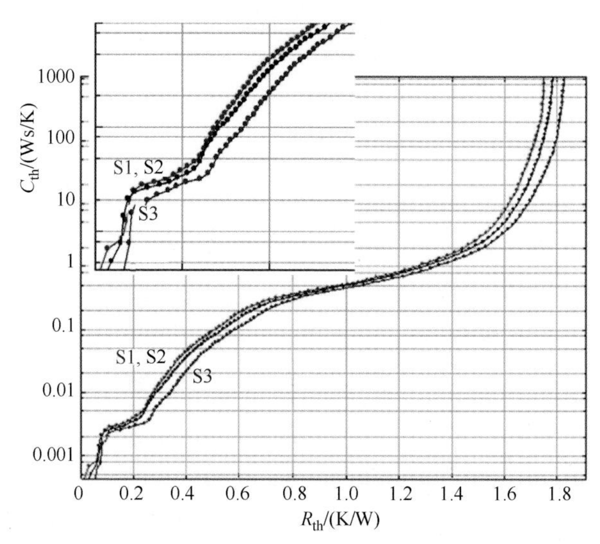

图 6.21 芯片焊接分析

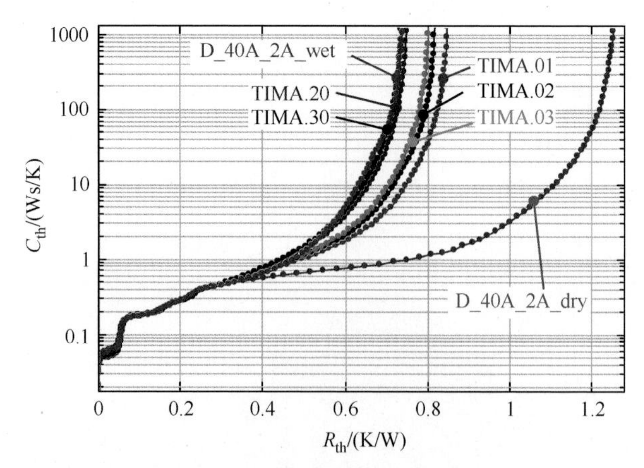

图 6.22 软热膏的磨合效果

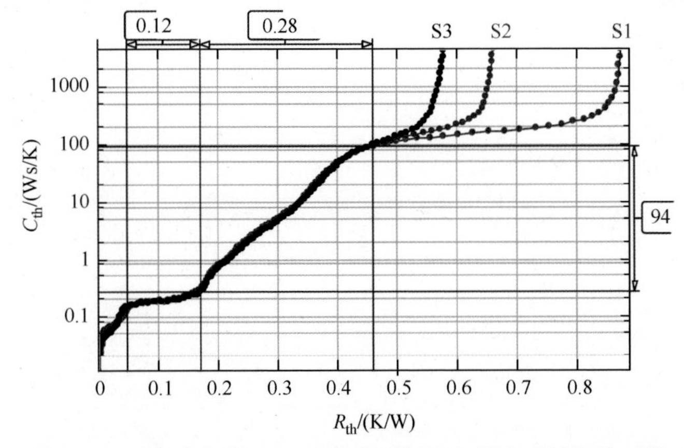

图 6.24　风扇冷却的 CPU 组件在不同风扇转速下的结构函数

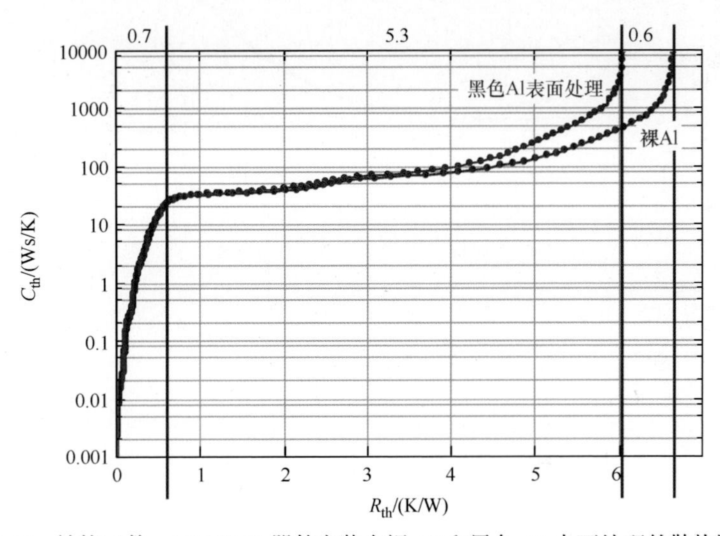

图 6.27　结构函数，MOSFET 器件安装在裸 AI 和黑色 AI 表面处理的散热器上

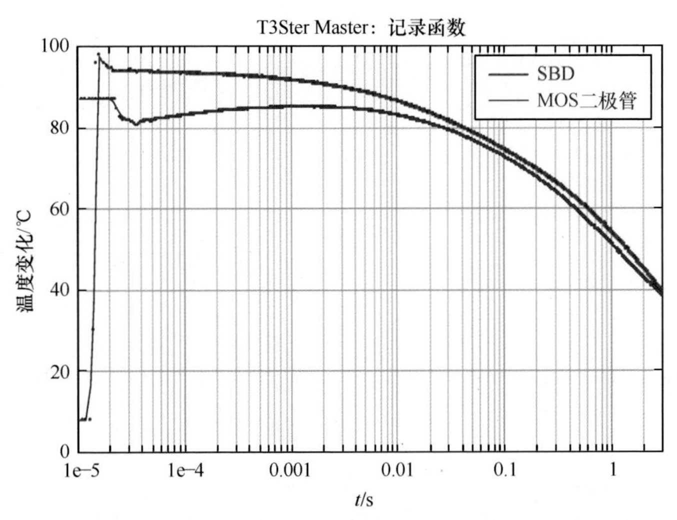

图 6.28　两个 SiC 器件的早期电瞬态，由热瞬态测试仪捕获，MOSFET 体二极管（蓝色）和 SBD（红色）

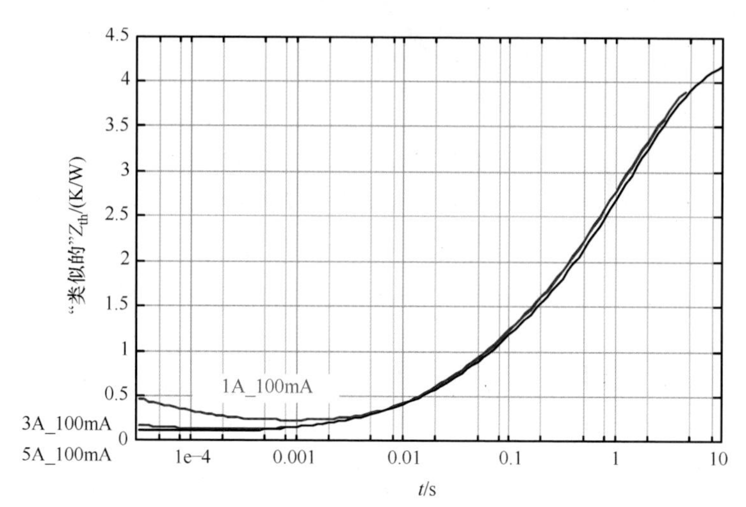

图 6.29　SiC MOSFET，在“MOS 二极管”模式下测量。三种不同加热电流水平下的 Z_{th} 曲线

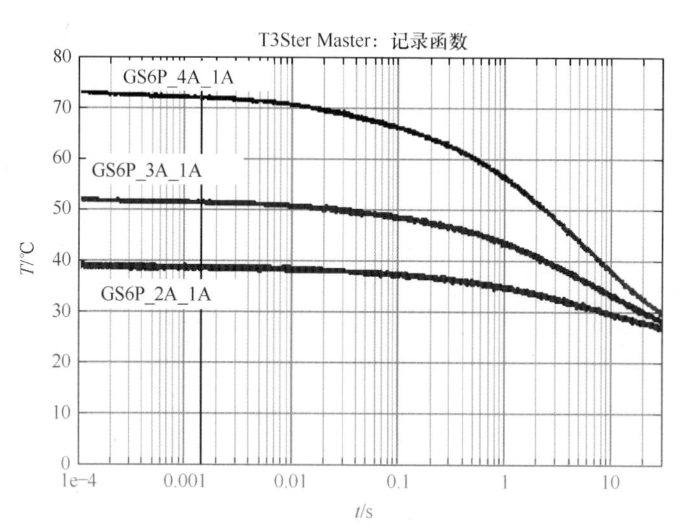

图 6.30　GS66508P 器件在不同加热电流下的冷却曲线

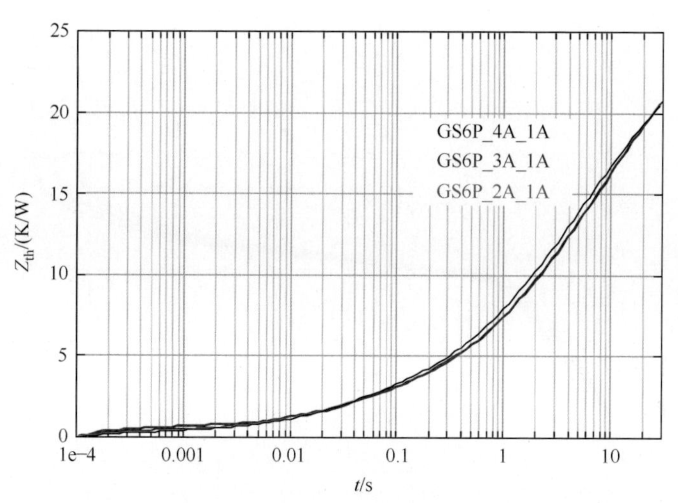

图 6.31　GS66508P 器件在不同加热电流下的 Z_{th} 曲线

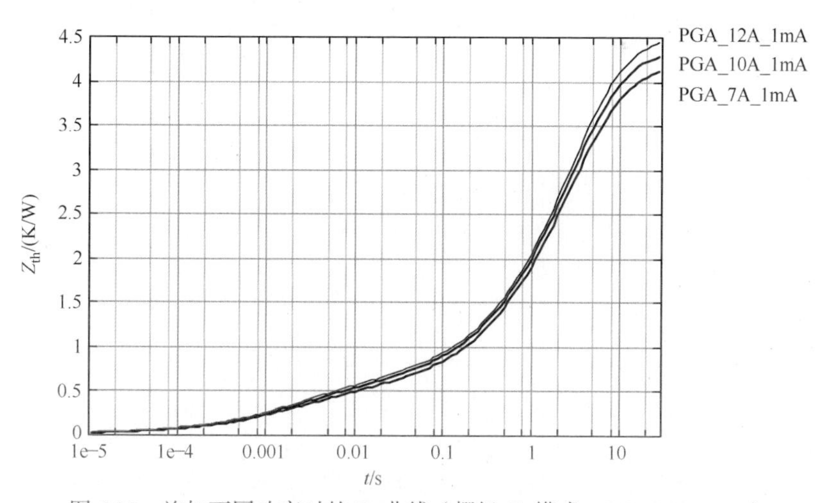

图 6.33　施加不同功率时的 Z_{th} 曲线（栅极 V_F 模式，PGA26C09DV）

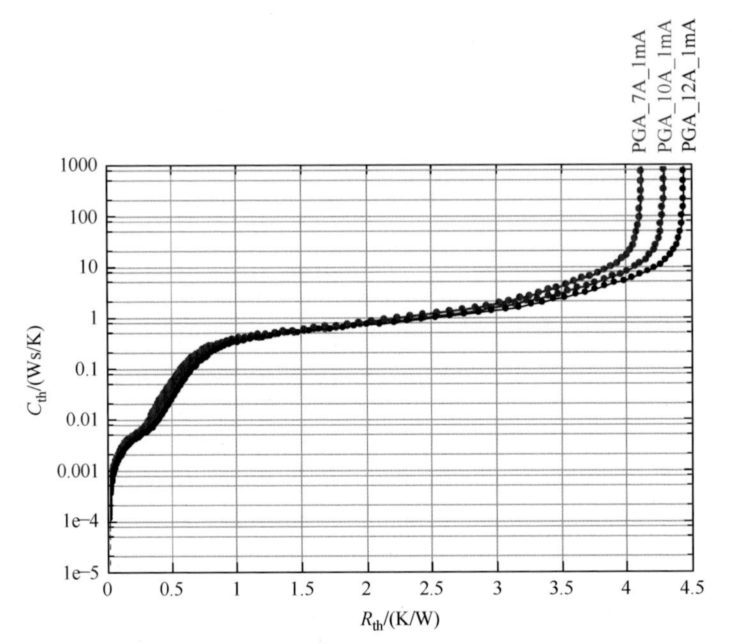

图 6.34　施加不同功率时的结构函数（栅极 V_F 模式，PGA26C09DV）

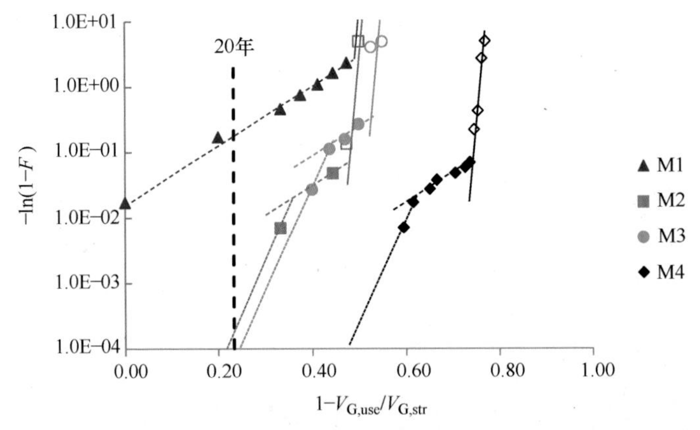

图 7.9　来自四家不同的 SiC MOSFET 器件制造商的内在和外在失效率的威布尔图。
空心符号对应于内在击穿的器件，实心符号对应于外在击穿的器件。
虚线表示外在分支，直线表示内在分支

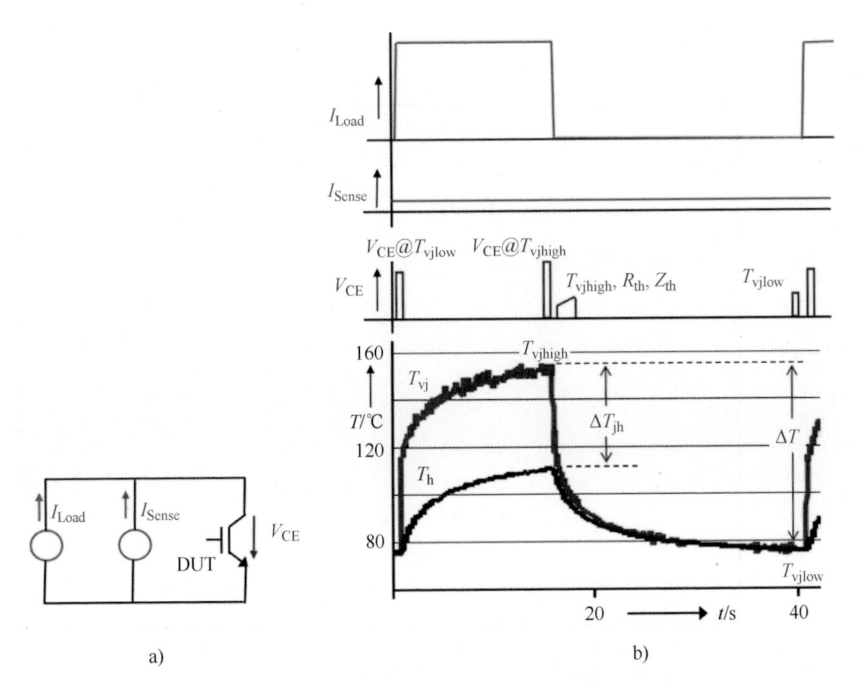

a)　　b)

图 7.12　一个典型的 Si IGBT 建立的示例性测试设置

a) 基本测试设置　b) 一个功率循环测试周期的负载电流、感应电流、执行电压测量、虚拟结温和散热器温度的时间过程

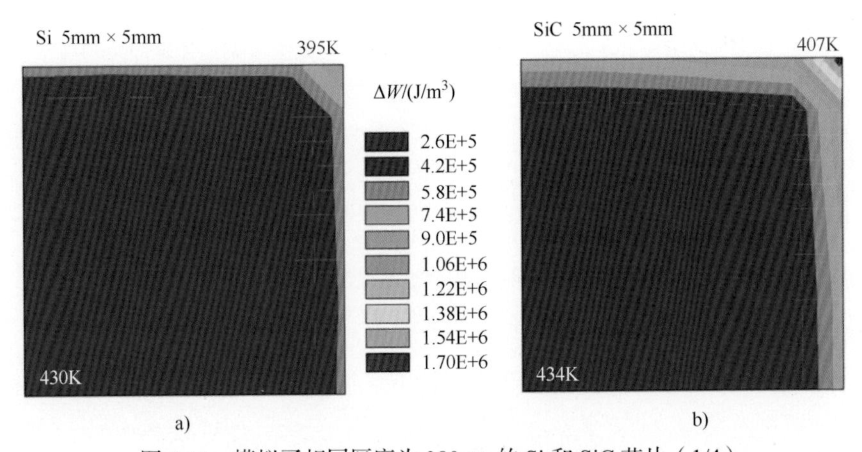

a)　　b)

图 7.14　模拟了相同厚度为 380μm 的 Si 和 SiC 芯片（1/4）在功率循环中的应变能密度 ΔW

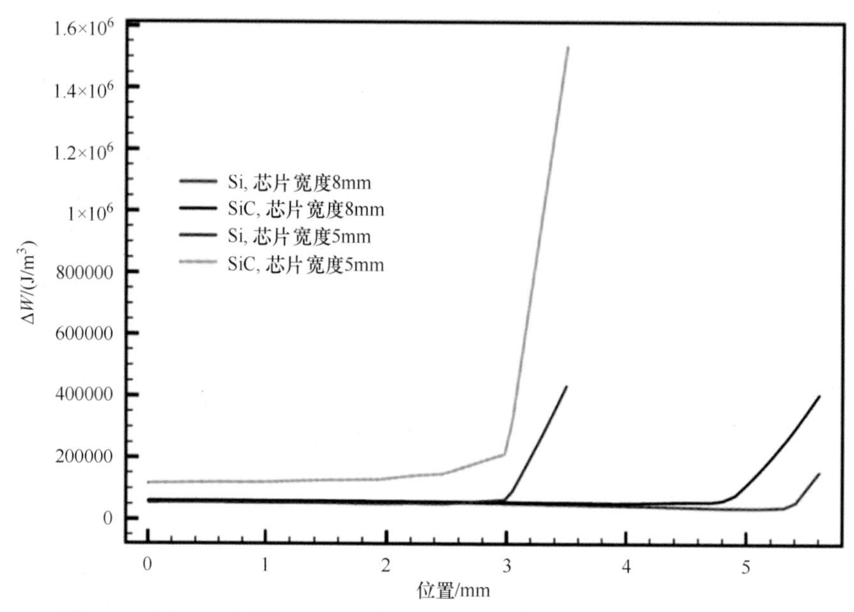

图 7.15　图 7.14 中模拟的应变能密度 ΔW 沿着从中心到角的对角线绘制。图类似于参考文献［62］

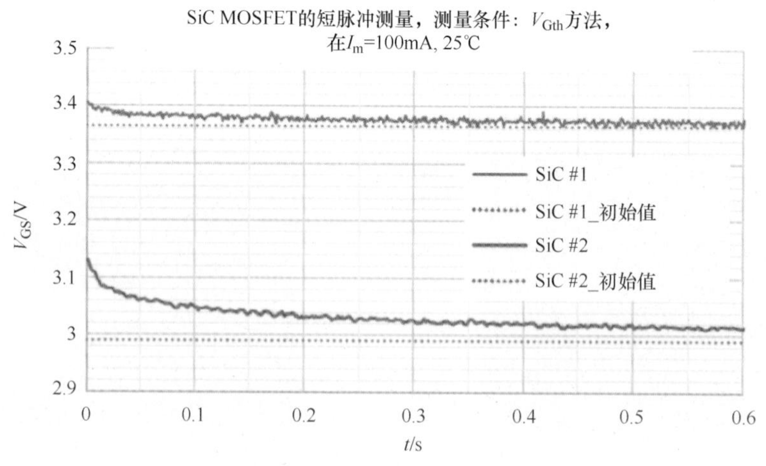

图 7.16　V_G =15V 的短负载脉冲后测量两个 SiC MOSFET 的阈值电压（来自 J. 孙，开姆尼茨理工大学）

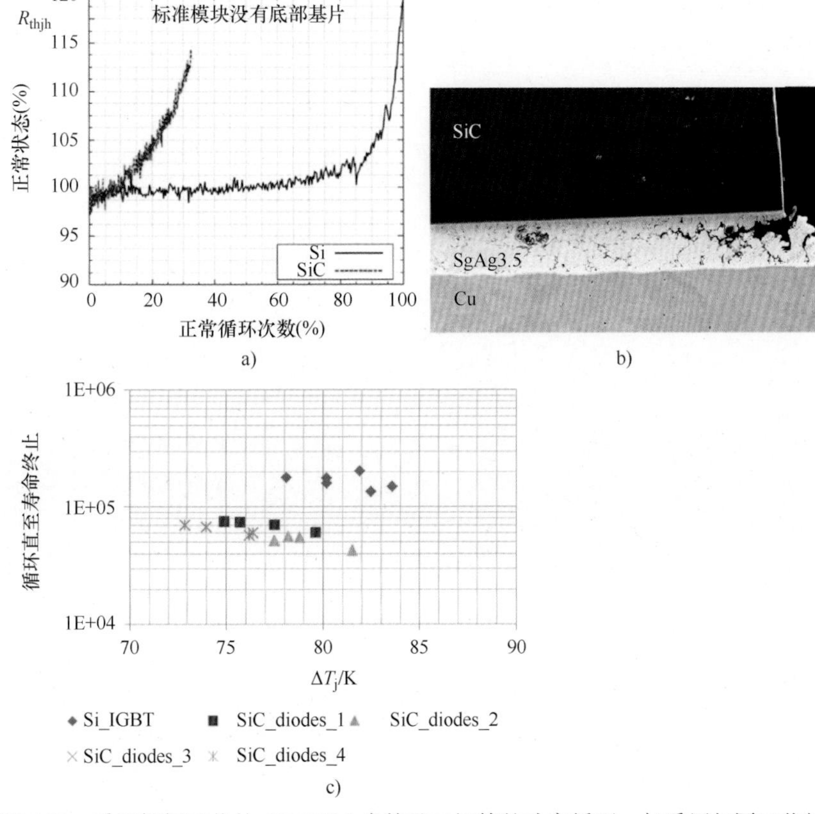

图 7.20　采用钎焊工艺的 600V SiC 肖特基二极管的功率循环，与采用相同工艺的 1200V IGBT 比较，在 ΔT_j=81K±3K 和 T_{jmax}=145℃条件下

a) 热电阻 R_{thjh} 取决于循环次数　b) 失效 SiC 器件中焊料层的金相制备　c) 循环次数与寿命终止的比较

[b) 来自英飞凌的瓦尔施泰因。c) 来自 C. 赫罗尔德、T. 波勒、J. 卢茨、M. 舍夫费尔、F. 绍尔兰、O. 席林，带有 SiC 二极管的模块的功率循环能力，见论文集 CIPS 2014, 2014, 36-41 页]

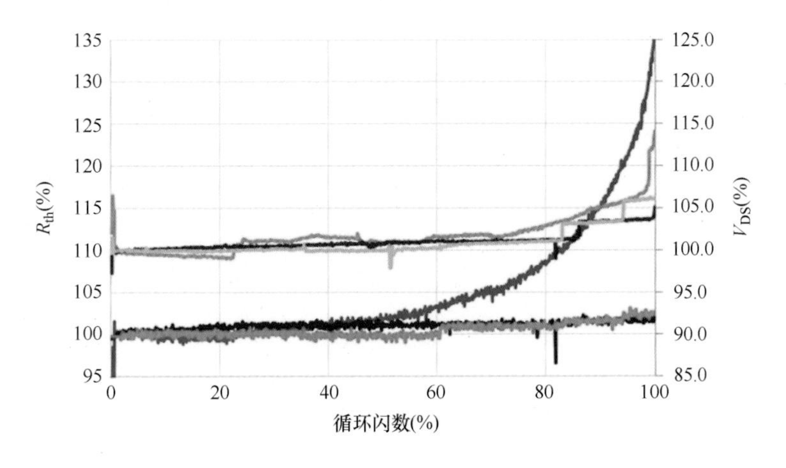

图 7.21　带基板、原型的 1200V/250A SiC 模块的功率循环结果。铝键合线，芯片钎焊连接（#1）银烧结（#2、#3）。烧结模块 #2、#3，R_{th} 恒定，键合线脱落

［来自 C. 赫罗尔德，J.Sun、P. 塞德尔、L. 廷舍特、J. 卢茨，SiC MOSFET 的功率循环方法，ISPSD 2017 年论文集（接受出版 ISPSD）］

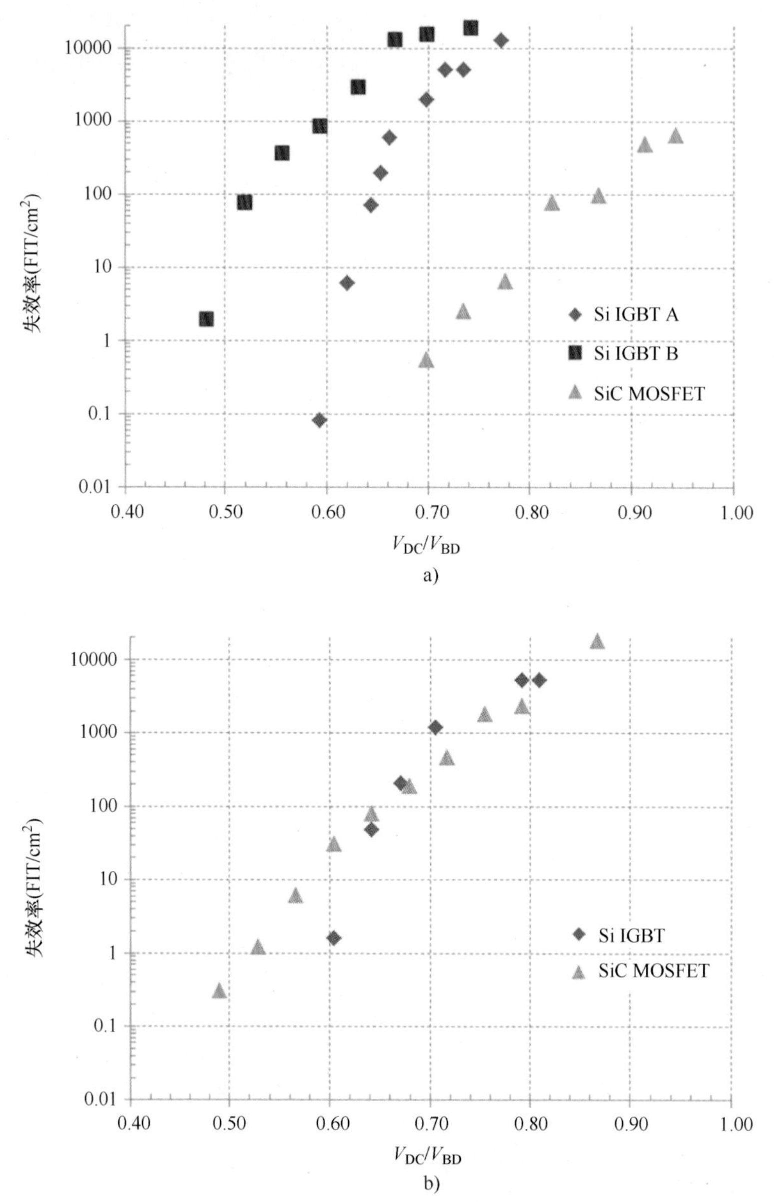

图 7.23　Si IGBT 和 SiC MOSFET 的宇宙射线失效率比较与测量的击穿电压 V_{BD} 相比，标准化到应用的直流电压 V_{DC}

a) 1200V 额定器件　b) 1700V 额定器件

（数据来自 C. 费尔吉马赫，S.V. 阿拉霍，P. 扎卡里亚斯，K. 奈塞曼，A. 格鲁伯，Si 和 SiC 功率半导体的宇宙辐射强度，见第 28 届 ISPSD 论文集，布拉格，2016 年，235-238 页）

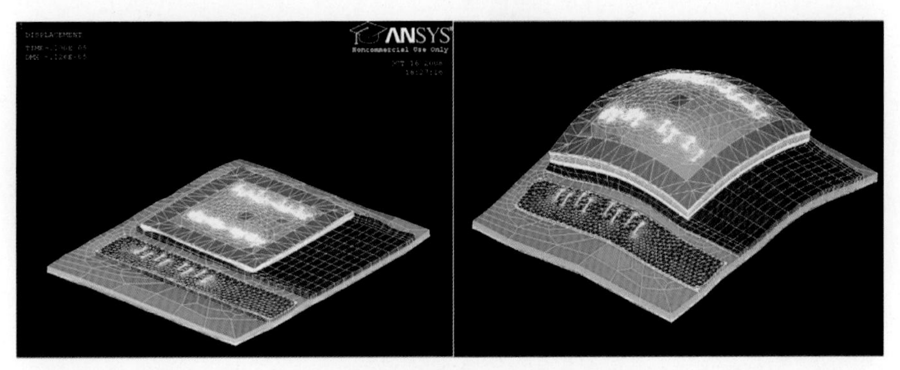

图 7.25　带 Si 器件的衬底（左）以及器件和衬底在功率循环下的完全变形（右），变形超过原始尺寸的 1000 倍

（T. 波勒的模拟，开姆尼茨理工大学）

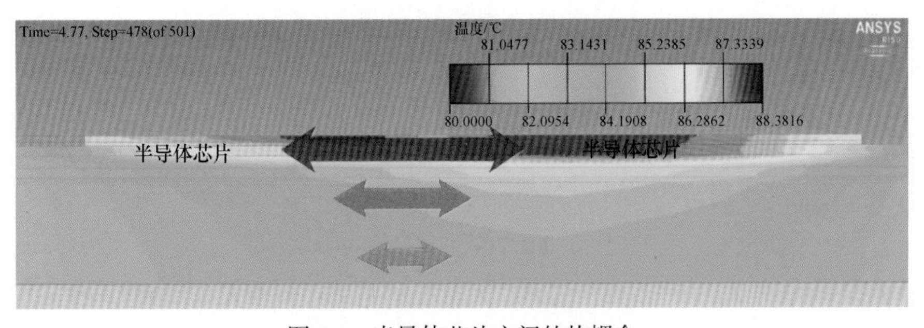

图 8.4　半导体芯片之间的热耦合

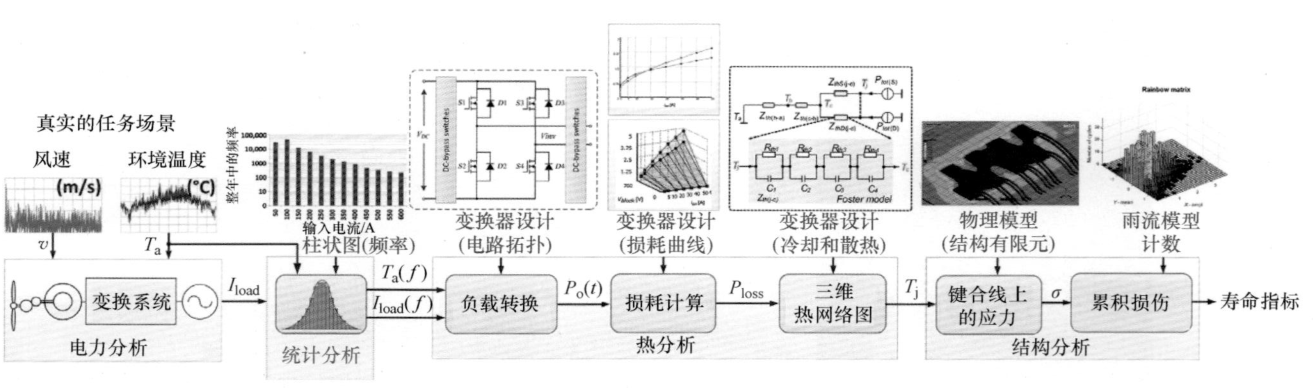

图 8.7　提出的基于任务场景的 SiC 功率模块可靠性分析方法

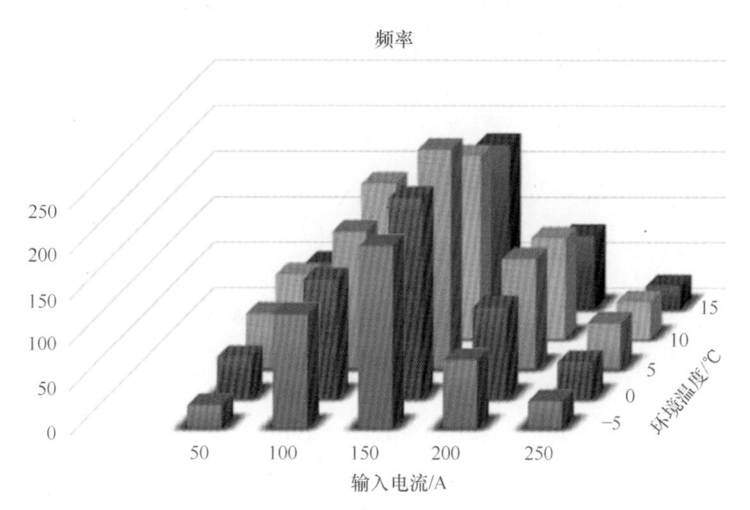

图 8.11　1 年风力发电机曲线中负载电流柱状体和环境温度柱状体的频率

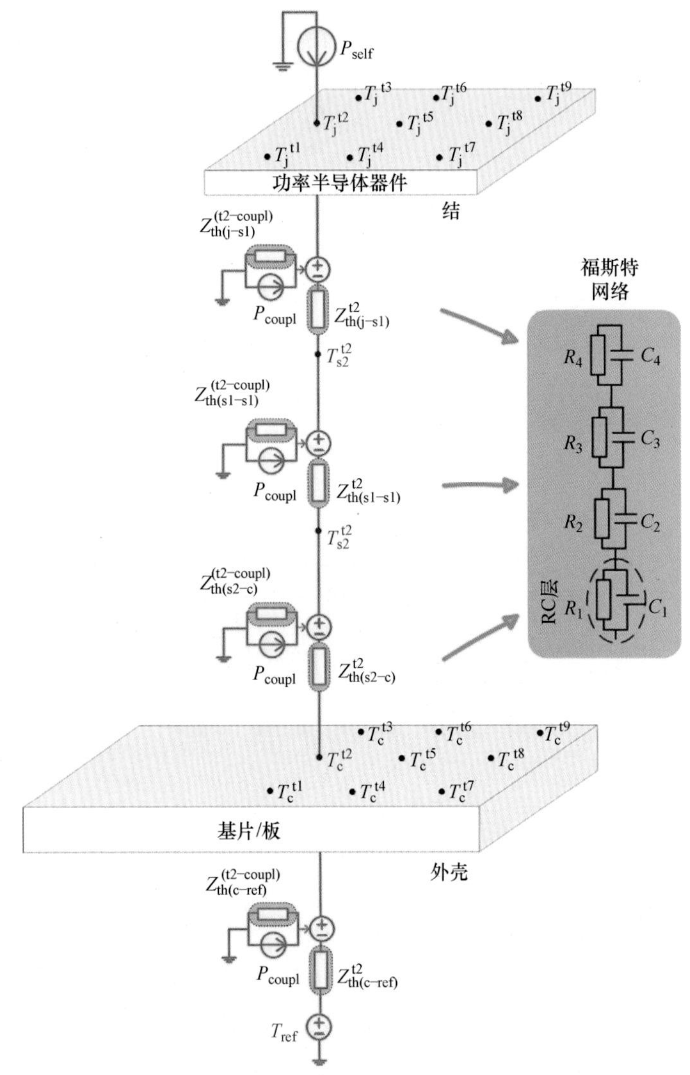

图 8.13　用于分析的从芯片（结）到参考（冷却系统）的 3D 热网络结构图

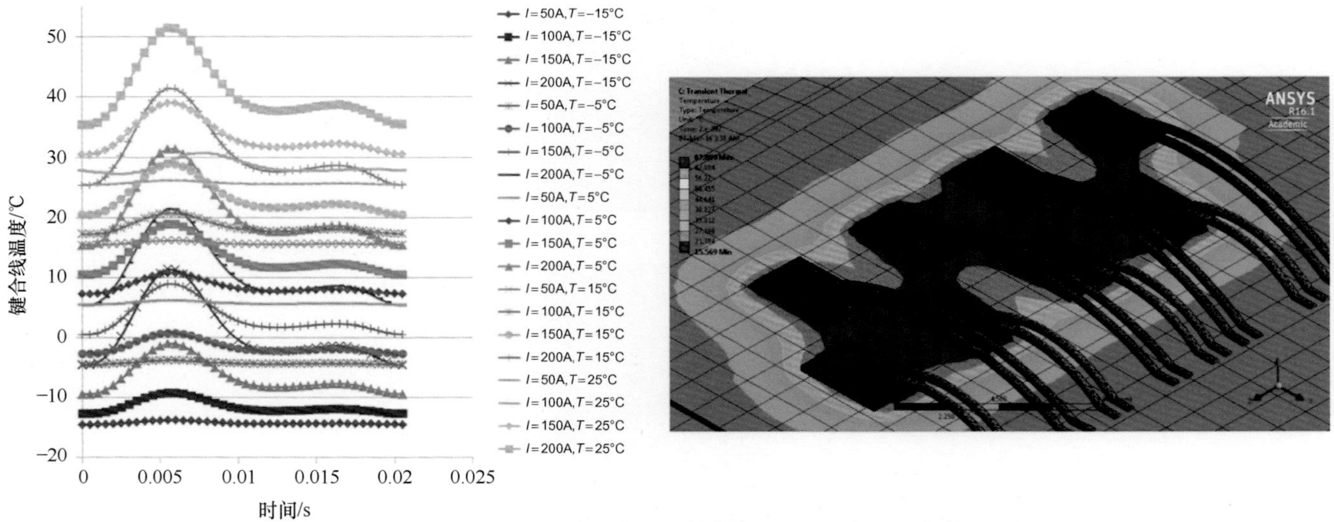

图 8.14　键合线温度半周期。所研究的 SiC 功率模块的外形和模拟热机械应力分布：负载电流（200~250A）和环境温度（5~10℃）

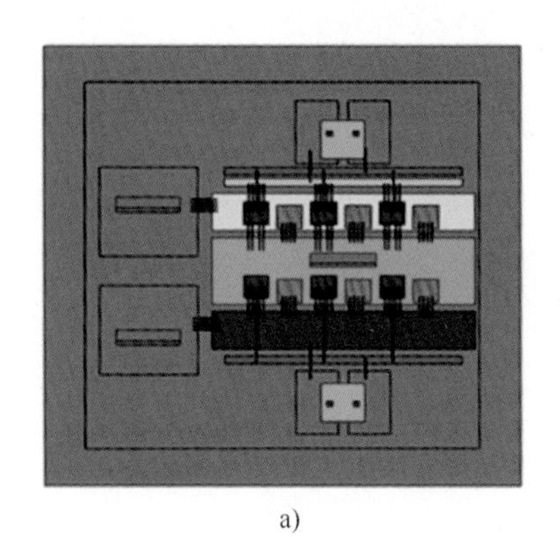

a)

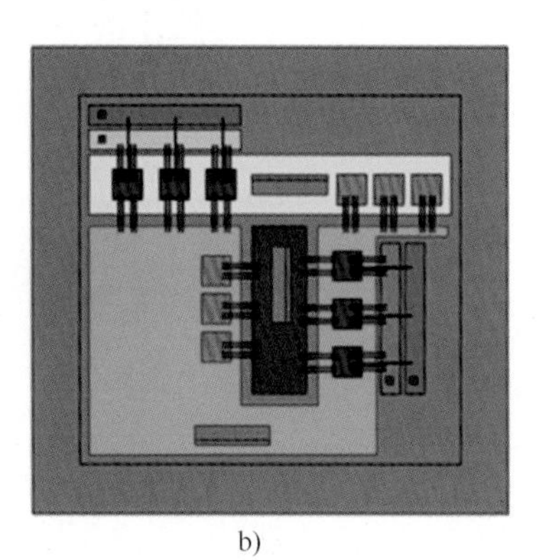

b)

图 8.21　功率模块布局

a) 常规布局　b) P 单元 N 单元参数布局